普通高等教育"新形态"一体化精品教材
普通高等院校"十四五"规划数学专业特色教材

复变函数与积分变换

第三版

U0183708

主　编　王志勇　陈兰花

副主编　朱四如

主　审　杨延飞

编　委　王志勇　陈兰花　朱四如

　　　　胡　欣　刘彩霞　何　剑

　　　　李　妍　曹襄雅　王中艳

　　　　杨增增

华中科技大学出版社
http://www.hustp.com
中国·武汉

内 容 提 要

本书是参照近年教育部高等学校工科数学类专业教学指导委员会工作会议的意见,结合电子类课程的实际情况编写而成的.本书内容设计简明,叙述通俗易懂,定位于应用和能力培养,具有针对性、先进性和系统性.

本书内容包括复变函数与解析函数、复变函数的积分、级数与留数、傅里叶变换、拉普拉斯变换、z变换和小波变换.每章习题配有基础和提高两种题型,并附有相关科学家介绍,便于读者自学.

本书既可作为高等院校相关专业的数学教材,也可作为科学和工程技术人员的学习参考书.

图书在版编目(CIP)数据

复变函数与积分变换/王志勇,陈兰花主编.—3 版.—武汉:华中科技大学出版社,2022.9
ISBN 978-7-5680-8669-1

Ⅰ.①复… Ⅱ.①王… ②陈… Ⅲ.①复变函数-高等学校-教材 ②积分变换-高等学校-教材
Ⅳ.①O174.5 ②O177.6

中国版本图书馆 CIP 数据核字(2022)第 159951 号

复变函数与积分变换(第三版)　　　　　　　　　　　　　　王志勇　　陈兰花　主编
Fubian Hanshu yu Jifen Bianhuan

策划编辑:王汉江
责任编辑:王汉江
封面设计:原色设计
责任监印:周治超
出版发行:华中科技大学出版社(中国·武汉)　　　　电话:(027)81321913
　　　　　武汉市东湖新技术开发区华工科技园　　　　邮编:430223
录　　排:武汉市洪山区佳年华文印部
印　　刷:武汉市洪林印务有限公司
开　　本:710mm×1000mm　1/16
印　　张:16.25
字　　数:387 千字(含数字资源)
版　　次:2022 年 9 月第 3 版第 1 次印刷
定　　价:48.00 元

资源网使用说明

学员可在 PC 端完成注册、登录,也可以直接用手机扫码,注册并登录.

一、PC 端学员操作步骤

登录网址 http://dzdq.hustp.com,完成注册后点击登录。输入账号密码(读者自设)后,提示登录成功.

点击"课程"→"复变函数与积分变换(第三版)",进入课程详情页,浏览"相关资源"→"视频"或"课件"或"文档",点击即可观看相关视频、课件和文档.

二、手机端学员操作步骤

手机扫描二维码,完成注册后点击登录,即可观看相关视频、课件和文档.

若遇到操作上的问题可咨询陈老师(QQ:514009164)和王老师(QQ:14458270).

扫码看资源

第三版前言

《复变函数与积分变换》自 2014 年出版以来,受到了广大使用者的好评.本书通过课程知识体系重组、编写内容取舍和详略安排,能更好地满足信号处理、雷达工程、自动控制、电子对抗等诸多应用领域的学习研究需求.理工科在读大学生可将本书作为数学学习和研究的工具书,教师也可将其作为教学参考书之一.总结梳理多年来编者在教学实践中的感悟和读者的建议,结合学生学习方式改变的新趋势,编写组遵循创新、适应、易懂的原则再次对本书修订,在第二版(2017年)的基础上,对部分章节做了适当的增减和说明,将以更完善、更具针对性和适用性的面貌呈现在师生面前.第三版修订主要内容如下:

1. 增加知识应用实例

结合每章知识内容编写设计了 6 个相应的应用实例和 1 个综合实例,分别安排在第 1~5 章及整本教材内容之后.每个应用实例包含求解方法,涉及背景原理、拓展应用等内容,集文字、图形于一体,通俗易懂.

2. 增加课程数学实验

教材新增第 6 章,主要包括复变函数与积分变换课程相关的数学实验.对应教材前五章知识模块,每章选取适宜内容,借助 Matlab 编程,介绍这些内容的编程实现结果及相应代码,帮助学生更好地掌握和应用课程内容.

3. 增加课程数字资源

每章节重难点、易错点处,添加了课程辅助数字资源,主要包含微视频、辅助课件、相关发展历史、针对性训练习题等. 在书中通过二维码链接的方式展示, 能满足学生个性化学习需求, 提供了移动式、碎片化学习方式的辅助资源.

4. 增删部分内容和说明

对于较难知识点、抽象结论处, 增加必要的说明和解释, 必要时配上直观、形象的图形增进理解; 对于表述简洁而学生理解有难度的地方, 修正部分表述语句; 对于冗余的说明和证明予以删除.

5. 更正教材错漏之处

结合教学实践和读者反馈建议, 对第二版教材中少数地方出现的排版错误、疏漏和不妥之处进行了修正, 使其表述规范、无歧义, 知识点介绍清晰、严谨, 习题及答案正确无误.

本书由王志勇、陈兰花任主编, 朱四如任副主编, 杨延飞主审. 教材编写修订分工如下: 王志勇负责教材知识体系重组、应用实例主题选择、课程实验审核等统筹、把关工作, 陈兰花负责总体进度安排、资料汇总与任务把关等工作. 胡欣修订第 1 章, 陈兰花修订第 2、3 章, 刘彩霞修订第 4 章, 朱四如修订第 5 章, 何剑编写第 6 章. 应用实例方面, 胡欣编写第 1、2 章, 朱四如编写第 3、5 章, 何剑、刘彩霞编写第 4 章, 陈兰花编写综合应用实例. 王志勇、陈兰花、朱四如负责微视频制作. 胡欣、刘彩霞、李妍负责数字资源中的文档制作. 李妍、杨增增负责排版、资料搜集, 陈兰花、曹襄雅、王中艳负责审对. 书中标有 * 号的内容供不同专业选用, 本书教学参考用时 30～46 学时.

在此诚挚感谢支持本教材编写的领导、专家和同仁. 需要说明的是, 在第三版教材修订过程中, 特别注重课程内容的应用性. 我们参考了大量复变函数与积分变换教材, 以及物理类、军事类及其相关应用专业背景类文献, 期望将这些教学改革成果吸收融入课程中, 在此向相关参考文献的作者表示衷心的感谢!

由于编者水平有限, 书中难免存在不妥之处, 诚请专家和读者批评指正.

编　者

2022 年 8 月

第二版前言

《复变函数与积分变换》一书自 2014 年出版以来已使用 3 年,结合编者在教学实践中的体会和读者的建议,编写组再次认真对原书进行修订.第二版保留原教材的知识体系结构和便于教学的特点,对部分章节作了适当的增减和补充.这次修订的主要工作有:

1. 更正疏漏和差错

结合教学实践和读者反馈的建议,对原书中出现疏漏和差错的地方进行更正,确保表述正确无歧义,知识点准确无误.

2. 补充说明和证明

对原书中过于简洁精练的知识点,增加必要的证明和解释,体现知识的逻辑性和结构的完整性,便于初学者自学.

3. 增加小结和例题

对章节知识点进行梳理总结,便于读者理清思路,建立知识体系;增加例题解析,强化读者知识应用能力.

4. 充实积分变换内容

对原书中积分变换内容进行完善和充实,进一步凸显基础知识应用能力的培养.

本书由王志勇任主编、朱四如任副主编,李金兰主审.编写修订分工如下:胡欣修订第 1 章,陈兰花修订第 2 章,王中艳修订第 3 章,刘彩霞修订第 4 章,朱四如修订第 5 章.在修订过程中,参考了国内外众多书籍,借鉴和吸收了相关成果,在此表示衷心感谢.同时对积极支持本教材编写的领导、专家及同仁表示感谢.书中标有＊号的内容供不同专业选用.本书教学参考用时30～46学时.

由于编者水平所限,加之时间仓促,书中难免有不妥之处,敬请读者指正.

编　者
2017 年 7 月

第一版前言

"复变函数与积分变换"是一门具有明显工程应用背景的数学课程.随着科学技术的迅速发展,它的理论和方法已广泛应用于控制技术、信息技术、电子技术和力学等许多工程技术和科学研究领域.为了满足教学改革和课程建设的需求,更好地体现先进性、实用性和针对性,编者在分析雷达工程、指挥自动化、电子对抗等专业领域对数学需求的广度、深度后,重新编排"复变函数与积分变换"课程的内容,编写了这本教学用书.

本书有以下特点:

1. 定位精准明确,强化精简实用

本书是编者结合教育部制定的教学大纲和多年的教学实践编写而成的.考虑到学时要求和面向的专业对象,在编排上注重内容精练、由浅入深,调整相应的知识架构,适时减少理论性强的推导证明,弱化计算技巧,侧重实际应用.章节后的习题分基础题(A 题)、提高题(B 题)两种层次,注重典型性和多样性,供学生选择使用.

2. 强调基本理论,体现需求引领

淡化定理、公式的严密性和逻辑性,采用数据、图像直观说明和理解概念、定理、公式.同时,针对工科的发展需求,引入离散傅里叶变换、z 变换和小波变换等数学基础和应用.在引例、例题和应用中大量采用工学领域的简化问题,突出实用,体现先进性.

3. 注重基础应用,面向专业拓展

既注重数学基础知识及应用的通识教育,又兼顾各专业需求的工程数学知识. 面向工学类专业领域,书中的引例、案例和应用覆盖相关专业,满足后续课程的学习需要,加强数学的实用性.

4. 名家名言引导,提升数学素养

作为提高数学文化的一种途径,每章引用名人名言,介绍知识概念的产生背景和来龙去脉,体现数学思想与数学观念. 同时,每章有选择性地介绍有突出贡献的数学家,让学生了解数学发展的历史,引导学习数学家的探索精神,激发学习兴趣,促进意志、品格、毅力和情感等非智力因素的形成,提升数学素养.

本书由王志勇任主编,朱四如任副主编,李金兰任主审. 编写分工如下:王志勇、田菲编写第 1 章,杨延飞、陈兰花编写第 2 章,蔡泽彬、吴春梅编写第 3 章,方承胜、刘彩霞编写第 4 章,朱四如编写第 5 章.

在编写过程中,参考了国内外众多文献书籍,借鉴和吸收了相关成果,在此对这些资料的作者表示衷心感谢. 同时,对积极支持本教材编写的领导、专家及同仁表示感谢. 书中标有 ＊ 号的内容可供不同专业选用. 本书教学参考用时30～40 学时.

由于编者水平所限,加之时间仓促,书中难免有不妥之处,敬请读者指正.

编　者

2014 年 6 月

CONTENTS

目录

第1章　复变函数与解析函数 ……………………………………………… (1)

1.1　复数 ……………………………………………………………… (2)

1.1.1　复数的概念 …………………………………………………… (2)

1.1.2　复数的表示法 ………………………………………………… (2)

1.1.3　复数的运算 …………………………………………………… (4)

*1.1.4　复球面 ……………………………………………………… (9)

1.2　复变函数 ………………………………………………………… (9)

1.2.1　区域 …………………………………………………………… (9)

1.2.2　复变函数的概念 ……………………………………………… (12)

1.2.3　复变函数的极限及连续性 …………………………………… (13)

1.2.4　复变函数的导数与微分 ……………………………………… (15)

1.3　解析函数 ………………………………………………………… (17)

1.3.1　解析函数的概念和充要条件 ………………………………… (17)

1.3.2　初等函数 ……………………………………………………… (21)

*1.4　保角映射 ………………………………………………………… (25)

1.4.1　保角映射的概念 ……………………………………………… (26)

1.4.2　几种简单的保角映射 ………………………………………… (27)

1.5　应用实例:解析函数在平面场中的应用 ……………………… (30)

1.5.1　用复变函数表示平面向量场 ………………………………… (30)

    1.5.2　平面向量场的复势 ……………………………………… (31)

    1.5.3　应用举例 …………………………………………………… (34)

  本章例题解析 ………………………………………………………… (36)

  本章小结 ……………………………………………………………… (38)

  数学家简介——欧拉 ………………………………………………… (41)

  习题一 ………………………………………………………………… (43)

第2章　复变函数的积分 ……………………………………………… (45)

  2.1　复变函数的积分 ……………………………………………… (46)

    2.1.1　复积分的概念 ……………………………………………… (46)

    2.1.2　复积分的性质 ……………………………………………… (47)

    2.1.3　复积分的计算 ……………………………………………… (48)

  2.2　柯西积分定理 ………………………………………………… (52)

    2.2.1　柯西基本定理 ……………………………………………… (52)

    2.2.2　复合闭路定理 ……………………………………………… (55)

  2.3　柯西积分公式 ………………………………………………… (58)

    2.3.1　柯西积分公式 ……………………………………………… (58)

    2.3.2　解析函数的高阶导数 ……………………………………… (61)

    2.3.3　解析函数与调和函数 ……………………………………… (64)

  2.4　应用实例:温度测算 ………………………………………… (66)

  本章例题解析 ………………………………………………………… (68)

  本章小结 ……………………………………………………………… (71)

  数学家简介——柯西 ………………………………………………… (74)

  习题二 ………………………………………………………………… (75)

第3章　级数与留数 …………………………………………………… (77)

  3.1　幂级数及其展开 ……………………………………………… (77)

    3.1.1　幂级数 ……………………………………………………… (77)

    3.1.2　泰勒级数 …………………………………………………… (83)

  3.2　洛朗级数及其展开式 ………………………………………… (87)

    3.2.1　双边幂级数 ………………………………………………… (87)

    3.2.2　洛朗级数 …………………………………………………… (88)

  3.3　留数 …………………………………………………………… (91)

3.3.1 孤立奇点 ······ (92)

3.3.2 留数的概念及留数定理 ······ (94)

3.3.3 留数的计算 ······ (96)

3.4 留数的应用 ······ (97)

3.4.1 计算 $\int_0^{2\pi} f(\cos\theta, \sin\theta)\mathrm{d}\theta$ 型积分 ······ (98)

3.4.2 计算 $\int_{-\infty}^{+\infty} \dfrac{P(x)}{Q(x)}\mathrm{d}x$ 型积分 ······ (99)

*3.4.3 计算 $\int_{-\infty}^{+\infty} f(x)\mathrm{e}^{\mathrm{i}\lambda x}\mathrm{d}x$ 型积分 ······ (100)

3.5 应用实例:系统的稳定性 ······ (102)

3.5.1 线性时不变系统 ······ (102)

3.5.2 系统函数及其稳定性 ······ (102)

3.5.3 应用举例 ······ (106)

本章例题解析 ······ (106)

本章小结 ······ (108)

数学家简介——泰勒 ······ (110)

习题三 ······ (111)

第4章 傅里叶变换 ······ (113)

4.1 傅里叶变换的概念 ······ (114)

4.1.1 傅里叶级数的复指数形式 ······ (114)

4.1.2 傅里叶变换的展开 ······ (117)

4.2 傅里叶变换的性质和卷积 ······ (125)

4.2.1 傅里叶变换的基本性质 ······ (125)

4.2.2 卷积 ······ (130)

4.3 傅里叶变换的应用 ······ (133)

4.3.1 解积分、微分方程问题 ······ (133)

4.3.2 求解偏微分方程问题 ······ (135)

4.3.3 电路系统求解问题 ······ (135)

*4.4 离散傅里叶变换及其性质 ······ (136)

4.4.1 离散傅里叶变换的定义 ······ (136)

4.4.2 离散傅里叶变换的基本性质 ······ (138)

4.5 应用举例 ……………………………………………… (139)

    4.5.1 应用实例一:卷积的应用 …………………………… (139)

    4.5.2 应用实例二:信号传输中的频谱搬移 ……………… (143)

本章例题解析 ……………………………………………… (147)

本章小结 …………………………………………………… (152)

数学家简介——傅里叶 …………………………………… (156)

习题四 ……………………………………………………… (157)

第5章 拉普拉斯变换与 z 变换 ………………………… (160)

5.1 拉普拉斯变换的概念 ………………………………… (161)

    5.1.1 问题的提出 …………………………………………… (161)

    5.1.2 拉普拉斯变换的定义 ………………………………… (161)

    5.1.3 拉普拉斯变换的存在定理 …………………………… (163)

5.2 拉普拉斯变换的性质 ………………………………… (165)

    5.2.1 基本性质 ……………………………………………… (165)

    5.2.2 卷积 …………………………………………………… (169)

    *5.2.3 极限性质 …………………………………………… (171)

5.3 拉普拉斯逆变换 ……………………………………… (173)

5.4 拉普拉斯变换的应用 ………………………………… (175)

*5.5 z 变换 ………………………………………………… (179)

    5.5.1 z 变换的定义 ……………………………………… (179)

    5.5.2 z 变换的逆变换 …………………………………… (181)

    5.5.3 z 变换的性质和应用 ……………………………… (183)

    5.5.4 z 变换与拉普拉斯变换的关系 …………………… (183)

*5.6 小波变换简介 ………………………………………… (184)

    5.6.1 傅里叶变换的局限 …………………………………… (184)

    5.6.2 窗口傅里叶变换 ……………………………………… (185)

    5.6.3 小波变换 ……………………………………………… (186)

    5.6.4 小波变换的性质 ……………………………………… (188)

5.7 应用实例:滤波器的设计 …………………………… (190)

    5.7.1 极点增强增益 ………………………………………… (190)

    5.7.2 滤波器设计数学原理 ………………………………… (191)

5.7.3 应用举例 ……………………………………… (192)

本章例题解析 …………………………………………… (194)

本章小结 ………………………………………………… (197)

数学家简介——拉普拉斯 ……………………………… (200)

习题五 …………………………………………………… (201)

第6章 复变函数与积分变换的数学实验 ………………… (204)

6.1 复数的运算和复变函数的图像 ……………………… (204)

6.1.1 复数的运算 …………………………………… (204)

6.1.2 复变函数的图像 ……………………………… (207)

6.2 复变函数的微积分 …………………………………… (210)

6.2.1 复变函数的极限 ……………………………… (210)

6.2.2 复变函数的导数 ……………………………… (211)

6.2.3 复变函数的积分 ……………………………… (212)

6.3 函数的幂级数展开与留数的应用 …………………… (214)

6.3.1 泰勒级数 ……………………………………… (214)

6.3.2 留数及其应用 ………………………………… (216)

6.4 傅里叶变换与卷积定理 ……………………………… (219)

6.4.1 傅里叶变换 …………………………………… (219)

6.4.2 卷积定理 ……………………………………… (222)

6.5 拉普拉斯变换 ………………………………………… (223)

6.5.1 拉普拉斯变换 ………………………………… (223)

6.5.2 拉普拉斯逆变换 ……………………………… (224)

附录 综合应用实例:飞机机翼设计中升力问题研究 ………… (227)

习题答案 ………………………………………………… (236)

第1章 复变函数与解析函数

复数的概念起源于代数方程求根中出现的负数开平方. 1777 年,数学家欧拉(Euler)首创用符号 i 表示虚数单位,发现了复指数函数和三角函数之间的关系,建立了系统的复数理论,并开始把它们应用到水力学和制图学上.

以复数为自变量的函数称为复变函数,与之相关的理论称为复变函数论. 为复变函数论的创建做了最早期工作的是瑞士数学家欧拉、法国数学家达朗贝尔(D'Alembert)和拉普拉斯(Laplace);随后,法国数学家柯西(Cauchy)和德国数学家黎曼(Riemann)、维尔斯特拉斯(Weierstrass)为这门学科的发展做了大量奠基工作.

复变函数论的全面发展是在 19 世纪. 就像微积分的直接扩展统治了 18 世纪的数学那样,复变函数论统治了 19 世纪的数学,当时的数学家们公认复变函数论是最丰饶的数学分支,称赞它是抽象科学中最和谐的理论之一. 20 世纪以来,复变函数理论形成了很多分支,如整函数与亚纯函数理论、解析函数的边值问题、复变函数逼近论、黎曼曲面、单叶解析函数论等,数学家们开拓了复变函数论广阔的研究领域.

复变函数论的应用很广泛,它可以解决理论物理、弹性物理和天体力学、流体力学、电学等领域中很多复杂的计算. 例如,俄国的茹科夫斯基在设计飞机时用复变函数论解决了飞机机翼的结构问题,他在运用复变函数论解决流体力学和航空力学的问题上做出了突出贡献.

1.1 复 数

1.1.1 复数的概念

定义 1.1 设 $x,y\in\mathbf{R}$,则称 $z=x+\mathrm{i}y$ 为复数,其中 $\mathrm{i}=\sqrt{-1}$ 是虚数单位.

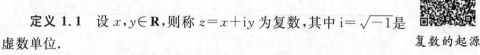
复数的起源

x 称为复数 z 的**实部**,记作 $x=\mathrm{Re}(z)$;y 称为复数 z 的**虚部**,记作 $y=\mathrm{Im}(z)$.当 $y=0$ 时,$z=x$ 即为实数;当 $x=0$ 时,$z=\mathrm{i}y$,称之为**纯虚数**.

若记 $z=x+\mathrm{i}y$,称 $x-\mathrm{i}y$ 为 z 的共轭复数,记作 $\bar{z}$.

设 $z_1=x_1+\mathrm{i}y_1$ 与 $z_2=x_2+\mathrm{i}y_2$ 是两个复数,如果 $x_1=x_2$,$y_1=y_2$,则称 z_1 与 z_2 **相等**;否则,称 z_1 与 z_2 **不相等**.

两个实数可以比较大小,但是两个复数如果不全是实数,它们之间就不能比较大小,只能说相等或不相等.

1.1.2 复数的表示法

1. 复平面与复数的几何表示

复数 $z=x+\mathrm{i}y(x,y\in\mathbf{R})$ 由一对有序实数 (x,y) 唯一确定,即可用横坐标为 x、纵坐标为 y 的点 (x,y) 来表示复数 $z=x+\mathrm{i}y$,如图 1-1 所示. 其中,x 轴称为**实轴**,y 轴称为**虚轴**,实轴和虚轴决定的平面称为**复平面**或 **z 平面**.

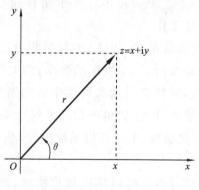

图 1-1

在复平面上,复数 z 与从原点指向点 z 的平面向量一一对应,所以复数 z 也

可看作复平面内的向量. 向量的长度称为 z 的**模**,记为 $|z|$ 或 r,即

$$|z|=r=\sqrt{x^2+y^2}.$$

以正实轴为始边,以 $z(z\neq0)$ 所对应的向量为终边的角 θ(见图 1-1)称为复数 z 的**辐角**,记为 $\mathrm{Arg}z$. 当 $z=0$ 时,规定任意角为它的辐角.

当 $z\neq0$ 时,辐角是多值的,这些值之间相差 2π 的整数倍. 在 $(-\pi,\pi]$ 之间的辐角称为 z 的**主辐角**(或主值),记为 $\mathrm{arg}z$. 于是

$$\mathrm{Arg}z=\mathrm{arg}z+2k\pi \quad (k=0,\pm1,\cdots). \tag{1-1}$$

$\mathrm{arg}z$ 可由反正切 $\arctan\dfrac{y}{x}$ 的值按如下关系确定,如图 1-2 所示.

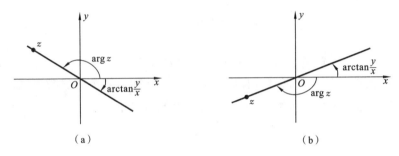

（a） （b）

图 1-2

当 $z\neq0$ 时,我们有

$$\mathrm{arg}z=\begin{cases}\arctan\dfrac{y}{x}, & x>0,y\ \text{为任意实数};\\[2mm] \dfrac{\pi}{2}, & x=0,y>0;\\[2mm] \arctan\dfrac{y}{x}+\pi, & x<0,y\geqslant0;\\[2mm] \arctan\dfrac{y}{x}-\pi, & x<0,y<0;\\[2mm] -\dfrac{\pi}{2}, & x=0,y<0.\end{cases}$$

辅角主值的计算

例 1.1 计算下列复数的辐角:

(1) $z=2-2\mathrm{i}$; (2) $z=-3+4\mathrm{i}$.

解 (1) $\qquad \mathrm{arg}z=\arctan\dfrac{-2}{2}=\arctan(-1)=-\dfrac{\pi}{4}$,

$$\mathrm{Arg}z=-\dfrac{\pi}{4}+2k\pi \quad (k=0,\pm1,\cdots);$$

(2)
$$\arg z = \arctan\frac{4}{-3} + \pi = -\arctan\frac{4}{3} + \pi,$$

$$\text{Arg}\,z = -\arctan\frac{4}{3} + \pi + 2k\pi \quad (k=0,\pm1,\cdots).$$

2. 复数的三角表示和指数表示

如图 1-1 所示,复数 z 的实部 $x = r\cos\theta$,虚部 $y = r\sin\theta$,复数 z 也可用复数的模和辐角来表示,即

$$z = x + iy = r(\cos\theta + i\sin\theta) \tag{1-2}$$

称为复数 z 的三角形式.

由欧拉公式

$$e^{i\theta} = \cos\theta + i\sin\theta,$$

可得

$$z = r(\cos\theta + i\sin\theta) = re^{i\theta}. \tag{1-3}$$

$z = re^{i\theta}$ 称为复数 z 的**指数形式**. 相应地,$z = x + iy$ 称为复数的**代数形式**.

例 1.2 将 $z = -1 + \sqrt{3}i$ 化为三角形式与指数形式.

解 $\qquad r = |z| = \sqrt{(-1)^2 + (\sqrt{3})^2} = 2.$

由于 $z = -1 + \sqrt{3}i$ 在第二象限,则

$$\tan\theta = -\sqrt{3}, \quad \theta = \frac{2\pi}{3},$$

所以,z 的三角形式为

$$z = 2\left(\cos\frac{2}{3}\pi + i\sin\frac{2}{3}\pi\right),$$

z 的指数形式为 $\qquad z = 2e^{\frac{2}{3}\pi i}.$

1.1.3　复数的运算

设 $\qquad\qquad\qquad z = x + iy,$

$$z_1 = x_1 + iy_1 = r_1 e^{i\theta_1} = r_1(\cos\theta_1 + i\sin\theta_1),$$

$$z_2 = x_2 + iy_2 = r_2 e^{i\theta_2} = r_2(\cos\theta_2 + i\sin\theta_2),$$

复数的运算规则如下.

1. 复数的加法和减法

两个复数相加减,对应于实部相加减和虚部相加减,即

$$z_1 \pm z_2 = (x_1 \pm x_2) + i(y_1 \pm y_2). \tag{1-4}$$

复数加减法的几何表示:由于复数可以用向量表示,所以复数的加减法与向

量的加减法一致,满足**平行四边形法则**和**三角形法则**,如图 1-3 和图 1-4 所示.

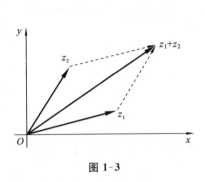

图 1-3

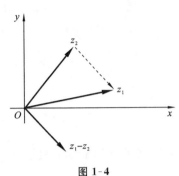

图 1-4

2. 复数的乘法

两个复数相乘遵循多项式的**乘法法则**,即

$$z_1 z_2 = (x_1 + \mathrm{i}y_1)(x_2 + \mathrm{i}y_2)$$
$$= (x_1 x_2 - y_1 y_2) + \mathrm{i}(x_2 y_1 + x_1 y_2), \tag{1-5}$$

或

$$z_1 z_2 = r_1 r_2 [\cos(\theta_1 + \theta_2) + \mathrm{i}\sin(\theta_1 + \theta_2)]$$
$$= r_1 r_2 \mathrm{e}^{\mathrm{i}(\theta_1 + \theta_2)}. \tag{1-6}$$

显然,

$$\begin{cases} |z_1 z_2| = |z_1| |z_2|, \\ \mathrm{Arg}(z_1 z_2) = \mathrm{Arg}z_1 + \mathrm{Arg}z_2. \end{cases} \tag{1-7}$$

复数乘法的几何表示:复数 z_1 与 z_2 的乘积在几何上相当于把向量 z_1 旋转 θ_2($\theta_2 > 0$ 时,沿逆时针旋转),然后再伸长($r_2 > 1$)或缩短($r_2 < 1$)r_2 倍,如图 1-5 所示.

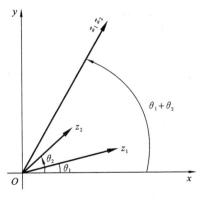

图 1-5

3. 复数的除法

$$\frac{z_1}{z_2}=\frac{x_1+\mathrm{i}y_1}{x_2+\mathrm{i}y_2}=\frac{(x_1x_2+y_1y_2)+\mathrm{i}(x_2y_1-x_1y_2)}{x_2^2+y_2^2} \quad (z_2\neq0) \tag{1-8}$$

或

$$\frac{z_1}{z_2}=\frac{z_1\overline{z_2}}{z_2\overline{z_2}}=\frac{r_1}{r_2}[\cos(\theta_1-\theta_2)+\mathrm{i}\sin(\theta_1-\theta_2)]=\frac{r_1}{r_2}\mathrm{e}^{\mathrm{i}(\theta_1-\theta_2)}. \tag{1-9}$$

显然,

$$\left|\frac{z_1}{z_2}\right|=\frac{|z_1|}{|z_2|}, \quad \mathrm{Arg}\left(\frac{z_1}{z_2}\right)=\mathrm{Arg}z_1-\mathrm{Arg}z_2.$$

复数除法的几何表示:复数 z_1 与 z_2 的商在几何上相当于把向量 z_1 旋转 θ_2 ($\theta_2>0$ 时,沿顺时针旋转),然后再伸长($r_2<1$)或缩短($r_2>1$)$\frac{1}{r_2}$ 倍,如图1-6所示.

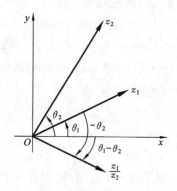

图 1-6

与实数的四则运算一样,复数的加法、乘法运算也满足交换律、结合律和分配律.另外,共轭复数有以下运算性质:

(1) $\overline{z_1\pm z_2}=\overline{z_1}\pm\overline{z_2}$;

(2) $\overline{z_1z_2}=\overline{z_1}\ \overline{z_2}$;

(3) $\overline{\left(\dfrac{z_1}{z_2}\right)}=\dfrac{\overline{z_1}}{\overline{z_2}}$ $(z_2\neq0)$;

(4) $z\overline{z}=|z|^2=r^2=x^2+y^2$.

例 1.3 (1) 设 $z_1=1+\sqrt{3}\mathrm{i}$,$z_2=-\sqrt{3}-\mathrm{i}$,写出 z_1,z_2 的三角表示式,并计算 z_1z_2 和 $\dfrac{z_1}{z_2}$;

(2) $z=\dfrac{2+\mathrm{i}}{\mathrm{i}}-\dfrac{2\mathrm{i}}{1-\mathrm{i}}$,求 $\mathrm{Re}(z)$、$\mathrm{Im}(z)$ 和 $z\overline{z}$.

解　（1）因为

$$z_1 = 1 + \sqrt{3}i = 2\left(\cos\frac{\pi}{3} + i\sin\frac{\pi}{3}\right),$$

$$z_2 = -\sqrt{3} - i = 2\left[\cos\left(-\frac{5}{6}\pi\right) + i\sin\left(-\frac{5}{6}\pi\right)\right],$$

所以

$$z_1 z_2 = (1 + \sqrt{3}i)(-\sqrt{3} - i)$$

$$= 4\left[\cos\left(-\frac{\pi}{2}\right) + i\sin\left(-\frac{\pi}{2}\right)\right]$$

$$= -4i,$$

$$\frac{z_1}{z_2} = \frac{1 + \sqrt{3}i}{-\sqrt{3} - i} = \cos\left(\frac{7}{6}\pi\right) + i\sin\left(\frac{7}{6}\pi\right)$$

$$= -\cos\frac{\pi}{6} - i\sin\frac{\pi}{6} = -\frac{\sqrt{3}}{2} - \frac{i}{2}.$$

（2）因为

$$z = \frac{2+i}{i} - \frac{2i}{1-i} = \frac{(2+i)(-i)}{i(-i)} - \frac{2i(1+i)}{(1-i)(1+i)}$$

$$= -2i + 1 - \frac{2i(1+i)}{2}$$

$$= -2i + 1 - i + 1$$

$$= 2 - 3i,$$

所以

$$\mathrm{Re}(z) = 2, \quad \mathrm{Im}(z) = -3,$$

$$z\bar{z} = (2 - 3i)(2 + 3i) = 2^2 + 3^2 = 13.$$

4. 复数的乘幂

n 个相同的复数 z 的乘积称为 z 的 **n 次方幂**，记为 z^n，即

$$z^n = \overbrace{z \cdot z \cdot \cdots \cdot z}^{n\uparrow}.$$

设 $z = re^{i\theta} = r(\cos\theta + i\sin\theta)$，则

$$z^n = r^n e^{in\theta} = r^n(\cos n\theta + i\sin n\theta). \tag{1-10}$$

特别地，当 $r = 1$ 时，有棣莫弗(De Moivre)公式

$$(\cos\theta + i\sin\theta)^n = \cos n\theta + i\sin n\theta. \tag{1-11}$$

5. 复数的方根

将满足方程 $w^n = z(n \geqslant 2$ 且 $z \neq 0)$ 的复数 w 称为 z 的 **n 次方根**，记作 $w = \sqrt[n]{z}$.

令 $w=\rho e^{i\varphi}$，则有 $\rho^{n}e^{in\varphi}=z=re^{i\theta}$，从而

$$\rho^{n}=r, \quad n\varphi=\theta+2k\pi \quad (k=0,\pm1,\cdots),$$

所以有

$$\rho=\sqrt[n]{r}, \quad \varphi=\frac{\theta+2k\pi}{n}.$$

于是

$$w=\sqrt[n]{r}\,e^{i\frac{\theta+2k\pi}{n}}=\sqrt[n]{r}\left(\cos\frac{\theta+2k\pi}{n}+i\sin\frac{\theta+2k\pi}{n}\right) \quad (k=0,\pm1,\cdots). \quad (1\text{-}12)$$

当 $k=0,1,2,\cdots,n-1$ 时，w 有互不相同的 n 个值 $w_0,w_1,\cdots,w_{n-1}$，它们的模相同，相邻两个值的辐角均相差 $\dfrac{2k\pi}{n}$，当 k 取其他值时，必与 $w_0,w_1,\cdots,w_{n-1}$ 中的某一个值重合. 这样，复数的 n 次方根有且仅有 n 个互不相同的值，这些值在复平面上均匀分布在以原点为中心、以 $\rho=\sqrt[n]{r}$ 为半径的圆周上. 以 $n=3$ 为例作图1-7(a)，以 $n=6$ 为例作图 1-7(b).

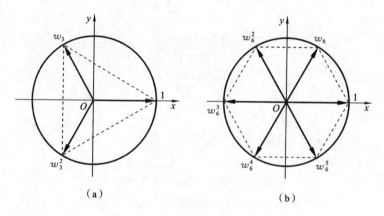

图 1-7

例1.4　求 $\sqrt[4]{1+i}$ 的所有值.

解　由于 $1+i=\sqrt{2}\left(\cos\dfrac{\pi}{4}+i\sin\dfrac{\pi}{4}\right)$，所以有

$$\sqrt[4]{1+i}=\sqrt[8]{2}\left[\cos\frac{1}{4}\left(\frac{\pi}{4}+2k\pi\right)+i\sin\frac{1}{4}\left(\frac{\pi}{4}+2k\pi\right)\right],$$

$$\sqrt[4]{1+i}=\sqrt[8]{2}\left[\cos\left(\frac{\pi}{16}+\frac{k\pi}{2}\right)+i\sin\left(\frac{\pi}{16}+\frac{k\pi}{2}\right)\right],$$

其中 $k=0,1,2,3$.

*1.1.4　复球面

复球面与
无穷远点

除用平面内的点或向量来表示复数外,还可用球面上的点来表示复数.具体方法如下.

作一个与复平面相切于坐标原点的球面,记切点为 S(与原点 O 重合,如图 1-8 所示).过点 S 作垂直于复平面的直线与球面相交于 N 点,N 和 S 分别称为该球面的北极和南极.

对于复平面内的任意一点 Q,过 N 和 Q 作直线,则它与该球面的另一交点是唯一的,记作点 P.从而建立了复平面上点 Q 与球面上点 P 的一一对应关系,即球面上的点除了北极外与复数一一对应.

当点 z 在复平面上沿任意方向无限远离坐标原点(即 $|z| \to \infty$)时,球面上的对应点 P 就无限接近于北极 N.为使复平面(或复数)与球面

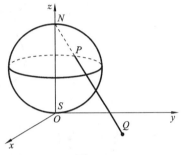

图 1-8

上的点都能一一对应起来,不妨将复平面上沿不同方向无限远离坐标原点的极限点"看作一个点",且称这个点为复平面上的无穷远点,记它及其对应的复数为 ∞,则球面上的北极 N 就是它的几何表示.从而,球面上的每个点就有唯一的复数与之对应,这样的球面称为**复球面**或**黎曼球面**.

包含无穷远点的复平面称为**扩充复平面**,而不包含无穷远点的复平面称为**有限复平面**(或简称**复平面**).今后如无特殊声明,复平面都指有限复平面,复数 z 都指有限复数.

可见,复球面的优越性就在于它能将扩充复平面内的无穷远点明显地表示出来,这为许多实际问题的讨论带来了方便.例如,在分析地形对雷达覆盖的遮挡中,需要考虑地球表面及大气层折射的影响,基于复球面映射的表征与分析能够合理描述实际天空中的大气偏振模式分布等.

1.2　复变函数

1.2.1　区域

1. 平面点集的几个概念

定义 1.2　由不等式 $|z - z_0| < \delta$ 所确定的平面点集,即以 z_0 为中心、δ 为半

径的圆周的内部,称为点 z_0 的 **δ 邻域**;由不等式 $0<|z-z_0|<\delta$ 所确定的点集称为点 z_0 的**去心 δ 邻域**,如图 1-9 所示.

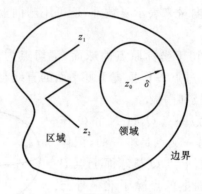

图 1-9

对于点集 E 和平面上一点 z_0,若存在 z_0 的一个 δ 邻域,该邻域内任一点都属于 E,则称 z_0 为 E 的**内点**;若对于 z_0 的任意一个邻域,既有属于 E 的点,又有不属于 E 的点,则称 z_0 为 E 的**边界点**;否则,称 z_0 为 E 的**外点**. 所有 E 的边界点组成 E 的**边界**.

若点集 E 内的每个点都是 E 的内点,则称点集 E 为**开集**. 若存在正数 M,对于点集 E 内的任一点 z,有 $|z|\leqslant M$,则称 E 为**有界集**;否则,称 E 为**无界集**.

2. 区域及曲线

定义 1.3 如果非空点集 D 满足

(1) D 是一个开集;

(2) D 是连通的,即 D 中任意两点都可用属于 D 的一条折线连接,则称 D 为一个**区域**,如图 1-9 所示.

区域 D 加上它的边界构成的点集称为**闭区域**,记作 $\overline{D}$. 如果区域是有界集,则称它为**有界区域**;否则,称它为**无界区域**.

设 $x(t),y(t)$ 是关于实变量 t 的连续函数,那么由 $x=x(t),y=y(t)(a\leqslant t\leqslant b)$ 或由 $z=x(t)+iy(t)(a\leqslant t\leqslant b)$(简记为 $z=z(t)$)所构成的点集 C,称为复平面上的一条**连续曲线**. $z(a)$ 和 $z(b)$ 分别称为 C 的**起点**和**终点**;对于满足 $a\leqslant t_1\leqslant b,a\leqslant t_2\leqslant b,t_1\neq t_2$ 的 t_1 和 t_2,当 $z(t_1)=z(t_2)$ 时,称 $z(t_1)$ 为曲线的**重点**. 无重点的连续曲线,称为**简单曲线**;当 $z(a)=z(b)$ 时,称为**闭曲线**,如图 1-10 所示.

例如,$|z|=1$ 表示以原点为圆心、半径为 1 的圆;$z=t+it(0\leqslant t\leqslant 1)$ 表示从原点到点 $1+i$ 的直线段,如图 1-11 所示.

由几何的直观性可见,任意一条简单闭曲线 C 把整个复平面唯一地分成三

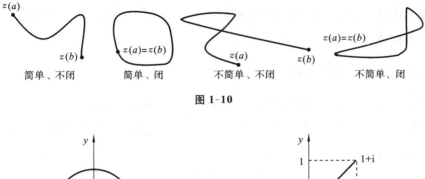

简单、不闭　　　简单、闭　　　不简单、不闭　　　不简单、闭

图 1-10

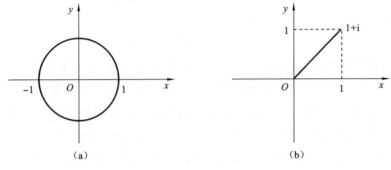

（a）　　　　　　　　　　　（b）

图 1-11

个互不相交的点集:一个是有界区域,称为 C 的内部;一个是无界区域,称为 C 的外部;还有它们的公共边界 C.

　　设简单曲线(或简单闭曲线)C 的参数方程为

$$z = x(t) + \mathrm{i}y(t) \quad (a \leqslant t \leqslant b),$$

当 $a \leqslant t \leqslant b$ 时,若 $x'(t)$ 和 $y'(t)$ 连续且不全为零,则称 C 为**光滑(闭)曲线**;由有限条光滑曲线连接而成的连续曲线称为**按段光滑曲线**.

　　沿着一条简单闭曲线 C 有两个相反的方向.我们规定,当观察者沿着曲线某方向行走时,曲线所围成的区域在观察者的左侧,则该方向为曲线的正向,如图 1-12 所示.

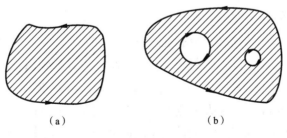

（a）　　　　　　　　　　（b）

图 1-12

定义 1.4 设 D 为复平面上的一个区域,如果在 D 内任作一条简单闭曲线,而曲线的内部总属于 D,则称 D 是**单连通区域**,如图 1-12(a)所示;非单连通的区域称为**多连通区域**,如图 1-12(b)所示.

1.2.2 复变函数的概念

定义 1.5 设 E 是复平面上的点集,若对 E 内任意一点 $z=x+iy$,按照一定规则,都有一个(或多个)确定的复数 $w=u+iv$ 与之对应,则称 w 是复变量 z 的**复变函数**,记作

$$w=f(z). \tag{1-13}$$

点集 E 称为函数的**定义域**,w 取值的全体 G 称为函数的**值域**,即 $G=f(E)$. 若 E 内的每一点 z 对应唯一的函数值 w,则称函数 $f(z)$ 为**单值函数**;若 E 内的每一点 z 对应两个或两个以上的函数值,则称函数 $f(z)$ 为**多值函数**. 例如,$f(z)=z^2$,$f(z)=\bar{z}$ 是单值函数;$f(z)=z^{\frac{1}{2}}$,$f(z)=\mathrm{Arg}z$ 是多值函数.

在复变函数中,如无特别说明,所讨论的函数均为单值函数.

设 $z=x+iy$,$w=u+iv$,于是

$$w=f(z)=f(x+iy)=u(x,y)+iv(x,y), \tag{1-14}$$

所以,复变函数 w 与自变量 z 之间的关系 $w=f(z)$ 相当于两个实二元函数

$$u=u(x,y), \quad v=v(x,y).$$

若用 z 平面上的点表示自变量 z 的值,用 w 平面上的点表示函数 w 的值,则函数 $w=f(z)$ 在几何上可看作是将 z 平面上的一个点集 E(定义域)变到 w 平面上的一个点集 G(值域)的**映射**(或**变换**),简称为由函数 $w=f(z)$ 所构成的映射. 如果 E 中的点 z 被映射 $w=f(z)$ 映射成 G 中的点 w,那么 w 称为 z 的**象(映象)**,而 z 称为 w 的**原象**.

例 1.5 函数 $w=\bar{z}$ 把 z 平面上的以 $z_1=1$,$z_2=i$,$z_3=1+i$ 为顶点的三角形映射成 w 平面上的什么图形?

解 函数 $w=\bar{z}$ 所构成的映射,把 z 平面上的点 $z=a+ib$ 映射到 w 平面上的点 $w=a-ib$. 若 $z_1=1$,则映射成 $w_1=1$;若 $z_2=i$,则映射成 $w_2=-i$;若 $z_3=1+i$,则映射成 $w_3=1-i$. 所以,z 平面上的以 z_1,z_2,z_3 为顶点的三角形的象分别为 w 平面的以 w_1,w_2,w_3 为顶点的三角形,如图 1-13 所示.

例 1.6 函数 $w=z^2$ 把 z 平面上的双曲线 $x^2-y^2=2$,$xy=1$ 映射成 w 平面上的什么图形?

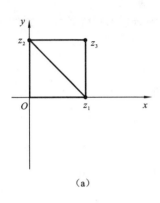
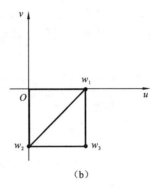

（a）　　　　　　　　　　　　　（b）

图 1-13

解　设 $z=x+\mathrm{i}y, w=u+\mathrm{i}v$，则 $w=z^2$ 对应两个实函数
$$u=x^2-y^2, \quad v=2xy,$$
所以 z 平面上的双曲线 $x^2-y^2=2$ 的象为 w 平面的直线 $u=2$，如图 1-14 所示. z 平面上的双曲线 $xy=1$ 的象为 w 平面的直线 $v=2$.

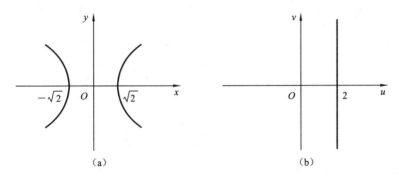

（a）　　　　　　　　　　　　　（b）

图 1-14

1.2.3　复变函数的极限及连续性

1. 复变函数的极限

定义 1.6　设函数 $w=f(z)$ 在 z_0 的某个去心邻域 $0<|z-z_0|<\rho$ 内有定义，若存在常数 A，对于任意给定的 $\varepsilon>0$，总存在 $\delta>0$，使得当 $0<|z-z_0|<\delta$ 时，有 $|f(z)-A|<\varepsilon$，则称 A 为函数 $f(z)$ 当 z 趋于 z_0 时的**极限**，记作
$$\lim_{z\to z_0}f(z)=A \quad \text{或} \quad f(z)\to A \quad (z\to z_0).$$

定义中 z 趋于 z_0 的方向是任意的，即无论 z 从何方向、以何种方式趋向于 z_0，$f(z)$ 都趋向于同一个常数 A.

复变函数的极限能够转化为两个二元实函数的极限,二元实函数极限的和、差、积、商等性质可以推广到复变函数.

定理 1.1 设

$$f(z)=u(x,y)+\mathrm{i}v(x,y),\quad A=u_0+\mathrm{i}v_0,\quad z_0=x_0+\mathrm{i}y_0,$$

则 $\lim\limits_{z\to z_0}f(z)=A$ 的充要条件是

$$\lim_{\substack{x\to x_0\\y\to y_0}}u(x,y)=u_0,\quad \lim_{\substack{x\to x_0\\y\to y_0}}v(x,y)=v_0.$$

根据定理 1.1,不难证明复变函数极限的四则运算法则.

若 $\lim\limits_{z\to z_0}f(z)=A,\lim\limits_{z\to z_0}g(z)=B$,则有

(1) $\lim\limits_{z\to z_0}[f(z)\pm g(z)]=A\pm B$;

(2) $\lim\limits_{z\to z_0}f(z)g(z)=AB$;

(3) $\lim\limits_{z\to z_0}\dfrac{f(z)}{g(z)}=\dfrac{A}{B}(B\neq 0).$

例 1.7 求 $\lim\limits_{z\to 1+\mathrm{i}}\dfrac{\bar{z}}{z}$.

解 设 $z=x+\mathrm{i}y$,则

$$\frac{\bar{z}}{z}=\frac{x-\mathrm{i}y}{x+\mathrm{i}y}=\frac{(x-\mathrm{i}y)(x-\mathrm{i}y)}{(x+\mathrm{i}y)(x-\mathrm{i}y)}=\frac{x^2-y^2}{x^2+y^2}-\mathrm{i}\frac{2xy}{x^2+y^2},$$

由定理 1.1,有

$$\lim_{z\to 1+\mathrm{i}}\frac{\bar{z}}{z}=\lim_{\substack{x\to 1\\y\to 1}}\frac{x^2-y^2}{x^2+y^2}-\mathrm{i}\lim_{\substack{x\to 1\\y\to 1}}\frac{2xy}{x^2+y^2}=0-\mathrm{i}=-\mathrm{i}.$$

2. 复变函数的连续性

定义 1.7 设函数 $f(z)$ 在点 z_0 的某个邻域内有定义,若

$$\lim_{z\to z_0}f(z)=f(z_0),$$

则称 $f(z)$ 在点 z_0 处**连续**. 若 $f(z)$ 在区域 D 内处处连续,则称 $f(z)$ 在**区域 D 内连续**.

由定义 1.7 和定理 1.1,可得如下定理.

定理 1.2(连续的充要条件) 函数 $f(z)=u(x,y)+\mathrm{i}v(x,y)$ 在点 $z_0=x_0+\mathrm{i}y_0$ 处连续的充分必要条件是 $u(x,y)$ 和 $v(x,y)$ 在点 (x_0,y_0) 处连续;函数 $f(z)$ 在区域 D 内连续的充分必要条件是 $u(x,y)$ 和 $v(x,y)$ 在区域 D 内连续.

例 1.8 设

$$f(z)=x^2+y^2+\mathrm{i}(x^2-y^2),$$

14

证明 $f(z)$ 在 z 平面上处处连续.

证明
$$f(z) = x^2 + y^2 + \mathrm{i}(x^2 - y^2),$$

则
$$u(x, y) = x^2 + y^2, \quad v = (x, y) = x^2 - y^2.$$

由于 $u(x, y)$ 和 $v(x, y)$ 在 z 平面上处处连续,由定理 1.2 可知,$f(z)$ 在 z 平面上处处连续.

复变函数的连续性与实变函数的连续性类似,具有如下性质:

若函数 $f(z), g(z)$ 在点 z_0 处连续,则

(1) $f(z) \pm g(z)$,$f(z)g(z)$,$\dfrac{f(z)}{g(z)}(g(z_0) \neq 0)$ 在点 z_0 处连续;

(2) 若函数 $h = g(z)$ 在点 z_0 处连续,函数 $w = f(h)$ 在 $h_0 = g(z_0)$ 处连续,那么复合函数 $w = f[g(z)]$ 在点 z_0 处连续.

由上述性质可知,多项式函数
$$P(z) = a_0 + a_1 z + \cdots + a_n z^n$$

在整个复平面内都连续,而有理函数
$$R(z) = \frac{a_0 + a_1 z + \cdots + a_n z^n}{b_0 + b_1 z + \cdots + b_m z^m}$$

在复平面上使分母不为 0 的点处也连续.

1.2.4 复变函数的导数与微分

1. 导数的定义

定义 1.8 设函数 $w = f(z)$ 在点 z_0 的某邻域内有定义,$z_0 + \Delta z$ 为该邻域内的任一点,若极限
$$\lim_{\Delta z \to 0} \frac{f(z_0 + \Delta z) - f(z_0)}{\Delta z}$$

存在,则称 $f(z)$ 在点 z_0 处**可导**.极限的值称为 $f(z)$ 在点 z_0 处的**导数**,记作
$$f'(z_0) = \frac{\mathrm{d}w}{\mathrm{d}z}\bigg|_{z = z_0} = \lim_{\Delta z \to 0} \frac{f(z_0 + \Delta z) - f(z_0)}{\Delta z}. \tag{1-15}$$

$f(z)$ 在点 z_0 处的导数也可表示为
$$f'(z_0) = \lim_{z \to z_0} \frac{f(z) - f(z_0)}{z - z_0}. \tag{1-16}$$

函数 $w = f(z)$ 在任意点 z 处的导数为
$$f'(z) = \lim_{\Delta z \to 0} \frac{f(z + \Delta z) - f(z)}{\Delta z}. \tag{1-17}$$

例 1.9 求 $f(z) = z^2$ 的导数.

解 因为

$$\lim_{\Delta z \to 0} \frac{f(z + \Delta z) - f(z)}{\Delta z} = \lim_{\Delta z \to 0} \frac{(z + \Delta z)^2 - z^2}{\Delta z} = \lim_{\Delta z \to 0}(2z + \Delta z) = 2z,$$

所以

$$f'(z) = 2z.$$

一般地,当 n 为正整数时,有 $(z^n)' = nz^{n-1}$;当 C 为复常数时,有 $(C)' = 0$.

2. 可导与连续的关系

若函数 $f(z)$ 在点 z_0 处可导,则 $f(z)$ 在点 z_0 处一定连续;反之,若函数 $f(z)$ 在点 z_0 处连续,$f(z)$ 在点 z_0 处却不一定可导.

3. 复变函数的求导法则

复变函数中导数的定义与实变函数中导数的定义在形式上完全一致,它们的求导法则在形式上也完全一致.

(1) $[f(z) \pm g(z)]' = f'(z) \pm g'(z)$.

(2) $[f(z)g(z)]' = f'(z)g(z) + f(z)g'(z)$.

(3) $\left[\dfrac{f(z)}{g(z)}\right]' = \dfrac{f'(z)g(z) - f(z)g'(z)}{g^2(z)}$,其中 $g(z) \neq 0$.

(4) 复合函数求导法则

若函数 $h = f(w)$,$w = g(z)$ 分别在区域 G 和 D 内可导,且 $w = g(z)$ 将 D 映射为 D^*,使 $D^* \subset G$,则复合函数 $h = f[g(z)]$ 在 D 内可导,且有

$$\{f[g(z)]\}' = f'(w)g'(z),$$

其中 $w = g(z)$.

(5) 反函数求导法则

设 $w = f(z)$ 与 $z = f^{-1}(w)$ 是互为反函数的单值可导函数,则

$$f'(z) = \frac{1}{[f^{-1}(w)]'} \quad ([f^{-1}(w)]' \neq 0).$$

例 1.10 判断函数 $g(z) = \dfrac{z}{z^2 + 1}$ 在哪些点可导,并求其在可导点处的导数.

解 $g(z)$ 在 $z \neq \pm i$ 的点处可导. 由复变函数的除法求导公式有

$$g'(z) = \frac{z'(1 + z^2) - z(1 + z^2)'}{(1 + z^2)^2} = \frac{1 - z^2}{(1 + z^2)^2}.$$

4. 复变函数的微分

设函数 $w = f(z)$ 在点 z_0 处可导,若

$$\Delta w = f(z_0 + \Delta z) - f(z_0) = f'(z_0)\Delta z + \rho(\Delta z)\Delta z,$$

其中 $\lim\limits_{\Delta z \to 0} \rho(\Delta z) = 0$,$|\rho(\Delta z)\Delta z|$ 是 $|\Delta z|$ 的高阶无穷小量,则称 $f'(z_0)\Delta z$ 为函数 w

$=f(z)$在点 z_0 处的**微分**,记作 $\mathrm{d}w$,即

$$\mathrm{d}w=\mathrm{d}f(z)\big|_{z=z_0}=f'(z_0)\Delta z. \tag{1-18}$$

特别地,当 z 为自变量时,有 $\mathrm{d}z=\Delta z$,故 $\mathrm{d}w=f'(z)\mathrm{d}z$,则有 $f'(z)=\dfrac{\mathrm{d}w}{\mathrm{d}z}$. 可见,$f(z)$在点 z_0 处可导与 $f(z)$在点 z_0 处可微是等价的.

若函数 $f(z)$在区域 D 内处处可微,则称 $f(z)$在区域 D 内可微.

1.3　解　析　函　数

1.3.1　解析函数的概念和充要条件

1. 解析函数的概念

复变函数的许多概念和定理都与实变函数相应的概念和定理类似,但也有不同的地方,有些方面差异明显. 例如,在实变函数中,$f(x)$可导并不能保证其导函数 $f'(x)$可导,但在复变函数中,如果 $f(z)$在区域 D 内存在一阶导数 $f'(z)$,则 $f(z)$的任意阶导数都存在. 这与复变函数的解析性息息相关.

高等数学与
复变函数的异同

定义 1.9　若复变函数 $f(z)$在点 z_0 及其邻域内处处可导,则称 $f(z)$在点 z_0 处**解析**;若 $f(z)$在区域 D 内每一点都解析,则称 $f(z)$**在区域 D 内解析**,或称 $f(z)$ 是区域 D 内的一个**解析函数**. 区域 D 称为 $f(z)$的**解析区域**.

若 $f(z)$在点 z_0 处不解析,则称 z_0 为 $f(z)$的一个**奇点**.

例如,$f(z)=z^2$ 是复平面内的解析函数,$f(z)=\dfrac{2z}{1-z}$是复平面上去掉 $z=1$ 的多连通区域内的解析函数.

由解析的定义可知,函数在一点解析,则必在该点可导;反之,函数在一点可导,却不一定在该点解析. 但是,函数在区域内解析和可导是等价的.

例 1.11　讨论函数 $f(z)=\dfrac{1}{z}$的解析性.

解　由于 $f(z)$在复平面内除了点 $z=0$ 外都可导,且

$$\frac{\mathrm{d}w}{\mathrm{d}z}=f'(z)=-\frac{1}{z^2},$$

所以在复平面内除了奇点 $z=0$ 外,函数 $f(z)=\dfrac{1}{z}$处处解析.

例 1.12 讨论函数 $f(z)=|z|^2$ 的解析性.

解 由于

$$\frac{f(z+\Delta z)-f(z)}{\Delta z}=\frac{|z+\Delta z|^2-|z|^2}{\Delta z}$$

$$=\frac{(z+\Delta z)(\bar{z}+\overline{\Delta z})-z\bar{z}}{\Delta z}$$

$$=\bar{z}+\overline{\Delta z}+\frac{z\overline{\Delta z}}{\Delta z},$$

若 $z=0$,则 $\lim\limits_{\Delta z\to 0}\frac{f(z+\Delta z)-f(z)}{\Delta z}=\lim\limits_{\Delta z\to 0}\overline{\Delta z}=0$;

若 $z\ne 0$,则 $\lim\limits_{\Delta z\to 0}\frac{\overline{\Delta z}}{\Delta z}=\lim\limits_{\substack{\Delta x\to 0\\ \Delta y\to 0}}\frac{\Delta x-\mathrm{i}\Delta y}{\Delta x+\mathrm{i}\Delta y}$ 不存在,故 $\lim\limits_{\Delta z\to 0}\left(\bar{z}+\overline{\Delta z}+\frac{z\overline{\Delta z}}{\Delta z}\right)$ 不存在,即

$\lim\limits_{\Delta z\to 0}\frac{f(z+\Delta z)-f(z)}{\Delta z}$ 不存在.

于是函数 $f(z)=|z|^2$ 仅在点 $z=0$ 处可导,在其他点处都不可导,即函数 $f(z)=|z|^2$ 在复平面内处处不解析.

复变函数的求导法则与实变函数类似,不难得到定理 1.3.

定理 1.3 (1) 如果函数 $f(z)$、$g(z)$ 在区域 D 内解析,那么函数 $f(z)\pm g(z)$,$f(z)g(z)$,$\frac{f(z)}{g(z)}(g(z)\ne 0)$ 在区域 D 内也解析;

(2) 如果函数 $h=f(w)$ 在 w 平面上的区域 G 内解析,函数 $w=g(z)$ 在 z 平面上的区域 D 内解析,且对每一个 $z\in D$,对应的 $w=g(z)\in G$,那么复合函数 $h=f[g(z)]$ 在区域 D 内解析.

由定理 1.3 可知,多项式函数

$$P(z)=a_0+a_1z+\cdots+a_nz^n$$

在整个复平面内解析,有理函数

$$R(z)=\frac{a_0+a_1z+\cdots+a_nz^n}{b_0+b_1z+\cdots+b_mz^m}$$

在复平面内除分母为 0 的点外处处解析.

2. 函数解析的充要条件

函数的解析性由它的可导性确定,因此可由函数的可导性来判别解析性,而用导数的定义来判别可导性往往比较复杂. 下面给出更简便的判别方法.

定理 1.4 设函数 $f(z)=u(x,y)+\mathrm{i}v(x,y)$ 在区域 D 内有定义,那么 $f(z)$ 在点 $z=x+\mathrm{i}y$ 处**可导的充要条件**是:在点 $z=x+\mathrm{i}y$ 处,$u(x,y)$ 及 $v(x,y)$ 可微,并且满足

$$\begin{cases} \dfrac{\partial u}{\partial x}=\dfrac{\partial v}{\partial y}, \\ \dfrac{\partial u}{\partial y}=-\dfrac{\partial v}{\partial x}. \end{cases} \tag{1-19}$$

方程(1-19)称为**柯西-黎曼方程**.

* **证明**　必要性. 设

$$f(z)=u(x,y)+iv(x,y)$$

在点 $z=x+iy\in D$ 处有导数 $\alpha=a+bi$，其中 a 及 b 为实数.根据导数的定义知,当 $z+\Delta z\in D(\Delta z\neq0)$ 时,有

$$\begin{aligned} f(z+\Delta z)-f(z)&=\alpha\Delta z+\rho(\Delta z)\Delta z \\ &=(a+ib)(\Delta x+i\Delta y)+\rho(\Delta z)\Delta z \end{aligned} \tag{1-20}$$

其中 $\Delta z=\Delta x+i\Delta y,\lim\limits_{\Delta z\to0}\rho(\Delta z)=0.$ 令

$$f(z+\Delta z)-f(z)=\Delta u+i\Delta v,$$
$$\rho(\Delta z)=\rho_1+i\rho_2,$$

则由上式可得

$$\Delta u+i\Delta v=(a\Delta x-b\Delta y+\rho_1\Delta x-\rho_2\Delta y)+i(a\Delta y+b\Delta x+\rho_1\Delta y+\rho_2\Delta x),$$

从而有

$$\Delta u=a\Delta x-b\Delta y+\rho_1\Delta x-\rho_2\Delta y, \tag{1-21}$$
$$\Delta v=a\Delta y+b\Delta x+\rho_1\Delta y+\rho_2\Delta x. \tag{1-22}$$

又因为 $\lim\limits_{\Delta z\to0}\rho(\Delta z)=0$,所以 $\lim\limits_{\substack{\Delta x\to0\\\Delta y\to0}}\rho_1=0,\lim\limits_{\substack{\Delta x\to0\\\Delta y\to0}}\rho_2=0$,由此可知 $u(x,y)$ 及 $v(x,y)$ 可微,并且满足

$$\frac{\partial u}{\partial x}=a,\quad\frac{\partial u}{\partial y}=-b,\quad\frac{\partial v}{\partial x}=b,\quad\frac{\partial v}{\partial y}=a,$$

即

$$\frac{\partial u}{\partial x}=\frac{\partial v}{\partial y},\quad\frac{\partial u}{\partial y}=-\frac{\partial v}{\partial x}.$$

充分性. 由于 $u(x,y)$ 及 $v(x,y)$ 在点 $z=x+iy$ 可微,式(1-19)成立,则有式(1-21)、式(1-22)成立.将式(1-22)等号两边同时乘以 i,得

$$i\Delta v=ia\Delta y+ib\Delta x+i\rho_1\Delta y+i\rho_2\Delta x. \tag{1-23}$$

将式(1-23)与式(1-21)等号两边分别相加,得式(1-20),即证 $f(z)$ 在点 $z=x+iy$ 处有导数 $f'(z)=a+bi$. 由证明中可得

$$f'(z)=\frac{\partial u}{\partial x}+i\frac{\partial v}{\partial x}=\frac{\partial v}{\partial y}-i\frac{\partial u}{\partial y}.$$

由定理 1.4 及函数解析的定义还可推出以下定理.

定理 1.5　设函数
$$f(z)=u(x,y)+\mathrm{i}v(x,y)$$
在区域 D 内有定义,那么 $f(z)$ 在区域 D 内解析的充要条件是:
$u(x,y)$ 及 $v(x,y)$ 在区域 D 内可微,并且满足

加强练习

$$\frac{\partial u}{\partial x}=\frac{\partial v}{\partial y},\quad \frac{\partial u}{\partial y}=-\frac{\partial v}{\partial x}.$$

由定理 1.4、定理 1.5 可推出解析函数的导数公式:
$$f'(z)=\frac{\partial u}{\partial x}+\mathrm{i}\,\frac{\partial v}{\partial x}=\frac{\partial v}{\partial y}+\mathrm{i}\,\frac{\partial v}{\partial x}$$
$$=\frac{\partial u}{\partial x}-\mathrm{i}\,\frac{\partial u}{\partial y}=\frac{\partial v}{\partial y}-\mathrm{i}\,\frac{\partial u}{\partial y}.$$

例 1.13　讨论函数 $f(z)=2x(1-y)+\mathrm{i}(x^2-y^2+2y)$ 的解析性.

解　设 $u=2x(1-y),v=x^2-y^2+2y$,由于
$$\frac{\partial u}{\partial x}=2(1-y)=\frac{\partial v}{\partial y},$$
$$\frac{\partial u}{\partial y}=-2x=-\frac{\partial v}{\partial x},$$
且上面四个一阶偏导数都是连续的,故 $f(z)=2x(1-y)+\mathrm{i}(x^2-y^2+2y)$ 在复平面内处处解析.

例 1.14　证明函数 $f(z)=\mathrm{e}^x(\cos y+\mathrm{i}\sin y)$ 在整个复平面上处处解析,并且 $f'(z)=f(z)$.

证明　由于 $u=\mathrm{e}^x\cos y,v=\mathrm{e}^x\sin y$,可得
$$\frac{\partial u}{\partial x}=\mathrm{e}^x\cos y,\quad \frac{\partial u}{\partial y}=-\mathrm{e}^x\sin y,$$
$$\frac{\partial v}{\partial x}=\mathrm{e}^x\sin y,\quad \frac{\partial v}{\partial y}=\mathrm{e}^x\cos y,$$
从而
$$\frac{\partial u}{\partial x}=\frac{\partial v}{\partial y},\qquad \frac{\partial u}{\partial y}=-\frac{\partial v}{\partial x},$$
并且由于上面四个一阶偏导数都是连续的,所以 $f(z)$ 在复平面内处处可导,从而处处解析,并且有
$$f'(z)=\frac{\partial u}{\partial x}+\mathrm{i}\,\frac{\partial v}{\partial x}=\mathrm{e}^x(\cos y+\mathrm{i}\sin y)=f(z).$$

函数 $f(z)=\mathrm{e}^x(\cos y+\mathrm{i}\sin y)$ 的特点在于它的导数就是其本身,这个函数在复变函数中称为指数函数.

例 1.15 设函数

$$f(z)=x^2+axy+by^2+\mathrm{i}(cx^2+dxy+y^2),$$

问常数 a、b、c、d 取何值时, $f(z)$ 在复平面内处处解析.

解 由于

$$u=x^2+axy+by^2,\quad v=cx^2+dxy+y^2,$$

则有

$$\frac{\partial u}{\partial x}=2x+ay,\quad \frac{\partial u}{\partial y}=ax+2by,$$

$$\frac{\partial v}{\partial x}=2cx+dy,\quad \frac{\partial v}{\partial y}=dx+2y.$$

这四个偏导数都是连续的,要使 $f(z)$ 解析,只需

$$\frac{\partial u}{\partial x}=\frac{\partial v}{\partial y},\quad \frac{\partial u}{\partial y}=-\frac{\partial v}{\partial x},$$

即

$$2x+ay=dx+2y,\quad 2cx+dy=-ax-2by,$$

所以当 $a=2,b=-1,c=-1,d=2$ 时,函数 $f(z)$ 在复平面内处处解析.

1.3.2 初等函数

1. 指数函数

定义 1.10 对于复数 $z=x+\mathrm{i}y$,定义指数函数如下:

$$w=\mathrm{e}^z=\mathrm{e}^x(\cos y+\mathrm{i}\sin y). \tag{1-24}$$

指数函数的**主要性质**如下.

(1) 对于任何复数 z, $\mathrm{e}^z\neq 0$.

(2) $w=\mathrm{e}^z$ 在整个复平面内处处解析,且 $(\mathrm{e}^z)'=\mathrm{e}^z$.

(3) 当 $z=x$(x 为实数)时, $w=\mathrm{e}^z=\mathrm{e}^x$;

当 $z=\mathrm{i}y$ 时,有欧拉公式 $\mathrm{e}^{\mathrm{i}y}=\cos y+\mathrm{i}\sin y$.

(4) $|\mathrm{e}^z|=\mathrm{e}^x$, $\mathrm{Arg}(\mathrm{e}^z)=y+2k\pi$ $(k=0,\pm 1,\pm 2,\cdots)$.

(5) $\mathrm{e}^{z_1}\mathrm{e}^{z_2}=\mathrm{e}^{z_1+z_2}$; $(\mathrm{e}^z)^n=\mathrm{e}^{nz}$; $\dfrac{\mathrm{e}^{z_1}}{\mathrm{e}^{z_2}}=\mathrm{e}^{z_1-z_2}$.

(6) $\mathrm{e}^{z+2k\pi\mathrm{i}}=\mathrm{e}^z$, k 为任一整数,这说明指数函数是以 $2\pi\mathrm{i}$ 为周期的周期函数.

可见,复变函数中的指数函数是实变函数中指数函数的扩展,大部分性质相同,也有部分性质呈现不同的特征,如周期性等. 后续的初等函数也具有如此特点.

例 1.16 计算 e^{2+i} 及 $e^{-3+\frac{\pi}{4}i}$ 的值,并求它们的辐角.

解 (1) $$e^{2+i}=e^2(\cos 1+i\sin 1),$$
$$\text{Arg }e^{2+i}=1+2k\pi \quad (k=0,\pm 1,\cdots).$$

(2) $e^{-3+\frac{\pi}{4}i}=e^{-3}\left(\cos\frac{\pi}{4}+i\sin\frac{\pi}{4}\right)=e^{-3}\left(\frac{\sqrt{2}}{2}+\frac{\sqrt{2}}{2}i\right)=\frac{\sqrt{2}}{2}e^{-3}+\frac{\sqrt{2}}{2}e^{-3}i,$$

$$\text{Arg }e^{-3+\frac{\pi}{4}i}=\frac{\pi}{4}+2k\pi \quad (k=0,\pm 1,\cdots).$$

2. 对数函数

定义 1.11 对数函数是指数函数的反函数.

若 $z=e^w(z\neq 0)$,则称 w 是 z 的**对数**,记为 $\text{Ln}z$.

令 $w=u+iv,z=re^{i\theta}$,则

$$re^{i\theta}=e^{u+iv}=e^u e^{iv},$$

从而有 $u=\ln r,v=\theta$,即

$$w=\text{Ln}z=\ln|z|+i\text{Arg}z. \tag{1-25}$$

式(1-25)是 z 的对数函数(其中 z 看作是不等于零的复变量). 由于 $\text{Arg}z$ 是无穷多值函数,所以 $w=\text{Ln}z$ 也是无穷多值函数.

相应于 $\text{Arg}z$ 的主值 $\arg z$,把

$$\ln|z|+i\arg z \quad (-\pi<\arg z\leqslant\pi)$$

定义为 $\text{Ln}z$ 的主值,记为 $\ln z$,即

$$\ln z=\ln|z|+i\arg z, \tag{1-26}$$

故有

$$w=\text{Ln}z=\ln|z|+i\arg z+2k\pi i \quad (k=0,\pm 1,\pm 2,\cdots). \tag{1-27}$$

任意给定一个 k 值,式(1-27)确定一个单值函数,称为 $\text{Ln}z$ 的一个分支. 可见,任意不等于零的复数 z 有无穷多个对数,并且任意两个值之间相差 $2\pi i$ 的整数倍.

对数函数的**主要性质**如下.

(1) $\text{Ln}(z_1 z_2)=\text{Ln}z_1+\text{Ln}z_2$.

(2) $\text{Ln}\left(\dfrac{z_1}{z_2}\right)=\text{Ln}z_1-\text{Ln}z_2$.

注意:等式 $\text{Ln}z^n=n\text{Ln}z,\text{Ln}\sqrt[n]{z}=\dfrac{1}{n}\text{Ln}z$ 并不成立.

(3) $\text{Ln}z$ 及其主值 $\ln z$ 都在除去原点及负实轴的复平面上解析,且

$$(\text{Ln}z)'=\frac{1}{z}, \quad (\ln z)'=\frac{1}{z}.$$

例 1.17 求 $\mathrm{Ln}2^2$，$2\mathrm{Ln}2$ 的值.

解
$$\mathrm{Ln}2^2 = \ln|4| + \mathrm{i\,arg}4 + 2k\pi\mathrm{i}$$
$$= 2\ln2 + 2k\pi\mathrm{i} \quad (k = 0, \pm1, \pm2, \cdots);$$
$$2\mathrm{Ln}2 = 2(\ln|2| + \mathrm{i\,arg}2 + 2k\pi\mathrm{i})$$
$$= 2\ln2 + 4k\pi\mathrm{i} \quad (k = 0, \pm1, \pm2, \cdots).$$

可见，仅当 k 为偶数时，$\mathrm{Ln}2^2$ 才与 $2\mathrm{Ln}2$ 相等，否则 $\mathrm{Ln}2^2$ 在 $2\mathrm{Ln}2$ 中不一定能找到使两者相同的数值. 所以，在复数范围内，$\mathrm{Ln}2^2$ 与 $2\mathrm{Ln}2$ 一般是不相等的，如图 1-15 所示.

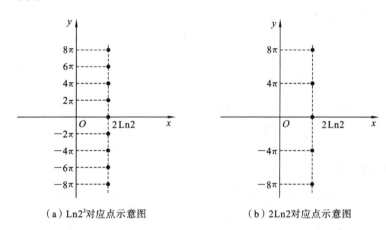

（a）$\mathrm{Ln}2^2$对应点示意图 　　　　　（b）$2\mathrm{Ln}2$对应点示意图

图 1-15

3. 幂函数

定义 1.12 将函数
$$w = z^a = \mathrm{e}^{a\mathrm{Ln}z} \quad (z \neq 0, a \text{ 为复数}) \tag{1-28}$$
称为复变量 z 的**幂函数**. 并且规定：当 a 为正实数且 $z = 0$ 时，$z^a = 0$.

由于 $\mathrm{Ln}z$ 是多值的，因而 $w = z^a$ 也是多值函数.

幂函数的基本性质如下.

（1）当 $a = n$（n 为正整数）时，
$$z^n = \mathrm{e}^{n\mathrm{Ln}z} = \mathrm{e}^{n\ln|z|}\,\mathrm{e}^{\mathrm{i}n(\mathrm{arg}z + 2k\pi)} = |z|^n\,\mathrm{e}^{\mathrm{i}n\mathrm{arg}z}$$
是单值函数，并且在复平面内处处解析；

当 $a = -n$ 时，$z^{-n} = \mathrm{e}^{-n\mathrm{Ln}z} = |z|^{-n}\mathrm{e}^{-\mathrm{i}n\mathrm{arg}z}$ 是单值函数，在复平面上除 $z = 0$ 外处处解析.

（2）当 a 是有理数 $\dfrac{p}{q}$（既约分数）时，$z^a = \mathrm{e}^{a\mathrm{Ln}z}$ 有 q 个不同的分支，即当 $k = 0$，

$1,2,\cdots,q-1$ 时所对应的值.

（3）当 a 是无理数或虚数时，$z^a = e^{a\mathrm{Ln}z}$ 有无限多个分支.

由于 $\mathrm{Ln}z$ 在除去原点及负实轴外的复平面上解析，因此，z^a 的每个分支也在复平面内除原点及负实轴外解析.

复数的方根和
幂函数值的计算

例 1.18 计算 $\mathrm{i}^{\frac{2}{3}}$ 及 $\sqrt[4]{1-\mathrm{i}}$.

解 （1） $\mathrm{i}^{\frac{2}{3}} = e^{\frac{2}{3}\mathrm{Ln}\mathrm{i}} = e^{\frac{2}{3}(\ln|\mathrm{i}|+\mathrm{i}\mathrm{Arg}\mathrm{i})} = e^{\frac{2}{3}(\ln 1 + \mathrm{i}\mathrm{arg}\mathrm{i} + 2k\pi\mathrm{i})} = e^{\frac{2}{3}\left(\frac{\pi}{2}+2k\pi\right)\mathrm{i}}$

$$= \cos\left(\frac{\pi}{3}+\frac{4}{3}k\pi\right) + \mathrm{i}\sin\left(\frac{\pi}{3}+\frac{4}{3}k\pi\right) \quad (k=0,1,2),$$

即 $\mathrm{i}^{\frac{2}{3}}$ 的三个值分别为

$$\frac{1}{2}+\frac{\sqrt{3}}{2}\mathrm{i}, \quad \frac{1}{2}-\frac{\sqrt{3}}{2}\mathrm{i}, \quad -1.$$

（2） $\sqrt[4]{1-\mathrm{i}} = (1-\mathrm{i})^{\frac{1}{4}} = e^{\frac{1}{4}\mathrm{Ln}(1-\mathrm{i})} = e^{\frac{1}{4}[\ln|1-\mathrm{i}|+\mathrm{i}\mathrm{Arg}(1-\mathrm{i})]} = e^{\frac{1}{4}[\ln\sqrt{2}+\mathrm{i}\mathrm{arg}(1-\mathrm{i})+2k\pi\mathrm{i}]}$

$$= e^{\frac{1}{4}\left(\ln\sqrt{2}-\frac{\pi}{4}\mathrm{i}+2k\pi\mathrm{i}\right)} = \sqrt[8]{2}\,e^{-\frac{\pi}{16}\mathrm{i}+\frac{1}{2}k\pi\mathrm{i}}$$

$$= \sqrt[8]{2}\left[\cos\left(-\frac{\pi}{16}+\frac{k\pi}{2}\right)+\mathrm{i}\sin\left(-\frac{\pi}{16}+\frac{k\pi}{2}\right)\right] \quad (k=0,1,2,3),$$

即 $\sqrt[4]{1-\mathrm{i}}$ 的四个值分别为

$$\sqrt[8]{2}\left(\cos\frac{\pi}{16}-\mathrm{i}\sin\frac{\pi}{16}\right), \qquad \sqrt[8]{2}\left(\cos\frac{7\pi}{16}+\mathrm{i}\sin\frac{7\pi}{16}\right),$$

$$\sqrt[8]{2}\left(\cos\frac{15\pi}{16}+\mathrm{i}\sin\frac{15\pi}{16}\right), \qquad \sqrt[8]{2}\left(\cos\frac{9\pi}{16}-\mathrm{i}\sin\frac{9\pi}{16}\right).$$

4. 三角函数

由欧拉公式，对任意实数 x，有

$$e^{\mathrm{i}x} = \cos x + \mathrm{i}\sin x, \quad e^{-\mathrm{i}x} = \cos x - \mathrm{i}\sin x,$$

所以

$$\cos x = \frac{e^{\mathrm{i}x}+e^{-\mathrm{i}x}}{2}, \quad \sin x = \frac{e^{\mathrm{i}x}-e^{-\mathrm{i}x}}{2\mathrm{i}}.$$

因此，对任意复数 z，定义余弦函数和正弦函数如下.

定义 1.13 称

$$\sin z = \frac{e^{\mathrm{i}z}-e^{-\mathrm{i}z}}{2\mathrm{i}}, \quad \cos z = \frac{e^{\mathrm{i}z}+e^{-\mathrm{i}z}}{2} \tag{1-29}$$

分别为复变量 z 的**正弦函数**和**余弦函数**.

正弦函数和余弦函数具有如下性质.

（1）解析性. $\sin z$ 和 $\cos z$ 在整个复平面解析，并且有

$$(\sin z)' = \cos z, \quad (\cos z)' = -\sin z.$$

（2）奇偶性. $\sin z$ 是奇函数，$\cos z$ 是偶函数，即

$$\sin(-z)=\frac{e^{i(-z)}-e^{-i(-z)}}{2i}=\frac{e^{-iz}-e^{iz}}{2i}=-\sin z,$$

$$\cos(-z)=\frac{e^{i(-z)}+e^{-i(-z)}}{2}=\frac{e^{-iz}+e^{iz}}{2}=\cos z.$$

(3) 周期性. $\sin z$ 和 $\cos z$ 以 2π 为周期,则

$$\cos(z+2k\pi)=\cos z,\quad \sin(z+2k\pi)=\sin z\quad (k\ 为任意整数).$$

(4) $\sin(z_1\pm z_2)=\sin z_1\cos z_2\pm\cos z_1\sin z_2$;

$$\cos(z_1\pm z_2)=\cos z_1\cos z_2\mp\sin z_1\sin z_2;$$

$$\sin^2 z+\cos^2 z=1.$$

(5) $|\sin z|\leqslant1,|\cos z|\leqslant1$ 不再成立,这一性质与实函数不同.

例如,$z=i$ 时,

$$\sin z=\sin i=\frac{e^{iz}-e^{-iz}}{2i}=\frac{e^{-1}-e}{2i}=\frac{e-e^{-1}}{2}i,$$

则

$$\left|\sin z\right|=\left|\frac{e-e^{-1}}{2}\right|>1.$$

其他复变函数的三角函数定义如下:

$$\tan z=\frac{\sin z}{\cos z},\quad \cot z=\frac{\cos z}{\sin z},$$

$$\sec z=\frac{1}{\cos z},\quad \csc z=\frac{1}{\sin z}.$$

以上四个函数分别称为 z 的**正切**、**余切**、**正割**、**余割**函数. 它们都在复平面上使分母不为零的点处解析.

例 1.19　计算函数 $\cos(1+i)$ 的值.

解
$$\cos(1+i)=\frac{e^{i(1+i)}+e^{-i(1+i)}}{2}=\frac{e^{i-1}+e^{-i+1}}{2}$$

$$=\frac{1}{2}\big[(e^{-1}+e)\cos1+i(e^{-1}-e)\sin1\big].$$

*1.4　保角映射

一个定义在某区域 D 上的复变函数 $w=f(z)$ 在几何上表示从 z 平面到 w 平面的一个映射,本节将介绍解析函数所构成的一一映射——保角映射. 保角映射是复变函数最重要的概念之一,它可以将比较复杂的区域上的问题转化到比较简单的区域上进行研究,成功地解决了流体力学、空气动力学、弹性力学、电学等学科中的许多实际问题.

1.4.1 保角映射的概念

设函数 $w=f(z)$ 在区域 D 内解析,$z_0 \in D$ 且 $f'(z_0) \neq 0$,过点 z_0 任意引一条有向光滑曲线 $C: z=z(t)$ $(t_0 \leqslant t \leqslant t_1)$,$z_0 = z(t_0)$ 且 $z'(t_0) \neq 0$,则曲线 C 在点 z_0 处的切线存在,其倾角为 $\theta = \arg z'(t_0)$.

映射 $w=f(z)$ 把 z 平面内的曲线 C 映射成 w 平面内过点 $w_0 = f(z_0)$ 的一条有向光滑曲线

$$\Gamma: w=f[z(t)] \quad (t_0 \leqslant t \leqslant t_1).$$

由于 $w'(t_0) = f'(z_0)z'(t_0) \neq 0$,故曲线 Γ 在点 w_0 处切线存在,其倾角为

$$\begin{aligned} \varphi &= \arg w'(t_0) = \arg f'(z_0) + \arg z'(t_0) \\ &= \arg f'(z_0) + \theta. \end{aligned} \tag{1-30}$$

式(1-30)表明,**象曲线 Γ 在 w_0 的切线方向可由曲线 C 在 z_0 处的切线方向旋转一个角度 $\arg f'(z_0)$ 得出**,称 $\arg f'(z_0)$ 为函数 $w=f(z)$ 在点 z_0 处的**旋转角**. 显然,$\arg f'(z_0)$ 只与 z_0 有关,与过点 z_0 的曲线 C 的形状无关,这一性质称为**旋转角的不变性**.

由于映射 $w=f(z)$ 使所有经过点 z_0 的曲线都旋转同一个角度,所以相交于点 z_0 的任意两条曲线 C_1 和 C_2 的夹角,其大小和方向都等于映射后的象曲线 Γ_1 和 Γ_2 的夹角,如图 1-16 所示,这一性质称为**保角性**.

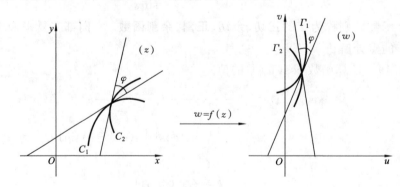

图 1-16

假设
$$f'(z_0) = Re^{ia},$$
则
$$|f'(z_0)| = R, \quad \arg f'(z_0) = a,$$
于是
$$\lim_{\Delta z \to 0} \left| \frac{\Delta w}{\Delta z} \right| = R \neq 0. \tag{1-31}$$

式(1-31)表明在点 z_0 的某邻域内自变量改变量的模 $|\Delta z|$ 和函数值改变量的模 $|\Delta w|$ 在忽略高阶无穷小的情况下有关系式 $|\Delta w| = R|\Delta z|$,即在点 z_0 附近象曲线伸长到原象曲线的 R 倍. R 反映了在映射 $w = f(z)$ 下,z 平面上 C 曲线在点 z_0 处弧长的**伸缩率**,这是导数模的几何意义;并且伸缩率 $R = |f'(z_0)|$,它仅与点 z_0 有关,而与过点 z_0 的曲线 C 的形状、方向无关,这一性质称为**伸缩率的不变性**.

综上所述,可得定理 1.6.

定理 1.6　设函数 $w = f(z)$ 在区域 D 内解析,z_0 为 D 内的一点,且 $f'(z_0) \neq 0$,则映射 $w = f(z)$ 在点 z_0 处具有:

(1) **保角性**,即过点 z_0 的两条曲线间的夹角与映射后所得两曲线间的夹角在大小和方向上保持不变;

(2) **伸缩率不变性**,即通过点 z_0 的任何一条曲线的伸缩率均为 $|f'(z_0)|$,而与曲线的形状和方向无关.

定义 1.14　若函数 $w = f(z)$ 在点 z_0 的邻域内有定义,且在点 z_0 处具有:

(1) 保角性;

(2) 伸缩率的不变性;

则称映射 $w = f(z)$ 在点 z_0 处是**保角的**.

若映射 $w = f(z)$ 在区域 D 内的每一点都是保角的,则称 $w = f(z)$ 是区域 D 内的**保角映射**.

由定理 1.6 和定义 1.14,可得定理 1.7.

定理 1.7　若函数 $w = f(z)$ 在区域 D 内解析,且对任意点 $z_0 \in D$,有 $f'(z_0) \neq 0$,则 $w = f(z)$ 在 D 内是保角映射.

1.4.2　几种简单的保角映射

1. 分式线性映射

定义 1.15　形如

$$w = \frac{az+b}{cz+d} \tag{1-32}$$

的映射称为**分式线性映射**,其中 a、b、c、d 是复常数,而且 $ad - bc \neq 0$.

当 $c = 0$ 时,$w = \dfrac{a}{d}z + \dfrac{b}{d}$.

当 $c \neq 0$ 时,$w = \dfrac{bc - ad}{c} \cdot \dfrac{1}{cz+d} + \dfrac{a}{c}$.

分式线性映射可以分解为如下基本形式的映射:

$$w=\frac{bc-ad}{c}\xi+\frac{a}{c};\quad \xi=\frac{1}{\eta};\quad \eta=cz+d.$$

因此,分式线性映射可以看作是 $w=kz+h$ 和 $w=\dfrac{1}{z}$ 两种映射的复合.

例如,z 平面上以 0、$\dfrac{1}{2}$、i、$\dfrac{1}{2}+i$ 为顶点的长方形,经过保角映射

$$w=2(1+i)z+(2-i)$$

变换成 w 平面上以 $2-i$,3、i、$1+2i$ 为顶点的长方形,其变换过程如图 1-17 所示.

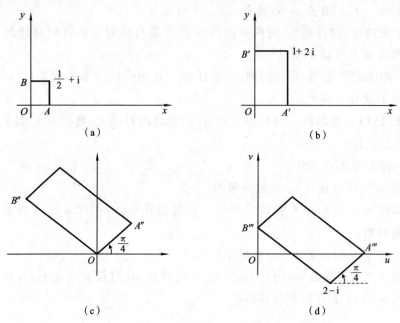

图 1-17

可见,整式线性映射是不改变图形相似形状的变换,它在整个复平面上是处处保角、一一对应的. 又由于该映射能把 z 平面上的圆周映射成 w 平面上的圆周,所以这一性质称为整式线性映射的**保圆性**.

映射 $w=\dfrac{1}{z}$ 称为倒数映射,它也是保角映射.

2. 指数函数 $w=e^z$ 所确定的映射

由于 $w=e^z$ 在复平面内处处解析,且 $w=e^z\neq 0$,所以指数函数 $w=e^z$ 所确定的映射是保角映射.

又由于 $w=e^z$ 以 $2\pi i$ 为周期,所以只需讨论当 z 在由 $0<\mathrm{Im}(z)<2\pi$ 所定义的带形区域 B 中变化时,函数 $w=e^z$ 的映射性质.

设 w 的实部及虚部分别为 u 及 v，在带形区域 B 中，z 从左向右描出一条直线 $L:\mathrm{Im}(z)=y_0$，如图 1-18(a)所示，则 $w=\mathrm{e}^{x+\mathrm{i}y_0}$，于是 $|w|=\mathrm{e}^x$ 从 0(不包括 0)增大到 $+\infty$，而 $\mathrm{Arg}w=y_0$ 保持不变. 所以，w 描出一条射线 $L_1:\mathrm{Arg}w=y_0$(不包括0)，如图 1-18(b)所示.

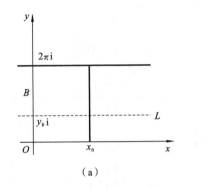
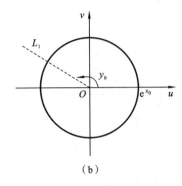

（a）　　　　　　　　　　　　　　　　（b）

图 1-18

指数函数 $w=\mathrm{e}^z$ 确定了从带形区域 $B:0<\mathrm{Im}(z)<2\pi$ 到 w 平面除去原点和正实轴的保角映射. 可见，$w=\mathrm{e}^z$ 将 $0<\mathrm{Im}(z)<\pi$ 保角映射为上半平面 $\mathrm{Im}(w)>0$；而把 $\pi<\mathrm{Im}(z)<2\pi$ 保角映射为下半平面 $\mathrm{Im}(w)<0$.

映射 $w=\mathrm{e}^z$ 的特点是：将扩充 z 平面上的水平带形区域 $0<\mathrm{Im}(z)<h(0<h\leqslant2\pi)$ 映射成扩充 w 平面的角形区域 $0<\mathrm{arg}w<h$($h=\pi$ 时，此角形区域为上半平面).

3. 幂函数 $w=z^n$ 所确定的映射

由于幂函数 $w=z^n$(n 为大于 1 的正整数)在复平面上处处解析且 $w'=nz^{n-1}$ 除 $z=0$ 外处处不等于零，所以在复平面上除原点 $z=0$ 外，$w=z^n$ 确定的映射是保角映射.

设 $z=\mathrm{e}^{\mathrm{i}\theta}$，$w=z^n=r^n\mathrm{e}^{\mathrm{i}n\theta}$，则 $|w|=r^n$，$\mathrm{Arg}w=n\theta$，从而 $w=z^n$ 将 z 平面上的圆周 $|z|=r(r>0)$ 映射为 w 平面上的圆周 $|w|=r^n$. 特别地，把单位圆周 $|z|=1$ 映射为单位圆周 $|w|=1$.

又由 $\mathrm{Arg}w=n\theta$ 知，$w=z^n$ 将 z 平面上的射线 $\theta=\theta_0$ 映射成 w 平面上的射线 $\varphi=n\theta_0$，特别地，正实轴 $\theta=0$ 映射成正实轴 $\varphi=0$. 从而角形区域 $0<\theta<\theta_0$ $\left(\theta_0<\dfrac{2\pi}{n}\right)$ 被映射成角形区域 $0<\varphi<n\theta_0$，如图 1-19(a)所示.

幂函数 $w=z^n$ 映射的特点：将 z 平面上以原点 $z=0$ 为顶点的角形区域映射为 w 平面上以 $w=0$ 为顶点，张角比原张角扩大了 n 倍的角形区域.

特别地，$w=z^n$ 将角形区域 $0<\theta<\dfrac{2\pi}{n}$ 映射为 w 平面的角形区域 $0<\varphi<2\pi$. 即除去正实轴外的整个 w 平面，而正实轴 $\theta=0$ 映射为 w 平面正实轴的上岸 $\varphi=0$，射线 $\theta=\dfrac{2\pi}{n}$ 映射为 w 平面正实轴的下岸 $\varphi=2\pi$，如图 1-19(b)所示.

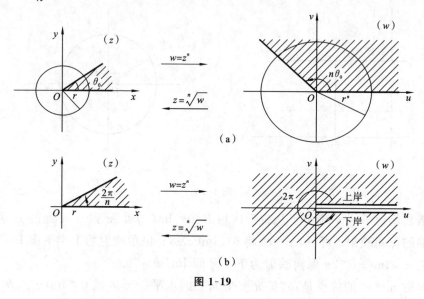

图 1-19

1.5 应用实例：解析函数在平面场中的应用

1.5.1 用复变函数表示平面向量场

所谓平面向量场，即场中所有向量都平行于某一固定的平面 S，并且在任何一条垂直于 S 的直线上，每个点上的向量其大小和方向完全相同（见图 1-20）. 如果平面向量场不随时间 t 变化，我们称之为**平面定常向量场**. 显然，在所有的平行于 S 的平面内，这个向量场的情形都完全同样. 因此，这个向量场可以由位于平面 S 内的向量所构成的一个平面向量场完全表示出来.

如果我们在平面 S 内取定一直角坐标系 xOy，那么场中每一个向量都可以用 $\boldsymbol{A}=A_x(x,y)\boldsymbol{i}+A_y(x,y)\boldsymbol{j}$ 来表示，$A_x(x,y)$ 与 $A_y(x,y)$ 是向量在 x 轴与 y 轴上的分量. 由于平面中所有的点都可以用复数 $z=x+iy$ 来表示，所以平面矢量 $\boldsymbol{A}$ 可以由复变函数 $A(z)=A_x(x,y)+iA_y(x,y)$ 来表示.

反之，已知某一个复变函数 $w=u(x,y)+iv(x,y)$，由此也可作为一平面向

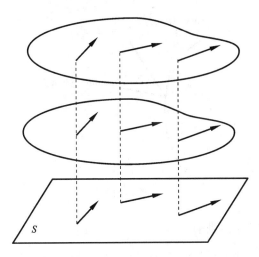

图 1-20

量场 $A = u(x,y) + \mathrm{i}v(x,y)$，这样便可建立平面向量场与复变函数之间一一对应的关系.

例如一条河流，若与水面平行的一些平面上，水流的情况大体相同，又流速几乎与时间无关，那么与水面平行的平面上的水流速度 v 就可近似地看成是一个平面定常流速场. 不妨设 $v = v_x(x,y)\boldsymbol{i} + v_y(x,y)\boldsymbol{j}$，则该流速场可用复变函数 $v = v_x(x,y) + \mathrm{i}v_y(x,y)$ 来表示.

平面向量场与复变函数的这种密切关系，不仅说明了复变函数具有明确的物理意义，而且可以使我们利用复变函数的方法来研究平面向量场的有关问题. 在应用中我们会经常碰到无源无旋的平面向量场，这种平面向量场通常用解析函数来表示. 这个解析函数称为该平面向量场的**复势函数**.

1.5.2　平面向量场的复势

下面以平面流速场为例介绍向量场的复势. 设向量场 v 是不可压缩的定常的理想流体的流速场：

$$v = v_x(x,y)\boldsymbol{i} + v_y(x,y)\boldsymbol{j}. \tag{1-33}$$

$\overset{\frown}{AB}$ 为场中的一条有向曲线（见图 1-21），则向量场 v 沿 $\overset{\frown}{AB}$ 正向的环量及沿 $\overset{\frown}{AB}$ 法线方向穿过 AB 的通量分别为

$$\Gamma = \int_{\overset{\frown}{AB}} \boldsymbol{v} \cdot \mathrm{d}\boldsymbol{l} = \int_{\overset{\frown}{AB}} v_x(x,y)\mathrm{d}x + v_y(x,y)\mathrm{d}y, \tag{1-34}$$

$$N = \int_{\overset{\frown}{AB}} \boldsymbol{v} \cdot \mathrm{d}\boldsymbol{n} = \int_{\overset{\frown}{AB}} v_x(x,y)\mathrm{d}y - v_y(x,y)\mathrm{d}x. \tag{1-35}$$

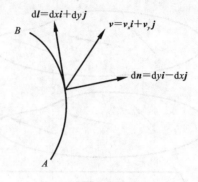

图 1-21

当 $\overset{\frown}{AB}$ 是闭曲线 C 时,则有

$$\Gamma = \oint_L \boldsymbol{v} \cdot \mathrm{d}\boldsymbol{l} = \oint_L v_x(x,y)\mathrm{d}x + v_y(x,y)\mathrm{d}y, \tag{1-36}$$

$$N = \oint_L \boldsymbol{v} \cdot \mathrm{d}\boldsymbol{n} = \oint_L v_x(x,y)\mathrm{d}y - v_y(x,y)\mathrm{d}x. \tag{1-37}$$

设 $P_0(x_0, y_0)$ 为场内一定点,C_r 是以 P_0 点为中心、r 为半径的小圆周,而 Γ_r 及 N_r 分别为向量场关于 C_r 的环量和通量,容易证明

$$\lim_{r \to 0} \frac{\Gamma_r}{\pi r^2} = \left[\frac{\partial v_y}{\partial x} - \frac{\partial v_x}{\partial y} \right] \Bigg|_{(x_0, y_0)} \boldsymbol{k}.$$

上式右边的数值称为向量场 $\boldsymbol{v}$ 在点 P_0 处的**旋度**,记作

$$\mathrm{rot}\boldsymbol{v} = \left(\frac{\partial v_y}{\partial x} - \frac{\partial v_x}{\partial y} \right) \boldsymbol{k}. \tag{1-38}$$

若在点 P_0 处,$\mathrm{rot}\boldsymbol{v} \neq \boldsymbol{0}$,我们就称 P_0 为一个**涡旋**. 同样,易证

$$\lim_{r \to 0} \frac{N_r}{\pi r^2} = \left[\frac{\partial v_x}{\partial x} + \frac{\partial v_y}{\partial y} \right] \Bigg|_{(x_0, y_0)}.$$

上式右边的数值称为向量场 $\boldsymbol{v}$ 在点 P_0 处的**散度**,记作

$$\mathrm{div}\boldsymbol{v} = \frac{\partial v_x}{\partial x} + \frac{\partial v_y}{\partial y}. \tag{1-39}$$

如果向量场 $\boldsymbol{v}$ 的散度处处为零,则称该向量场为**无源场**. 此时

$$\mathrm{div}\boldsymbol{v} = \frac{\partial v_x}{\partial x} + \frac{\partial v_y}{\partial y} = 0,$$

即

$$\frac{\partial v_x}{\partial x} = -\frac{\partial v_y}{\partial y}, \tag{1-40}$$

从而可知 $-v_y\mathrm{d}x + v_x\mathrm{d}y$ 是某一个二元函数 $\psi(x,y)$ 的全微分,即

$$d\psi(x,y) = -v_y dx + v_x dy. \tag{1-41}$$

由此得

$$\frac{\partial \psi}{\partial x} = -v_y, \quad \frac{\partial \psi}{\partial y} = v_x. \tag{1-42}$$

我们把函数 $\psi(x,y)$ 称为场 v 的**流函数**,而它的等值线 $\psi(x,y)=c$ 称为**流线**.这个名称的由来,是因为曲线 $\psi(x,y)=c$ 上每点的切线方向刚好与流速 v 的方向平行.事实上,沿等值线 $\psi(x,y)=c, d\psi(x,y)=-v_y dx + v_x dy = 0$,因此有

$$\frac{dy}{dx} = \frac{v_y}{v_x}.$$

如果向量场 v 的旋度处处为零,则称该向量场为**无旋场**.此时

$$\mathrm{rot}\boldsymbol{v} = \frac{\partial v_x}{\partial y} - \frac{\partial v_y}{\partial x} = 0.$$

这说明 $v_x dx + v_y dy$ 是某一个二元函数 $\varphi(x,y)$ 的全微分,即

$$d\varphi(x,y) = v_x dx + v_y dy. \tag{1-43}$$

由此得

$$\frac{\partial \varphi}{\partial x} = v_x, \quad \frac{\partial \varphi}{\partial y} = v_y, \tag{1-44}$$

从而有 $\mathrm{grad}\varphi = v$.我们把函数 $\varphi(x,y)$ 称为场 v 的**势函数**,而它的等值线 $\varphi(x,y)=c$ 称为**势线**.

根据以上的讨论可知:如果在单连通 B 内,向量场 v 既是无源场又是无旋场,则式(1-42)和式(1-44)同时成立,将它们比较即得

$$\frac{\partial \varphi}{\partial x} = \frac{\partial \psi}{\partial y}, \quad \frac{\partial \varphi}{\partial y} = -\frac{\partial \psi}{\partial x}. \tag{1-45}$$

这就是 C-R **方程**.所以,在无源无旋场中,流函数 $\psi(x,y)$ 和势函数 $\varphi(x,y)$ 是**共轭调和函数**,由此可作一解析函数

$$\omega = f(z) = \varphi(x,y) + \mathrm{i}\psi(x,y). \tag{1-46}$$

这一函数称为平面流速场的**复势函数**,简称**复势**.它是单连通 B 内的解析函数.流线 $\psi(x,y)=c$ 和势线 $\varphi(x,y)=c$ 构成正交的曲线族.由于

$$f'(z) = \frac{\partial \varphi}{\partial x} + \mathrm{i}\frac{\partial \psi}{\partial x} = v_x - \mathrm{i}v_y, \tag{1-47}$$

从而可得

$$v = v_x + \mathrm{i}v_y = \overline{f'(z)}. \tag{1-48}$$

这说明平面流速场 v 可以用复变函数 $v = \overline{f'(z)}$ 来表示,并且用复势 $f(z)$ 来刻画流动比用流速 v 方便.因为由复势求速度只用求导数,反之则要用积分;另一方

面,由复势容易求流线和势线,这样就可以了解流动的概况.

设有平面静电场 $\boldsymbol{E}=E_x(x,y)\boldsymbol{i}+E_y(x,y)\boldsymbol{j}$,若 $\boldsymbol{E}$ 是单连通域 B 内的无旋无源的静电场,我们也可以类似地定义静电场的复势 $f(z)$,则场 $\boldsymbol{E}$ 可用复势表示为

$$E=-\frac{\partial v}{\partial x}-\mathrm{i}\frac{\partial u}{\partial x}=-\mathrm{i}\,\overline{f'(z)}.$$

注意到静电场的复势和流速场的复势相差一个因子 $-\mathrm{i}$,这是电工学上的习惯用法.同流速场一样,利用静电场的复势,可以研究场的等势线和电力线的分布情况,描绘出场的图像.

1.5.3 应用举例

例 1.20 考察复势为 $f(z)=az$ 的流动情况.

解 设 $a>0$,由于 $f'(z)=a$,所以场中任一点的速度 $v=\overline{f'(z)}=a>0$,方向指向 x 轴正向.势函数和流函数分别为

$$\varphi(x,y)=ax,\quad \psi(x,y)=ay,$$

故势线是直线 $x=c_1$,流线是直线 $y=c_2(c_1,c_2$ 均为实常数).该流速场的流动图像见图 1-22,实线表示流线,虚线表示势线.流体是从势函数值高处向势函数值低处流动.这是一个等速的平面稳定流,这种流动称为**均匀常流**.

当 a 为复数时,情况相仿,势线和流线也是直线,只是方向有了改变,这时的速度为 a.

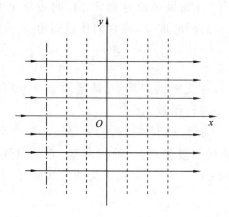

图 1-22

例 1.21 试描述一条具有电荷线密度为 λ 的均匀带电的无限长直导线所产生的静电场的复势.

解 根据库仑定律,平面上任意一点 $z=x+\mathrm{i}y$ 的电场强度为

$$|\boldsymbol{E}| = \frac{2\lambda}{r},$$

式中：

$$r = |z| = \sqrt{x^2 + y^2}.$$

考虑到 $\boldsymbol{E}$ 的方向，我们得到

$$\boldsymbol{E} = \frac{2\lambda}{r}\boldsymbol{r}_0,$$

式中，$\boldsymbol{r}_0$ 是指向点 z 的向径上的单位向量，可以用复数 $\dfrac{z}{|z|}$ 表示.

因此有

$$E = \frac{2\lambda}{r}$$

从而有

$$f'(z) = \mathrm{i}\boldsymbol{E} = -\frac{2\lambda\mathrm{i}}{r},$$

所以，场的复势为

$$f(z) = 2\lambda\mathrm{i}\mathrm{Ln}\frac{1}{z} + c.$$

力函数和势函数分别为

$$u(x, y) = 2\lambda\mathrm{Arg}z + c_1, \quad v(x, y) = 2\lambda\ln\frac{1}{|z|} + c_2.$$

该场的流动图像描绘如图 1-23 和图 1-24 所示，其中实线表示电力线，虚线表示等势线.

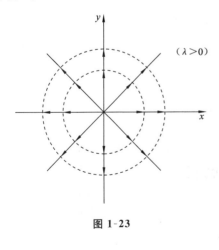

图 1-23

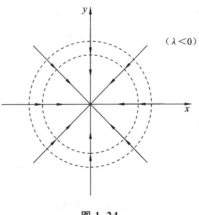

图 1-24

如果导线竖在 $z=z_0$，则复势为

$$f(z)=2\lambda \mathrm{i}\mathrm{Ln}\,\frac{1}{z-z_0}+c.$$

通过上面的讨论，我们知道，利用解析函数对静电场进行研究是十分理想的，它可将对电场的力函数和势函数的研究联系起来，克服了分别研究的复杂手续，而且使问题得到了简化.但找出这样的解析函数是极不容易的.因此，一般是将问题反转过来，不是根据电场去找解析函数，而是先研究一些不同的解析函数，找出它们所表示的电场图形，再由这些电场的图形推出带电导体的形状.如此积累了一些电场图形与解析函数之间的关系，再由这些已知的关系推出新电场的复势函数.下面就介绍一个由解析函数所表示的电场.

例 1.22 求由 $f(z)=z^{\frac{1}{2}}$ 所表示的电场.

解 设 $f(z)=u+\mathrm{i}v$，则

$$(u+\mathrm{i}v)^2=x+\mathrm{i}y,$$

故

$$u^2-v^2=x,\quad 2uv=y.$$

解上述两式得

$$y^2=4u^2(u^2-x),$$

或

$$y^2=4v^2(v^2+x).$$

令 $u=k_1$，得电力线方程为

$$y^2=4k_1^2(k_1^2-x),$$

即

$$y^2=-2p(x-a),$$

其中 $p=2k_1^2$，$a=k_1^2$. 它是一条抛物线.

令 $v=k_2$，得等位线方程为

$$y^2=4k_2^2(k_2^2+x),$$

即

$$y^2=2p(x+a),$$

其中 $p=2k_2^2$，$a=k_2^2$. 它也是一条抛物线.

本章例题解析

例 1.23 下面解题过程错在何处？

$$8^{\frac{1}{6}}=(2^3)^{\frac{1}{6}}=2^{\frac{1}{2}}=\sqrt{2}.$$

解　在实数范围内,上述方法是正确的,而在复数范围内,应当是

$$8^{\frac{1}{6}}=(2^3)^{\frac{1}{6}}=(2^3 e^{2k\pi i})^{\frac{1}{6}}=\pm\sqrt{2}e^{\frac{k\pi}{3}i}\quad(k=0,1,2,3,4,5).$$

例 1.24　将复数 $\dfrac{2i}{-1+i}$ 化为三角形式和指数形式.

解　因为

$$\frac{2i}{-1+i}=1-i,\quad|1-i|=\sqrt{2},\quad\arg(1-i)=-\frac{\pi}{4},$$

所以

$$\frac{2i}{-1+i}=\sqrt{2}\left[\cos\left(-\frac{\pi}{4}\right)+i\sin\left(-\frac{\pi}{4}\right)\right]\quad(三角形式)$$

$$=\sqrt{2}e^{-\frac{\pi}{4}i}.\quad(指数形式)$$

例 1.25　计算极限 $\lim\limits_{z\to1}\dfrac{z\bar{z}+2z-\bar{z}-2}{z^2-1}$.

解　由 $\dfrac{z\bar{z}+2z-\bar{z}-2}{z^2-1}=\dfrac{(\bar{z}+2)(z-1)}{(z+1)(z-1)}=\dfrac{\bar{z}+2}{z+1}$,知

$$\lim_{z\to1}\frac{z\bar{z}+2z-\bar{z}-2}{z^2-1}=\lim_{z\to1}\frac{\bar{z}+2}{z+1}=\frac{3}{2}.$$

例 1.26　证明当 $z\to0$ 时,函数 $f(z)=\dfrac{\text{Re}(z)}{|z|}$ 的极限不存在.

解　令 $z=x+iy$,则

$$f(z)=\frac{x}{\sqrt{x^2+y^2}}.$$

让 z 沿 $y=kx$ 趋于 0,则有

$$\lim_{z\to0}f(z)=\lim_{z\to0}\frac{kx}{\sqrt{1+k^2}|x|}=\pm\frac{k}{\sqrt{1+k^2}}$$

随 k 不同而不同,故极限不存在.

例 1.27　讨论下列函数的解析性,若函数解析,求 $f'(z)$.

(1) $f(z)=x^3+i(1-y)^3$;

(2) $f(z)=x^2-y^2-3y+i(2xy+3x)$.

解　(1) 令 $u=x^3,v=(1-y)^3$,则

$$\frac{\partial u}{\partial x}=3x^2,\quad\frac{\partial u}{\partial y}=0,\quad\frac{\partial v}{\partial x}=0,\quad\frac{\partial v}{\partial y}=-3(1-y)^2.$$

虽然上述四个偏导数连续(即 u,v 可微),但仅在 $x=0,y=1$ 时满足柯西-黎

曼方程,所以 $f(z)=x^3+\mathrm{i}(1-y)^3$ 仅在 $z=\mathrm{i}$ 处可导,在全平面内处处不解析.

(2) 令 $u=x^2-y^2-3y,v=2xy+3x$,则

$$\frac{\partial u}{\partial x}=2x, \quad \frac{\partial u}{\partial y}=-2y-3,$$

$$\frac{\partial v}{\partial x}=2y+3, \quad \frac{\partial v}{\partial y}=2x.$$

由于上述四个偏导数连续(即 u,v 可微)且满足柯西-黎曼方程,故 $f(z)=x^2-y^2-3y+\mathrm{i}(2xy+3x)$ 在复平面内处处解析,且有

$$f'(z)=\frac{\partial u}{\partial x}+\mathrm{i}\frac{\partial v}{\partial x}=2x+\mathrm{i}(2y+3).$$

例 1.28 解方程 $\mathrm{e}^z+3+4\mathrm{i}=0$,并求 z 的主值.

解 $z=\mathrm{Ln}(-3-4\mathrm{i})=\ln 5+\mathrm{i}\left(\arctan\frac{4}{3}-\pi+2k\pi\right)$

$$=\ln 5+\mathrm{i}\left[\arctan\frac{4}{3}+(2k-1)\pi\right] \quad (k=0,\pm1,\pm2,\cdots),$$

z 的主值为 $\ln 5+\mathrm{i}\left(\arctan\frac{4}{3}-\pi\right)$.

例 1.29 求 $(1-\mathrm{i})^{4\mathrm{i}}$ 的辐角主值.

解 因为

$$(1-\mathrm{i})^{4\mathrm{i}}=\mathrm{e}^{4\mathrm{i}\mathrm{Ln}(1-\mathrm{i})}=\mathrm{e}^{4\mathrm{i}\left(\ln\sqrt{2}-\frac{\pi}{4}\mathrm{i}+2k\pi\mathrm{i}\right)}=\mathrm{e}^{-(8k-1)\pi}\mathrm{e}^{\mathrm{i}2\ln 2}$$

$$=\mathrm{e}^{\pi-8k\pi}[\cos(2\ln 2)+\mathrm{i}\sin(2\ln 2)] \quad (k=0,\pm1,\pm2,\cdots),$$

所以 $(1-\mathrm{i})^{4\mathrm{i}}$ 的辐角主值为 $2\ln 2$.

本 章 小 结

本章在复习复数的概念、运算及其表示的基础上,介绍复数域上的函数——复变函数及其极限、连续性,给出了复变函数的导数概念及求导法则,然后着重讨论解析函数的概念、判定法则及常见初等函数的解析性.解析函数是复变函数研究的主要对象,它在理论和实际应用中具有十分重要的作用.

1. 复数的概念及运算

设 $x,y\in\mathbf{R}$,则称 $z=x+\mathrm{i}y$ 为复数,其中 $\mathrm{i}=\sqrt{-1}$ 是虚数单位.复数有下面常见运算:

(1) $z_1 \pm z_2 = (x_1 \pm x_2) + \mathrm{i}(y_1 \pm y_2)$；

(2) $z_1 z_2 = (x_1 + \mathrm{i}y_1)(x_2 + \mathrm{i}y_2) = (x_1 x_2 - y_1 y_2) + \mathrm{i}(x_2 y_1 + x_1 y_2)$，

或　$z_1 z_2 = r_1 r_2 [\cos(\theta_1 + \theta_2) + \mathrm{i}\sin(\theta_1 + \theta_2)] = r_1 r_2 \mathrm{e}^{\mathrm{i}(\theta_1 + \theta_2)}$；

(3) $\dfrac{z_1}{z_2} = \dfrac{x_1 + \mathrm{i}y_1}{x_2 + \mathrm{i}y_2} = \dfrac{(x_1 x_2 + y_1 y_2) + \mathrm{i}(x_2 y_1 - x_1 y_2)}{x_2^2 + y_2^2}$ $(z_2 \neq 0)$，

或　$\dfrac{z_1}{z_2} = \dfrac{z_1 \overline{z_2}}{z_2 \overline{z_2}} = \dfrac{r_1}{r_2} [\cos(\theta_1 - \theta_2) + \mathrm{i}\sin(\theta_1 - \theta_2)] = \dfrac{r_1}{r_2} \mathrm{e}^{\mathrm{i}(\theta_1 - \theta_2)}$；

(4) $\overline{z_1 \pm z_2} = \overline{z_1} \pm \overline{z_2}$，$\overline{z_1 z_2} = \overline{z_1}\, \overline{z_2}$，$\overline{\left(\dfrac{z_1}{z_2}\right)} = \dfrac{\overline{z_1}}{\overline{z_2}}$ $(z_2 \neq 0)$，$z\overline{z} = |z|^2 = r^2 = x^2 + y^2$；

(5) $z^n = r^n \mathrm{e}^{\mathrm{i}n\theta} = r^n(\cos n\theta + \mathrm{i}\sin n\theta)$；

(6) $w = \sqrt[n]{r}\, \mathrm{e}^{\mathrm{i}\frac{\theta + 2k\pi}{n}} = \sqrt[n]{r}\left(\cos\dfrac{\theta + 2k\pi}{n} + \mathrm{i}\sin\dfrac{\theta + 2k\pi}{n}\right)$ $(k = 0, \pm 1, \cdots)$．

2. 复变函数的极限、连续性及导数

复变函数的极限、连续性和导数都与高等数学中相应的概念相似，但是又不尽相同．复变函数的极限和连续性问题可以转化为复变函数的实部和虚部两个二元实变函数的极限和连续性问题来研究．

(1) 设 $f(z) = u(x,y) + \mathrm{i}v(x,y)$，$A = u_0 + \mathrm{i}v_0$，$z_0 = x_0 + \mathrm{i}y_0$，则 $\lim\limits_{z \to z_0} f(z) = A$ 的充要条件是 $\lim\limits_{\substack{x \to x_0 \\ y \to y_0}} u(x,y) = u_0$，$\lim\limits_{\substack{x \to x_0 \\ y \to y_0}} v(x,y) = v_0$．

(2) 函数 $f(z) = u(x,y) + \mathrm{i}v(x,y)$ 在点 $z_0 = x_0 + \mathrm{i}y_0$ 处连续的充分必要条件是 $u(x,y)$ 和 $v(x,y)$ 在点 (x_0, y_0) 处连续．

3. 解析函数

(1) 若复变函数 $f(z)$ 在点 z_0 及其邻域内处处可导，则称 $f(z)$ 在点 z_0 解析；若 $f(z)$ 在区域 D 内每一点都解析，则称 $f(z)$ 在区域 D 内解析，或称 $f(z)$ 是区域 D 内的一个解析函数．

解析函数
的性质

(2) 设函数 $f(z) = u(x,y) + \mathrm{i}v(x,y)$ 在区域 D 内有定义，那么 $f(z)$ 在区域 D 内解析的充要条件是 $u(x,y)$ 及 $v(x,y)$ 在区域 D 内可微，并且满足 $\dfrac{\partial u}{\partial x} = \dfrac{\partial v}{\partial y}$，$\dfrac{\partial u}{\partial y} = -\dfrac{\partial v}{\partial x}$．

4. 初等函数

(1) 指数函数：$w = \mathrm{e}^z = \mathrm{e}^x(\cos y + \mathrm{i}\sin y)$．

(2) 对数函数：$w = \mathrm{Ln}z = \ln|z| + \mathrm{i}\mathrm{Arg}z$．

(3) 幂函数：$w = z^a = e^{a \operatorname{Ln} z}$.

(4) 三角函数：$\sin z = \dfrac{e^{iz} - e^{-iz}}{2i}$，$\cos z = \dfrac{e^{iz} + e^{-iz}}{2}$.

*5. 保角映射

若函数 $w = f(z)$ 在点 z_0 的邻域内有定义，且在点 z_0 处具有保角性、伸缩率的不变性，则称映射 $w = f(z)$ 在点 z_0 处是保角的。若映射 $w = f(z)$ 在区域 D 内的每一点都是保角的，则称 $w = f(z)$ 是区域 D 内的保角映射。

常见的简单保角映射有：

(1) 分式线性映射：$w = \dfrac{az + b}{cz + d}$.

(2) 指数函数所确定的映射：$w = e^z$.

(3) 幂函数所确定的映射：$w = z^n$.

数学家简介——欧拉

莱昂哈德·欧拉(Leonhard Euler),瑞士数学家及自然科学家.1707年4月15日生于瑞士巴塞尔,13岁进入巴塞尔大学,15岁获学士学位,翌年获得硕士学位.1727年,欧拉应圣彼得堡科学院的邀请到俄国,1731年接替丹尼尔·伯努利成为物理教授,在俄国的14年,欧拉在分析学、数论和力学方面做了大量出色的工作.1741年,欧拉受普鲁士腓特烈大帝的邀请到柏林科学院工作达25年,在柏林工作期间欧拉研究广泛,涉及行星运动、刚体运动、热力学、弹道学、人口学,这些工作和数学研究相互推动,使得这个时期欧拉在微分方程、曲面微分几何以及其他数学领域的研究都是开创性的.1766年欧拉回到俄国圣彼得堡,1783年9月18日卒于圣彼得堡.

在欧拉的数学生涯中,他的视力一直在恶化.在经历了一次几乎致命的发热后的第三年,1738年,他的右眼近乎失明,他把这归咎于他为圣彼得堡科学院进行的辛苦的地图学工作.在德国期间他的视力持续恶化,以至于弗雷德里克把他誉为"独眼巨人".欧拉原本正常的左眼后来又遭受了白内障的困扰.在1766年被查出有白内障的几个星期后,他近乎完全失明.即便如此,病痛似乎并未影响到欧拉的学术生产力,这归因于他的心算能力和超群的记忆力.例如,欧拉可以从头到尾毫不犹豫地背诵维吉尔的史诗《埃涅阿斯纪》,并能指出他所背诵的那个版本的每一页的第一行和最后一行是什么.在书记员的帮助下,欧拉在多个领域的研究变得更加高产.1775年,他平均每周就完成一篇数学论文.在人生的最后7年,欧拉的双目完全失明,他还是以惊人的速度产出了生平一半的著作.法国数学家皮埃尔-西蒙·拉普拉斯曾这样评价欧拉对于数学的贡献:"读欧拉的著作吧,在任何意义上,他都是我们的大师".

欧拉建立了弹性体的力矩定律:作用在弹性细长杆上的力矩正比于物质的弹性和通过质心轴且垂直于两者的截面的转动惯量.他还直接从牛顿运动定律出发,建立了流体力学中的欧拉方程.这些方程在形式上等价于黏度为0的纳维-斯托克斯方程.人们对这些方程的主要兴趣在于它们能被用来研究冲击波.欧拉对微分方程理论做出了重要贡献.他还是欧拉近似法的创始人,这些计算方法被用于计算力学中,其中最有名的被称为欧拉方法.

欧拉将虚数的幂定义为如下公式:

$$e^{ix}=\cos x+i\sin x,$$

即欧拉公式,它成为指数函数的中心. 在初等分析中,从本质上来说,要么是指数函数的变种,要么是多项式,两者必居其一. 被理查德·费曼称为"最卓越的数学公式"的则是欧拉公式的一个简单推论(通常被称为欧拉恒等式):

$$e^{i\pi}=-1.$$

1735 年,欧拉定义了微分方程中的欧拉-马歇罗尼常数,他也是欧拉-马歇罗尼公式的发现者之一,这一公式在计算复杂的积分、求和与级数的时候极为有效:

$$\gamma=\lim_{n\to\infty}\Big(1+\frac{1}{2}+\frac{1}{3}+\frac{1}{4}+\cdots+\frac{1}{n}-\ln n\Big).$$

1736 年,欧拉解决了柯尼斯堡七桥问题,并且发表了论文《关于位置几何问题的解法》,对一笔画问题进行了阐述,是最早运用图论和拓扑学的典范.

在经济学方面,欧拉得出了如下结论:如果产品的每个要素正好用于支付它自身的边际产量,在固定规模报酬的情形下,总收入和产出将完全耗尽.

习 题 一

A 题

1. 求出下列复数 z 的实部、虚部、共轭复数、模和主辐角.

(1) $1+i$; (2) $-5-12i$; (3) $\dfrac{1}{3+4i}$.

2. 当 x、y 等于什么实数时,等式 $\dfrac{x+1+(y-3)i}{5+3i}=1+i$ 成立.

3. 将下列复数 z 化成三角形式及指数形式.

(1) -1; (2) $1+i$; (3) $1-\sqrt{3}i$.

4. 求出下列函数的奇点.

(1) $\dfrac{z-3}{(z+1)^2(z^2+1)}$; (2) $\dfrac{z+1}{z(z^2+1)}$.

5. 指出下列函数的解析性区域,并求其导数.

(1) $f(z)=(z-1)^5$; (2) $f(z)=\dfrac{1}{z^2-1}$.

6. 设 $f(z)=my^3+nx^2y+(x^3+lxy^2)i$ 为解析函数,试确定 l、m、n 的值.

7. 讨论下列函数的解析性:

(1) $f(z)=(x^2-y^2)+i(2xy)$;

(2) $f(z)=x^3-3xy^2-i(3x^2y-y^3)$.

8. 求 $\text{Ln}(-i)$ 及它的主值.

9. 计算 (1) e^i; (2) 3^i.

*10. 求 $w=z^2$ 在 $z=i$ 处的伸缩率和旋转角.

B 题

1. 说明如下等式所代表的几何轨迹:

(1) $|z-z_1|=|z-z_2|$; (2) $\left|\dfrac{z-1}{z+2}\right|=2$.

2. 求方程 $z^3+8=0$ 的所有根.

3. 若函数 $f(z)$ 在区域 D 内解析,并满足下列条件之一,试证:$f(z)$ 必为常数.

(1) $\overline{f(z)}$ 在区域 D 内解析;

(2) $\arg f(z)$ 在区域 D 内为常数.

4. 讨论下列函数的可导性:

(1) $f(z) = \begin{cases} \dfrac{\overline{z}^2}{z}, & z \neq 0; \\ 0, & z = 0 \end{cases}$ (2) $f(z) = e^x e^{iy}$; (3) $f(z) = x^2 + iy^2$.

5. 讨论下列函数的解析性:

(1) $f(z) = (3x - i3y)^{-1}$;

(2) $f(z) = (1 - z^4)(1 + z^4)^{-1}$.

6. 已知关系式 $u + v = x^2 - y^2 + 2xy - 5x - 5y$,试确定解析函数 $f(z) = u + iv$.

7. 在映射 $w = zi$ 下,下列图形映射成什么图形?

(1) 以 $z_1 = i, z_2 = -1, z_3 = 1$ 为顶点的三角形;

(2) 圆域 $|z| \leqslant 1$.

*8. 求出将角形区域 $0 < \arg z < \dfrac{\pi}{3}$ 映射为单位圆 $|w| < 1$ 的一个保角映射.

第2章 复变函数的积分

复变函数论真正作为现代分析的一个研究领域,是在 19 世纪,其主要奠基人是法国数学家柯西、德国数学家黎曼和维尔斯特拉斯.尽管他们出发点不同,探讨方法不同,却是殊途同归.1814 年,柯西在巴黎科学院宣读的论文《关于定积分理论的报告》是复变函数理论发展史上第一个里程碑.1822 年他在复变函数的导数存在且连续的前提下,在矩形区域上建立了我们现在所称的柯西积分定理.1825 年,柯西发表的论文《关于积分限为虚数的定积分的报告》,将积分与路径无关的柯西定理从矩形区域推广到任意区域,被视为柯西最重要的论文.柯西积分理论是复分析的开山利斧,通过它可以导出与复变函数解析性相关的一系列结果.就是在这个时候,1851 年,黎曼以论文《单复变函数一般理论基础》在哥廷根大学获得数学博士学位.这篇论文包含了现代复变函数论主要部分的萌芽.黎曼的研究揭示出复函数与实函数之间的深刻区别.黎曼在这篇论文中还给出了一个全新的几何概念,就是被后人称为"黎曼曲面"的概念.黎曼曲面理论是研究多值函数的主要工具,通过黎曼曲面给多值函数以几何直观,多值函数在黎曼曲面上被单值化.他在此文中还证明了著名的黎曼映射定理,奠定了复变函数论的几何基础.

复变函数的积分(简称复积分)为研究解析函数提供了一个强有力的工具.它与实积分一样可以解决很多理论与实际问题.例如,引入复积分可以证明"解析函数有任意阶导数""解析函数的导数连续"等.本章主要介绍复积分的概念、关于解析函数积分的柯西-古萨基本定理、复合闭路原理、柯西积分公式、高阶导数公式、解析函数与调和函数的关系等内容,其中柯西积分定理与柯西积分公式是复变函数论的基本定理和基本公式.

2.1 复变函数的积分

2.1.1 复积分的概念

复变函数的积分是实函数的定积分在复数域上的自然推广,其定义方法与定积分相类似.

定义 2.1 设 $C = \overset{\frown}{AB}$ 是平面上一条光滑的简单曲线,如图 2-1 所示.

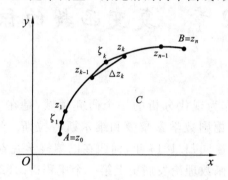

图 2-1

函数 $f(z) = u(x,y) + \mathrm{i}v(x,y)$ 在曲线 C 上有定义,其中 $u(x,y)$ 及 $v(x,y)$ 是 $f(z)$ 的实部及虚部,将曲线 C 分为 n 个小弧段.设分点为 $z_0, z_1, z_2, \cdots, z_{n-1}, z_n$,其中

$$z_k = x_k + \mathrm{i}y_k \quad (k=0,1,2,\cdots,n), \quad z_0 = A, \quad z_n = B.$$

设 $\xi_k = \zeta_k + \mathrm{i}\eta_k$ 是 z_{k-1} 到 z_k 的弧上任意一点,记 $\Delta z_k = z_k - z_{k-1}$,作和式

$$\sum_{k=1}^{n} f(\xi_k)\Delta z_k.$$

令 $\lambda = \max\limits_{1 \leqslant k \leqslant n} |\Delta z_k|$,若当 $\lambda \to 0$ 时,和式的极限存在,则称此极限值为 $f(z)$ 沿曲线 C 从 A 到 B 的复积分,记作 $\int_C f(z)\mathrm{d}z$,即

$$\int_C f(z)\mathrm{d}z = \lim_{\lambda \to 0} \sum_{k=1}^{n} f(\xi_k)\Delta z_k. \tag{2-1}$$

46

沿曲线 C 的负向即从 B 到 A 的积分则记为 $\displaystyle\int_{C^-}f(z)\mathrm{d}z$；若曲线 C 是闭曲线，则此时的积分记为 $\displaystyle\oint_C f(z)\mathrm{d}z$，曲线 C 的方向取正向.

曲线 C 的正向我们作如下规定：

(1) 当曲线 C 为光滑线段时，曲线正方向总是指从起点到终点的方向；

(2) 当曲线 C 为简单闭曲线时，曲线的正向是指：当观察者沿该曲线方向行走时，曲线所围成的区域总在观察者的左边，如图 2-2 所示.

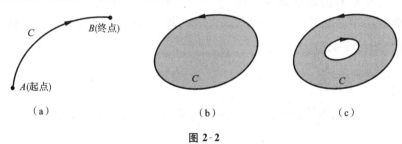

| (a) | (b) | (c) |

图 2-2

以后若无特别说明，曲线 C 的方向都取正向.

复积分的定义在形式上与实函数的定积分类似，但几何意义不再是曲边梯形的面积. 复变函数的定积分一般不能用牛顿-莱布尼茨公式计算，除非是积分与路径无关的情形. 这种情形将在后面积分的计算中加以阐述.

2.1.2 复积分的性质

设 $f(z)$ 及 $g(z)$ 在简单曲线 C 上可积，由复积分的定义不难得到如下基本性质.

(1) $\displaystyle\int_C af(z)\mathrm{d}z = a\int_C f(z)\mathrm{d}z$，其中 a 是一个复常数.

(2) $\displaystyle\int_C \left[f(z)\pm g(z)\right]\mathrm{d}z = \int_C f(z)\mathrm{d}z \pm \int_C g(z)\mathrm{d}z$.

(3) $\displaystyle\int_C f(z)\mathrm{d}z = \int_{C_1} f(z)\mathrm{d}z + \int_{C_2} f(z)\mathrm{d}z + \cdots + \int_{C_n} f(z)\mathrm{d}z$，

其中曲线 C 是由光滑曲线 $C_1, C_2, \cdots, C_n$ 连接而成.

(4) $\displaystyle\int_{C^-} f(z)\mathrm{d}z = -\int_C f(z)\mathrm{d}z$.

(5) 设曲线 C 的长度为 L，函数 $f(z)$ 在 C 上满足 $|f(z)|\leqslant M$，那么

$$\left|\int_C f(z)\mathrm{d}z\right| \leqslant \int_C |f(z)|\,\mathrm{d}s \leqslant ML,$$

此为估值不等式.

2.1.3 复积分的计算

1. 复积分存在的条件

定理 2.1 若 $f(z)$ 在曲线 C 上连续,则 $f(z)$ 沿曲线 C 可积,且

$$\int_C f(z)\mathrm{d}z = \int_C u(x,y)\mathrm{d}x - v(x,y)\mathrm{d}y + \mathrm{i}\int_C v(x,y)\mathrm{d}x + u(x,y)\mathrm{d}y, \quad (2\text{-}2)$$

称此公式为复积分的曲线积分公式.

证明 由于函数 $f(z)$ 在曲线 C 上连续,必有 $u(x,y)$ 及 $v(x,y)$ 在曲线 C 上连续,由复积分定义得

$$\int_C f(z)\mathrm{d}z = \lim_{\lambda \to 0}\sum_{k=1}^{n} f(\xi_k)\Delta z_k$$

$$= \lim_{\lambda \to 0}\sum_{k=1}^{n}[u(\zeta_k,\eta_k) + \mathrm{i}v(\zeta_k,\eta_k)][(x_k - x_{k-1}) + \mathrm{i}(y_k - y_{k-1})]$$

$$= \lim_{\lambda \to 0}\sum_{k=1}^{n}u(\zeta_k,\eta_k)(x_k - x_{k-1}) - \lim_{\lambda \to 0}\sum_{k=1}^{n}v(\zeta_k,\eta_k)(y_k - y_{k-1})$$

$$+ \mathrm{i}\Big[\lim_{\lambda \to 0}\sum_{k=1}^{n}v(\zeta_k,\eta_k)(x_k - x_{k-1}) + \lim_{\lambda \to 0}\sum_{k=1}^{n}u(\zeta_k,\eta_k)(y_k - y_{k-1})\Big].$$

由 $u(x,y)$、$v(x,y)$ 连续可知,上述式子的极限存在,则有

$$\int_C f(z)\mathrm{d}z = \int_C u(x,y)\mathrm{d}x - v(x,y)\mathrm{d}y + \mathrm{i}\int_C v(x,y)\mathrm{d}x + u(x,y)\mathrm{d}y.$$

定理得证.

上述定理不仅给出了复积分存在的条件,而且还表明了复积分的计算可以转化为两个二元实函数的曲线积分来计算.

2. 复积分的计算

定理 2.1 给出了一种复积分的计算方法,当曲线积分的积分路径 C 可由参数方程给出时,复积分的计算可转化为定积分的计算.

设曲线 C 的参数方程为

$$z(t) = x(t) + \mathrm{i}y(t) \quad (\alpha \leqslant t \leqslant \beta),$$

参数 α 及 β 分别对应曲线的起点及终点,则有

$$\int_C f(z)\mathrm{d}z = \int_{\alpha}^{\beta}\{u[x(t),y(t)]x'(t) - v[x(t),y(t)]y'(t)\}\mathrm{d}t$$

$$+ \mathrm{i}\int_{\alpha}^{\beta}\{v[x(t),y(t)]x'(t) + u[x(t),y(t)]y'(t)\}\mathrm{d}t$$

$$= \int_{\alpha}^{\beta} \{u[x(t),y(t)] + iv[x(t),y(t)]\}[x'(t) + iy'(t)]dt$$

$$= \int_{\alpha}^{\beta} f[z(t)]z'(t)dt.$$

如果 C 是分段光滑简单曲线,仍然可以得到这些结论. 在今后讨论的积分中,总假定被积函数是连续的,曲线 C 是按段光滑的.

例 2.1　计算 $\int_C z\,dz$,其中 C 是从原点到点 $3+4i$ 的直线段.

解　如图 2-3 所示,设直线方程为 $\begin{cases} x = 3t, \\ y = 4t, \end{cases} 0 \leqslant t \leqslant 1$,则有

$$z = (3+4i)t, \quad dz = (3+4i)dt,$$

于是

$$\int_C z\,dz = \int_0^1 (3+4i)^2 t\,dt = (3+4i)^2 \int_0^1 t\,dt = \frac{(3+4i)^2}{2}.$$

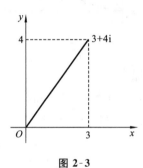

图 2-3

事实上,

$$\int_C z\,dz = \int_C (x+iy)(dx+idy),$$

故得

$$\int_C z\,dz = \int_C x\,dx - y\,dy + i\int_C y\,dx + x\,dy.$$

由二元函数曲线积分的性质可知,这两个积分都与路径无关,所以不论 C 是怎样从原点连接到点 $3+4i$ 的曲线,都有

$$\int_C z\,dz = \frac{(3+4i)^2}{2}.$$

例 2.2　计算 $\int_C \text{Re}(z)\,dz$,其中 C 为:

(1) 从原点到点 $1+i$ 的直线段;

(2) 抛物线 $y=x^2$ 上从原点到点 $1+i$ 的弧线段.

解 (1) 如图 2-4 所示,积分路径的参数方程为

$$z(t)=t+it \quad (0 \leqslant t \leqslant 1),$$

于是

$$\mathrm{Re}(z)=t, \quad \mathrm{d}z=(1+i)\mathrm{d}t,$$

则原积分

$$\int_C \mathrm{Re}(z)\mathrm{d}z = \int_0^1 t(1+i)\mathrm{d}t = \frac{1}{2}(1+i).$$

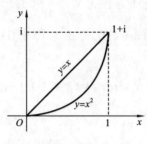

图 2-4

(2) 积分路径的参数方程为

$$z(t)=t+it^2 \quad (0 \leqslant t \leqslant 1),$$

于是

$$\mathrm{Re}(z)=t, \quad \mathrm{d}z=(1+2it)\mathrm{d}t,$$

故得

$$\int_C \mathrm{Re}(z)\mathrm{d}z = \int_0^1 t(1+2it)\mathrm{d}t = \left(\frac{t^2}{2}+\frac{2i}{3}t^3\right)\Bigg|_0^1 = \frac{1}{2}+\frac{2}{3}i.$$

例 2.3 计算 $\oint_C |z|\mathrm{d}z$,其中 C 为正向圆周,且 $|z|=2$.

解 积分路径的参数方程为

$$z=2\mathrm{e}^{i\theta}, \quad \mathrm{d}z=2i\mathrm{e}^{i\theta}\mathrm{d}\theta,$$

其中 $0 \leqslant \theta \leqslant 2\pi$. 由 $|z|=2$,可得

$$\oint_C |z|\mathrm{d}z = \int_0^{2\pi} 2 \cdot 2i\mathrm{e}^{i\theta}\mathrm{d}\theta = 4i\int_0^{2\pi}(\cos\theta+i\sin\theta)\mathrm{d}\theta = 0.$$

例 2.4 设曲线 C 是正向圆周 $|z-z_0|=r$,其中 z_0 是一个复数,r 是一个正数,证明:

$$\oint_C \frac{\mathrm{d}z}{z-z_0} = 2\pi i.$$

证明 令 $z-z_0=r\mathrm{e}^{i\theta}$,于是

$$\mathrm{d}z = r\mathrm{ie}^{\mathrm{i}\theta}\mathrm{d}\theta,$$

从而

$$\oint_C \frac{\mathrm{d}z}{z-z_0} = \int_0^{2\pi} \frac{r\mathrm{ie}^{\mathrm{i}\theta}\mathrm{d}\theta}{r\mathrm{e}^{\mathrm{i}\theta}} = \int_0^{2\pi} \mathrm{i}\mathrm{d}\theta = 2\pi\mathrm{i}.$$

例 2.5　求 $\displaystyle\oint_C \frac{1}{(z-z_0)^{n+1}}\mathrm{d}z$，其中 C 是以 z_0 为中心、r 为半径的正向圆周，n 为整数.

解　如图 2-5 所示，积分路径的参数方程为

$$z = z_0 + r\mathrm{e}^{\mathrm{i}\theta}, \quad 0 \leqslant \theta \leqslant 2\pi,$$

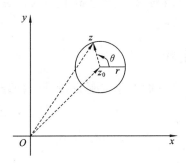

图 2-5

代入积分得

$$\oint_C \frac{1}{(z-z_0)^{n+1}}\mathrm{d}z = \int_0^{2\pi} \frac{\mathrm{i}r\mathrm{e}^{\mathrm{i}\theta}}{r^{n+1}\mathrm{e}^{\mathrm{i}(n+1)\theta}}\mathrm{d}\theta = \frac{\mathrm{i}}{r^n}\int_0^{2\pi} \mathrm{e}^{-\mathrm{i}n\theta}\mathrm{d}\theta.$$

当 $n=0$ 时，

$$\oint_C \frac{1}{(z-z_0)^{n+1}}\mathrm{d}z = \oint_C \frac{1}{z-z_0}\mathrm{d}z = \mathrm{i}\int_0^{2\pi}\mathrm{d}\theta = 2\pi\mathrm{i}.$$

此即例 2.4 的结果.

当 $n \neq 0$ 时，

$$\oint_C \frac{1}{(z-z_0)^{n+1}}\mathrm{d}z = \frac{\mathrm{i}}{r^n}\int_0^{2\pi}(\cos n\theta - \mathrm{i}\sin n\theta)\mathrm{d}\theta = 0.$$

所以

$$\oint_C \frac{1}{(z-z_0)^{n+1}}\mathrm{d}z = \begin{cases} 2\pi\mathrm{i}, & n = 0, \\ 0, & n \neq 0. \end{cases}$$

由例 2.5 可得一个重要结论：积分 $\displaystyle\oint_C \frac{1}{(z-z_0)^{n+1}}\mathrm{d}z$ 与路径圆周的中心和半径无关.

2.2 柯西积分定理

由 2.1 节例题可知:例 2.1 中函数积分与路径无关,例 2.2 中函数积分随路径不同而不相等.那么,到底怎样的函数积分值与积分路径无关呢? 由于复积分可以转化为实变函数的线积分,因此解决复变函数积分与路径无关的问题,可归结为实函数线积分与路径无关的问题.而线积分与路径无关等价于线积分沿任一简单闭曲线的值都是零,于是问题最终可归结为研究沿任一简单闭曲线积分为零的问题.法国数学家柯西对这一问题做了深入研究,并得到了相关结论,为复变函数解析理论奠定了基础.

2.2.1 柯西基本定理

定理 2.2 设 $f(z)$ 是复平面上单连通区域 D 内的解析函数,C 为区域 D 内任一条简单闭曲线,则

$$\oint_C f(z)\mathrm{d}z = 0. \tag{2-3}$$

证明 由于 $f(z)$ 在 D 内解析,所以 $f'(z)$ 存在.为证明简便起见,假设 $f'(z)$ 连续($f'(z)$ 不连续的证明比较复杂,有兴趣的读者可参阅相关资料),则 $u(x,y)$ 及 $v(x,y)$ 的一阶偏导数存在且连续.利用二元实函数中的格林(Green)公式,以及柯西-黎曼(Cauchy-Riemann)方程,得

$$\oint_C f(z)\mathrm{d}z = \int_C u(x,y)\mathrm{d}x - v(x,y)\mathrm{d}y + \mathrm{i}\int_C v(x,y)\mathrm{d}x + u(x,y)\mathrm{d}y$$

$$= -\iint_G \left(\frac{\partial v}{\partial x} + \frac{\partial u}{\partial y}\right)\mathrm{d}x\mathrm{d}y + \mathrm{i}\iint_G \left(\frac{\partial u}{\partial x} - \frac{\partial v}{\partial y}\right)\mathrm{d}x\mathrm{d}y$$

$$= 0,$$

其中 $G \subset D$ 是由闭曲线 C 所围成的区域,如图 2-6 所示,定理得证.

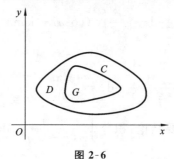

图 2-6

关于这个定理的证明,1811 年高斯在给朋友 F. W. 贝塞尔的一封信中,首先提到了现在被称为柯西积分定理的结论. 1851 年黎曼在附加条件"$f'(z)$在 D 内连续"的前提下,给出了简单证明. 直到 1900 年法国数学家古萨(E. Goursat)在去掉这一前提下,对定理进行了严格证明,但证明过程复杂,这里不再给出. 所以,人们称上述定理为**柯西-古萨**(Cauchy-Goursat)**定理**,它是复变函数中的一个基本定理,现在仍习惯称为柯西积分定理.

由柯西积分定理可以推出以下定理.

定理 2.3 设函数 $f(z)$在单连通区域 D 内解析,z_1 与 z_2 为 D 内任意两点,C_1 与 C_2 是 D 内连接 z_1 到 z_2 的积分曲线,那么

$$\int_{C_1} f(z)\mathrm{d}z = \int_{C_2} f(z)\mathrm{d}z. \tag{2-4}$$

即当 $f(z)$在 D 内解析时,积分 $\int_C f(z)\mathrm{d}z$ 与路径无关,而仅由积分路径的起点与终点来确定,如图 2-7 所示.

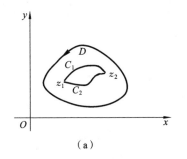
(a)

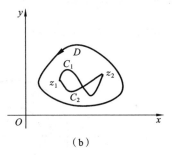
(b)

图 2-7

此时,对 D 内任意曲线 C 的积分 $\int_C f(z)\mathrm{d}z$ 可以记作 $\int_{z_1}^{z_2} f(z)\mathrm{d}z$,其中 z_1、z_2 为 C 的起点和终点. 该积分的计算与实函数的定积分计算类似,即

$$\int_{z_1}^{z_2} f(z)\mathrm{d}z = F(z)\Big|_{z_1}^{z_2} = F(z_2) - F(z_1),$$

其中 $F'(z) = f(z)$. 上式称为**复积分的牛顿-莱布尼茨公式**.

不难证明,实函数的定积分计算方法,如换元法、分部积分法等,对复积分的计算仍然适用.

例 2.6 计算 $\int_a^b z^2 \mathrm{d}z$,其中 a、b 为复数.

解 因为 z^2 在复平面内处处解析,根据复积分的牛顿-莱布尼茨公式,有

$$\int_a^b z^2 \mathrm{d}z = \frac{1}{3} z^3 \Big|_a^b = \frac{1}{3}(b^3 - a^3).$$

例 2.7　计算 $\displaystyle\int_0^{\mathrm{i}} z\cos z\,\mathrm{d}z$.

解　因为 $z\cos z$ 在复平面内处处解析,由分部积分公式,有

$$\int_0^{\mathrm{i}} z\cos z\,\mathrm{d}z = \int_0^{\mathrm{i}} z\,\mathrm{d}(\sin z) = z\sin z\Big|_0^{\mathrm{i}} - \int_0^{\mathrm{i}} \sin z\,\mathrm{d}z = \mathrm{i}\sin \mathrm{i} + \cos \mathrm{i} - 1$$

$$= \mathrm{i}\,\frac{\mathrm{e}^{-1} - \mathrm{e}}{2\mathrm{i}} + \frac{\mathrm{e}^{-1} + \mathrm{e}}{2} - 1$$

$$= \mathrm{e}^{-1} - 1.$$

例 2.8　计算积分 $\displaystyle\oint_{|z|=5}(2z^2 + \mathrm{e}^z + \cos z)\,\mathrm{d}z$.

解　因为 $2z^2$、e^z、$\cos z$ 均在复平面上解析,故它们的和在包含积分路径 $|z|$ $=5$ 的单连通区域 D(如取 D 为复平面)内解析.由柯西基本定理得

$$\oint_{|z|=5}(2z^2 + \mathrm{e}^z + \cos z)\,\mathrm{d}z = 0.$$

例 2.9　计算积分 $\displaystyle\oint_{|z+1|=\frac{1}{2}}\frac{3z}{(z-2)(z-1)}\,\mathrm{d}z$.

解　如图 2-8 所示,作区域 D:$|z+1|<1$.

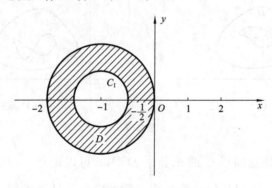

图 2-8

显然,积分路径 C_1:$|z+1|=\dfrac{1}{2}$ 位于 D 内,被积函数

$$f(z) = \frac{3z}{(z-2)(z-1)}$$

的奇点为 $z=1$,$z=2$,显然在 D 内解析.

由定理 2.2 得

$$\oint_{|z+1|=\frac{1}{2}}\frac{3z}{(z-2)(z-1)}\,\mathrm{d}z = 0.$$

2.2.2 复合闭路定理

柯西积分定理讨论了解析函数在单连通区域上任意简单闭曲线上的积分问题,并且该积分值为零.但在所讨论的问题中,多连通区域的情况占了较大的比例,我们将讨论把柯西积分定理推广到多连通区域的情形.

引理 设 C_1 和 C_2 是两条简单闭曲线,C_2 在 C_1 的内部,$f(z)$ 在 C_1 和 C_2 所围成的多连通区域 D 内解析,在区域 $\overline{D}=D+C_1+C_2$ 上连续,C_1 和 C_2 均取逆时针方向,则

$$\oint_{C_1} f(z)\mathrm{d}z + \oint_{C_2^-} f(z)\mathrm{d}z = 0,$$

或

$$\oint_{C_1} f(z)\mathrm{d}z = \oint_{C_2} f(z)\mathrm{d}z.$$

证明 在 D 内作割线 AB 连接 C_1 和 C_2(见图 2-9),取 $\Gamma=C_1+\overrightarrow{AB}+C_2^- +\overrightarrow{BA}$,则闭曲线 Γ 所围成的区域是单连通区域,由柯西积分定理,有

$$\oint_{\Gamma} f(z)\mathrm{d}z = \oint_{C_1} f(z)\mathrm{d}z + \int_{\overrightarrow{AB}} f(z)\mathrm{d}z + \oint_{C_2^-} f(z)\mathrm{d}z + \int_{\overrightarrow{BA}} f(z)\mathrm{d}z$$

$$= \oint_{C_1} f(z)\mathrm{d}z + \oint_{C_2^-} f(z)\mathrm{d}z$$

$$= 0,$$

即

$$\oint_{C_1} f(z)\mathrm{d}z = \oint_{C_2} f(z)\mathrm{d}z.$$

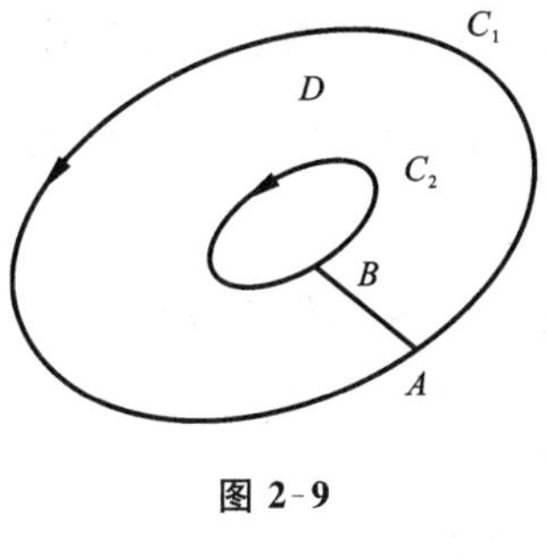

图 2-9

引理说明:在区域内一个解析函数沿闭曲线的积分,不因闭曲线在区域内做连续变形而改变积分值,只要在变形过程中不经过函数的不解析点.这一事实,称为**复合闭路变形原理**.

用同样的方法,可以证明如下定理.

定理 2.4(复合闭路定理)   设 $C_1, C_2, \cdots, C_n$ 是 n 条不相交也互不包含的简单闭曲线,它们都在简单闭曲线 C 的内部,又设函数 $f(z)$ 在由 C 及 $C_1, C_2, \cdots, C_n$ 所围成的多连通区域 D 内解析,在 $\overline{D} = D + C + C_1 + C_2 + \cdots + C_n$ 上连续,则有

(1) $\oint_C f(z)\mathrm{d}z = \sum_{k=1}^{n} \oint_{C_k} f(z)\mathrm{d}z$,其中 C 及 C_k 都取逆时针方向;

(2) $\oint_\Gamma f(z)\mathrm{d}z = \oint_C f(z)\mathrm{d}z + \sum_{k=1}^{n} \oint_{C_k^-} f(z)\mathrm{d}z = 0$,其中 Γ 是由 C 及 $C_k(k=1, 2, \cdots, n)$ 所组成的复合闭路,C 取逆时针方向,C_k^- 取顺时针方向,如图 2-10 所示.

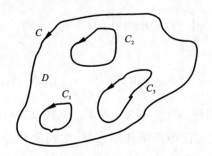

图 2-10

单连通和多连通区域的柯西积分定理可以表述如下:

(1) 在单连通区域内的解析函数,沿区域内任一闭合曲线的积分为零;

(2) 在多连通区域内的解析函数,沿边界曲线正方向的积分为零;

(3) 在多连通区域内的解析函数,按逆时针方向沿外边界的积分等于按逆时针方向沿所有内边界的积分之和.

复合闭路定理揭示了解析函数的一个性质:在一定条件下,解析函数沿复连通区域边界的积分等于零.同时,它提供了一种计算函数沿闭曲线积分的方法.

例 2.10   计算 $\oint_C \dfrac{\mathrm{d}z}{z - z_0}$ 的值,其中 C 是任意一条包含 z_0 的正向简单闭曲线.

解   如图 2-11 所示,在 C 的内部作正向圆周
$$C_1 : |z - z_0| = r,$$
则由例 2.4 和复合闭路定理可知
$$\oint_C \frac{\mathrm{d}z}{z - z_0} = \oint_{C_1} \frac{\mathrm{d}z}{z - z_0} = 2\pi\mathrm{i}.$$

因此,若 C 是任意一条正向简单闭曲线,所围区域为 D,则
$$\oint_C \frac{\mathrm{d}z}{z - z_0} = \begin{cases} 2\pi\mathrm{i}, & z_0 \in D, \\ 0, & z_0 \notin D. \end{cases}$$

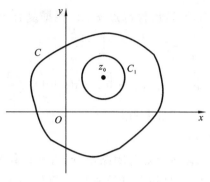

图 2-11

例 2.11 计算 $\oint_{\Gamma} \dfrac{2z-1}{z^2-z}\mathrm{d}z$ 的值,其中 Γ 包含圆周 $|z|=1$ 在内的任何正向简单闭曲线.

解一 因为

$$\frac{2z-1}{z^2-z}=\frac{1}{z-1}+\frac{1}{z},$$

由例 2.10 和复合闭路定理可知

$$\oint_{\Gamma} \frac{2z-1}{z^2-z}\mathrm{d}z=\oint_{\Gamma} \frac{1}{z-1}\mathrm{d}z+\oint_{\Gamma} \frac{1}{z}\mathrm{d}z$$

$$=2\pi\mathrm{i}+2\pi\mathrm{i}=4\pi\mathrm{i}.$$

例题讲解

解二 函数 $f(z)=\dfrac{2z-1}{z^2-z}$ 在复平面内除 $z=0,z=1$ 两个奇点外处处解析,在 Γ 所围区域内,作两个互不包含且互不相交的正向圆周 C_1 和 C_2,如图 2-12 所示.

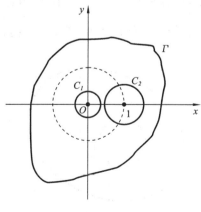

图 2-12

C_1 只包含奇点 $z=0$，C_2 只包含奇点 $z=1$，根据复合闭路定理有

$$\oint_\Gamma \frac{2z-1}{z^2-z}\mathrm{d}z = \oint_{C_1} \frac{2z-1}{z^2-z}\mathrm{d}z + \oint_{C_2} \frac{2z-1}{z^2-z}\mathrm{d}z$$

$$= \oint_{C_1} \frac{1}{z-1}\mathrm{d}z + \oint_{C_1} \frac{1}{z}\mathrm{d}z + \oint_{C_2} \frac{1}{z-1}\mathrm{d}z + \oint_{C_2} \frac{1}{z}\mathrm{d}z$$

$$= 0 + 2\pi\mathrm{i} + 2\pi\mathrm{i} + 0$$

$$= 4\pi\mathrm{i}.$$

由例 2.11 我们看到，借助于复合闭路定理，有些比较复杂的复积分可以转化为比较简单的积分来计算，这是积分计算常用的简化方法.

2.3 柯西积分公式

柯西积分定理是解析函数的基本定理，而柯西积分公式是解析函数的基本公式，它不仅提供了一种计算复积分的方法，而且可以帮助我们研究解析函数的许多性质.

2.3.1 柯西积分公式

定理 2.5 设函数 $f(z)$ 在简单正向闭曲线 C 所围成的区域 D 内解析，在区域 D 的边界 C 上连续，z_0 是区域 D 内任一点，则

$$f(z_0) = \frac{1}{2\pi\mathrm{i}}\oint_C \frac{f(z)}{z-z_0}\mathrm{d}z. \tag{2-5}$$

我们称之为**柯西积分公式**.

证明 取任意点 $z_0 \in D$，函数 $F(z) = \dfrac{f(z)}{z-z_0}$ 在 D 内除点 z_0 外处处解析. 以 z_0 为圆心，以充分小的 r 为半径，在 D 内作圆周 C_r，其内部包含于 D，如图 2-13 所示.

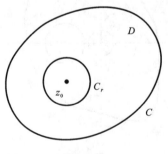

图 2-13

由复合闭路定理,有

$$\oint_C \frac{f(z)}{z-z_0}dz = \oint_{C_r} \frac{f(z)}{z-z_0}dz.$$

由于 $\oint_{C_r} \frac{1}{z-z_0}dz = 2\pi i$,则

$$\left|\oint_{C_r} \frac{f(z)}{z-z_0}dz - 2\pi i f(z_0)\right| = \left|\oint_{C_r} \frac{f(z)}{z-z_0}dz - \oint_{C_r} \frac{f(z_0)}{z-z_0}dz\right|$$

$$= \left|\oint_{C_r} \frac{f(z)-f(z_0)}{z-z_0}dz\right|.$$

根据 $f(z)$ 的连续性知,对于任意 $\varepsilon>0$,只要 r 充分小,就有

$$|f(z)-f(z_0)|<\varepsilon \quad (z\in C_r).$$

利用积分性质得

$$\left|\oint_{C_r} \frac{f(z)-f(z_0)}{z-z_0}dz\right| \leqslant \oint_{C_r} \left|\frac{f(z)-f(z_0)}{z-z_0}\right| ds$$

$$\leqslant \oint_{C_r} \frac{\varepsilon}{r} ds = 2\pi\varepsilon.$$

所以

$$\oint_C \frac{f(z)}{z-z_0}dz = 2\pi i f(z_0), \tag{2-6}$$

即得

$$f(z_0) = \frac{1}{2\pi i}\oint_C \frac{f(z)}{z-z_0}dz.$$

柯西积分公式(2-5)也常写成式(2-6)的形式,此公式表明:可以把函数在区域 D 内部任意一点 z 的值,用函数在 D 的边界 C 上的积分来表示,这是解析函数的又一特征.它提供了计算某些复变函数沿封闭路径积分的一种方法.

为了便于柯西积分公式的理解和记忆,在 C 内作圆 C_r:$|z-z_0|=r$,当 $r\to0$ 时,$f(z)\to f(z_0)$,其中 z 在圆周 C_r 上,这样当 $r\to0$ 时,有

$$\oint_{C_r} \frac{f(z)}{z-z_0}dz \to f(z_0)\cdot\oint_{C_r} \frac{1}{z-z_0}dz,$$

于是

$$\oint_{C_r} \frac{f(z)}{z-z_0}dz \to f(z_0)\cdot\oint_{C_r} \frac{1}{z-z_0}dz = f(z_0)\cdot2\pi i.$$

由复合闭路定理,可得公式

$$\oint_C \frac{f(z)}{z-z_0}dz = \oint_{C_r} \frac{f(z)}{z-z_0}dz = f(z_0)\cdot\oint_{C_r} \frac{1}{z-z_0}dz = 2\pi i f(z_0).$$

例 2.12 求下列积分的值.

(1) $\dfrac{1}{2\pi i}\oint_{|z|=4}\dfrac{\sin z}{z}dz$；

(2) $\oint_{|z|=2}\dfrac{z}{(9-z^2)(z+i)}dz$.

解 由柯西积分公式得

(1) $\dfrac{1}{2\pi i}\oint_{|z|=4}\dfrac{\sin z}{z}dz=\sin z\,|_{z=0}=0$；

$$(2)\ \oint_{|z|=2}\dfrac{z}{(9-z^2)(z+i)}dz=\oint_{|z|=2}\dfrac{\dfrac{z}{9-z^2}}{z-(-i)}dz$$

$$=2\pi i\cdot\dfrac{z}{9-z^2}\bigg|_{z=-i}=\dfrac{\pi}{5}.$$

例 2.13 设 $a>1$，令 C 为正向圆周 $|z-a|=a$，如图 2-14 所示，求 $\oint_C\dfrac{z}{z^4-1}dz$.

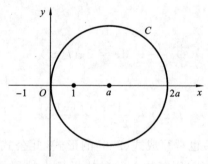

图 2-14

解 $z^4-1=(z-1)(z+1)(z+i)(z-i)=(z-1)(z^3+z^2+z+1)$.

注意到，被积函数 $f(z)=\dfrac{z}{z^4-1}$ 在圆周 C 内只有一个奇点 $z=1$，而奇点 $z=i,-i,-1$ 都在 C 之外，所以 $\dfrac{z}{z^3+z^2+z+1}$ 在 C 内解析，于是由柯西积分公式，得

$$\oint_C\dfrac{z}{z^4-1}dz=\oint_C\dfrac{\dfrac{z}{z^3+z^2+z+1}}{z-1}dz=2\pi i\cdot\dfrac{z}{z^3+z^2+z+1}\bigg|_{z=1}$$

$$=\dfrac{2\pi i}{4}=\dfrac{\pi i}{2}.$$

2.3.2 解析函数的高阶导数

解析函数不同于实函数的另一个特性是**解析函数的任意阶导数都存在，并且仍然解析**. 这一特性可以由柯西积分公式推出.

定理 2.6 设 $f(z)$ 在 D 内解析，在区域 D 的边界 C 上连续，C 为正向简单闭曲线，则 $f^{(n)}(z)$ 在 D 内解析，并且对任意的 $z_0 \in D$，有

$$f^{(n)}(z_0) = \frac{n!}{2\pi i}\oint_C \frac{f(z)}{(z-z_0)^{n+1}}\mathrm{d}z, \quad n = 1,2,3,\cdots. \tag{2-7}$$

* **证明** 设 z_0 是区域 D 内的任意一点，如图 2-15 所示，先证 $n=1$ 时，式(2-7)成立.

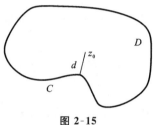

图 2-15

由柯西积分公式，有

$$f(z_0) = \frac{1}{2\pi i}\oint_C \frac{f(z)}{z-z_0}\mathrm{d}z ,$$

$$f(z_0 + \Delta z) = \frac{1}{2\pi i}\oint_C \frac{f(z)}{z-z_0-\Delta z}\mathrm{d}z ,$$

故

$$\frac{f(z_0 + \Delta z) - f(z_0)}{\Delta z} = \frac{1}{2\pi i \Delta z}\left[\oint_C \frac{f(z)}{z-z_0-\Delta z}\mathrm{d}z - \oint_C \frac{f(z)}{z-z_0}\mathrm{d}z\right]$$

$$= \frac{1}{2\pi i}\oint_C \frac{f(z)}{(z-z_0)(z-z_0-\Delta z)}\mathrm{d}z ,$$

于是

$$\frac{f(z_0 + \Delta z) - f(z_0)}{\Delta z} - \frac{1}{2\pi i}\oint_C \frac{f(z)}{(z-z_0)^2}\mathrm{d}z = \frac{1}{2\pi i}\oint_C \frac{\Delta z f(z)}{(z-z_0)^2(z-z_0-\Delta z)}\mathrm{d}z.$$

设 $J = \dfrac{1}{2\pi i}\oint_C \dfrac{\Delta z f(z)}{(z-z_0)^2(z-z_0-\Delta z)}\mathrm{d}z$，有

$$|J| = \frac{1}{2\pi}\left|\oint_C \frac{\Delta z f(z)}{(z-z_0)^2(z-z_0-\Delta z)}\mathrm{d}z\right|$$

$$\leqslant \frac{1}{2\pi}\oint_C \frac{|\Delta z||f(z)|}{|(z-z_0)^2||z-z_0-\Delta z|}\mathrm{d}s.$$

因此要证
$$\lim_{\Delta z \to 0} \frac{f(z_0 + \Delta z) - f(z_0)}{\Delta z} = \frac{1}{2\pi i} \oint_C \frac{f(z)}{(z - z_0)^2} dz,$$
只要证 $|J| \to 0$.

因 $f(z)$ 在区域 D 内解析,在边界 C 上连续,故在边界 C 上有界,即存在 $M > 0$,使得 $|f(z)| \leqslant M$.

设 d 为从 z_0 到 C 上各点的最短距离,当 Δz 满足 $|\Delta z| < \frac{1}{2} d$ 时,有
$$|z - z_0| \geqslant d, \quad \frac{1}{|z - z_0|} \leqslant \frac{1}{d},$$
$$|z - z_0 - \Delta z| \geqslant |z - z_0| - |\Delta z| > \frac{d}{2},$$
即
$$\frac{1}{|z - z_0 - \Delta z|} < \frac{2}{d},$$

因此 $|J| < |\Delta z| \dfrac{ML}{\pi d^3}$,其中 L 为 C 的长度. 如果 $|\Delta z| \to 0$,那么 $|J| \to 0$,故得到
$$f'(z_0) = \lim_{\Delta z \to 0} \frac{f(z_0 + \Delta z) - f(z_0)}{\Delta z} = \frac{1}{2\pi i} \oint_C \frac{f(z)}{(z - z_0)^2} dz.$$
同理,用上述方法求极限 $\lim\limits_{\Delta z \to 0} \dfrac{f'(z_0 + \Delta z) - f'(z_0)}{\Delta z}$,可得
$$f''(z_0) = \frac{2!}{2\pi i} \oint_C \frac{f(z)}{(z - z_0)^3} dz.$$
依此类推,用数学归纳法可以证明
$$f^{(n)}(z_0) = \frac{n!}{2\pi i} \oint_C \frac{f(z)}{(z - z_0)^{n+1}} dz.$$

式(2-7)提供了一种利用高阶导数计算闭曲线积分的方法,即
$$\oint_C \frac{f(z)}{(z - z_0)^{n+1}} dz = \frac{2\pi i}{n!} f^{(n)}(z_0).$$

例 2.14 计算积分 $\oint_C \dfrac{e^z}{z^{100}} dz$,其中 C 为正向圆周 $|z| = 3$.

解 $\qquad \oint_C \dfrac{e^z}{z^{100}} dz = \dfrac{2\pi i}{99!} (e^z)^{(99)} \Big|_{z=0} = \dfrac{2\pi i}{99!}.$

公式应用说明

例 2.15 计算积分 $\oint_C \dfrac{e^{2z}}{z(z-1)^2} dz$,其中 C 为包含点 $z = 0$

和 $z = 1$ 在内的任意正向闭曲线.

解 C_1、C_2 分别为以 $z=0$ 和 $z=1$ 为圆心,半径充分小的正向圆周,如图 2-16所示,则有

$$\oint_C \frac{e^{2z}}{z(z-1)^2}dz = \oint_{C_1} \frac{e^{2z}}{z(z-1)^2}dz + \oint_{C_2} \frac{e^{2z}}{z(z-1)^2}dz,$$

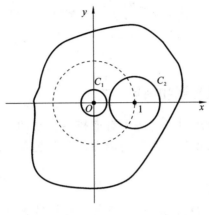

图 2-16

因为

$$\oint_{C_1} \frac{e^{2z}}{z(z-1)^2}dz = \oint_{C_1} \frac{\frac{e^{2z}}{(z-1)^2}}{z}dz = 2\pi i \left.\frac{e^{2z}}{(z-1)^2}\right|_{z=0} = 2\pi i,$$

$$\oint_{C_2} \frac{e^{2z}}{z(z-1)^2}dz = \oint_{C_2} \frac{\frac{e^{2z}}{z}}{(z-1)^2}dz = \frac{2\pi i}{1!}\left.\left(\frac{e^{2z}}{z}\right)'\right|_{z=1} = 2\pi i e^2,$$

所以

$$\oint_C \frac{e^{2z}}{z(z-1)^2}dz = \oint_{C_1} \frac{e^{2z}}{z(z-1)^2}dz + \oint_{C_2} \frac{e^{2z}}{z(z-1)^2}dz$$
$$= 2\pi i(1+e^2).$$

*例 2.16 设函数 $f(z)$ 在 $|z-z_0|<R$ 内解析,又 $|f(z)|\leqslant M$ $(|z-z_0|<R)$,则

$$|f^{(n)}(z_0)|\leqslant \frac{n!M}{R^n} \quad (n=0,1,2,\cdots). \tag{2-8}$$

证明 对于任意的 $R_1:0<R_1<R,f(z)$ 在 $|z-z_0|\leqslant R_1$ 上为解析,故由高阶导数公式有

$$f^{(n)}(z_0) = \frac{n!}{2\pi i}\oint_{|z-z_0|=R_1} \frac{f(z)}{(z-z_0)^{n+1}}dz \quad (n=1,2,3,\cdots),$$

由估值不等式得到

$$|f^{(n)}(z_0)| \leqslant \frac{n!}{2\pi} \oint_{|z-z_0|=R_1} \frac{|f(z)|}{|z-z_0|^{n+1}} ds \leqslant \frac{n!M}{R_1^n}.$$

令 $R_1 \to R$,便得

$$|f^{(n)}(z_0)| \leqslant \frac{n!}{R^n}M \quad (n=1,2,\cdots).$$

所以原不等式成立.

式(2-8)称为**柯西不等式**.

2.3.3 解析函数与调和函数

调和函数在数学、物理以及工程中有着极其重要的应用,它与解析函数有着密切的联系.下面主要讨论解析函数与调和函数的关系,并给出由调和函数构造解析函数的方法.

1. 调和函数的概念

定义 2.2 设 $f(x,y)$ 在区域 D 内具有二阶连续偏导数,并且**满足拉普拉斯方程**

$$\nabla^2 f = \frac{\partial^2 f}{\partial x^2} + \frac{\partial^2 f}{\partial y^2} = 0,$$

则称函数 $f(x,y)$ 为区域 D 内的**调和函数**.

调和函数在理论和实践上都有重要意义,在很多实际问题中,如电学、磁学等所出现的很多函数都是调和函数.

2. 解析函数与调和函数的关系

定理 2.7 设函数

$$f(z) = u(x,y) + iv(x,y)$$

在区域 D 内解析,则 $f(z)$ 的实部 $u(x,y)$ 和虚部 $v(x,y)$ 都是在区域 D 内的调和函数.

证明 设 $f(z) = u + iv$ 为 D 内的一个解析函数,那么

$$\frac{\partial u}{\partial x} = \frac{\partial v}{\partial y}, \quad \frac{\partial u}{\partial y} = -\frac{\partial v}{\partial x},$$

从而

$$\frac{\partial^2 u}{\partial x^2} = \frac{\partial^2 v}{\partial y \partial x}, \quad \frac{\partial^2 u}{\partial y^2} = -\frac{\partial^2 v}{\partial x \partial y}.$$

根据解析函数高阶导数定理,u 与 v 具有任意阶的连续偏导数,所以

$$\frac{\partial^2 v}{\partial y \partial x} = \frac{\partial^2 v}{\partial x \partial y},$$

从而

$$\frac{\partial^2 u}{\partial x^2}+\frac{\partial^2 u}{\partial y^2}=0.$$

同理,有

$$\frac{\partial^2 v}{\partial x^2}+\frac{\partial^2 v}{\partial y^2}=0,$$

因此,u 与 v 都是区域 D 内的调和函数.

定义 2.3　设函数 $u(x,y)$ 及 $v(x,y)$ 均为在区域 D 内的调和函数,且在区域 D 内满足柯西-黎曼方程

$$\frac{\partial u}{\partial x}=\frac{\partial v}{\partial y}, \qquad \frac{\partial u}{\partial y}=-\frac{\partial v}{\partial x},$$

则称 $u(x,y)$ 是 $v(x,y)$ 的**共轭调和函数**.

由解析函数的性质和共轭调和函数的定义可得:**在区域 D 内,解析函数的实部和虚部为共轭调和函数.**

解析函数与调和函数的关系,使得我们能够借助解析函数的理论解决调和函数的问题. 下面来讨论:给定调和函数 $u(x,y)$ 或 $v(x,y)$,求一个解析函数 $f(z)$,使得所给的 $u(x,y)$ 或 $v(x,y)$ 恰是 $f(z)$ 的实部或虚部.

例 2.17　设 $f(z)=u+\mathrm{i}v$ 解析,且 $u=2(x-1)y,f(2)=-\mathrm{i}$,求 $f(z)$.

加强练习

解　因为 $f(z)$ 解析,所以

$$\frac{\partial u}{\partial x}=\frac{\partial v}{\partial y}, \qquad \frac{\partial v}{\partial x}=-\frac{\partial u}{\partial y}.$$

因为

$$\frac{\partial u}{\partial x}=2y, \qquad \frac{\partial u}{\partial y}=2(x-1),$$

所以

$$\frac{\partial v}{\partial x}=-2(x-1),$$

可得

$$v=-\int 2(x-1)\mathrm{d}x=-x^2+2x+\varphi(y),$$

于是

$$\frac{\partial v}{\partial y}=\varphi'(y)=\frac{\partial u}{\partial x}=2y, \qquad \varphi(y)=y^2+C,$$

所以

65

$$v = -x^2 + 2x + y^2 + C.$$

可设

$$f(z) = u + iv = 2(x-1)y + i(-x^2 + 2x + y^2 + C),$$

令 $z = 2$,即 $x = 2, y = 0$,代入得

$$f(z) = 0 + i(-4 + 4 + C) = -i,$$

即 $C = -1$. 故

$$f(z) = 2(x-1)y + i(-x^2 + 2x + y^2 - 1).$$

本题用来求解析函数的方法称为**偏积分法**.

例 2.18 已知调和函数

$$u(x, y) = y^3 - 3x^2 y$$

为解析函数 $f(z)$ 的实部,求 $f(z)$.

解 由于

$$\frac{\partial u}{\partial x} = -6xy, \quad \frac{\partial u}{\partial y} = 3y^2 - 3x^2,$$

从而

$$f'(z) = \frac{\partial u}{\partial x} - i\frac{\partial u}{\partial y} = -6xy - i(3y^2 - 3x^2)$$

$$= 3i(x^2 + 2xyi - y^2) = 3iz^2,$$

所以

$$f(z) = \int 3iz^2 \, dz = iz^3 + C_1.$$

因为 $f(z)$ 的实部为已知函数,不能包含实的任意常数,所以

$$f(z) = \int 3iz^2 \, dz = i(z^3 + C),$$

其中 C 为任意实常数.

本题用来求解函数的方法称为**不定积分法**.

2.4 应用实例:温度测算

如果我们所考虑的物质的导热性能在某一单连通区域 D 内是均匀且各向同性的,导热系数是常数且在 D 内没有热源,这样在 D 内就形成一个平面定常热流场. 用 $T(x, y)$ 表示其温度分布函数,$S(x, y)$ 表示其热流分布函数. 如果热流向量 Q 是单连通区域 D 内的无源无旋温度场,那么 T, S 均为调和函数,从而可得单连通区域 D 内的一个解析函数

$$w = f(z) = S(x,y) + iT(x,y)。$$

这个函数即为**平面温度场的复势**，其中 $S(x,y) = c_1$ 为**热流线族**，$T(x,y) = c_2$ 为**等温线**.

设半径为 R 的圆形板，在达到稳定后形成一个平面定常热流场. 用复数 $z = x + iy$ 表示区域内任意点 $z(x,y)$，如图 2-17 所示，设圆形板边缘线为曲线 C，现测得边缘线 C 上各点的复势为 $f(z) = iz^2 + z + Ri$，下面利用柯西积分公式来计算圆形板中心 O 处的温度.

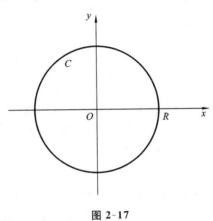

图 2-17

曲线 C 上的点可表示成

$$z = Re^{i\theta} \quad (0 \leqslant \theta \leqslant 2\pi).$$

由于平面定常热流场的复势 $f(z)$ 在 $|z| < R$ 内解析，在 $|z| = R$ 上连续，由柯西积分公式有

$$
\begin{aligned}
f(0) &= \frac{1}{2\pi i}\oint_C \frac{f(z)}{z}dz = \frac{1}{2\pi i}\int_0^{2\pi} \frac{f(Re^{i\theta})}{Re^{i\theta}}iRe^{i\theta}d\theta \\
&= \frac{1}{2\pi}\int_0^{2\pi} f(Re^{i\theta})d\theta = \frac{1}{2\pi}\int_0^{2\pi}(iR^2 e^{2i\theta} + Re^{i\theta} + Ri)d\theta \\
&= Ri,
\end{aligned}
$$

即圆形板中心处的复势为 Ri，因此该点的温度为 R. 这个例题告诉我们，解析函数 $f(z)$ 在圆心的值，恰好等于它在圆周上的值的平均.

在实际运用中，曲线 C 上每一点的复势是无法测得的，通常我们只能测得个别点处的复势值. 假设某一平面稳定温度场中点 $z_1, z_2, z_3, \cdots, z_n$ 处安装有热流传感器，测得某一时刻测试点的温度和热流分别为 $T_1, T_2, T_3, \cdots, T_n$ 和 $S_1, S_2, S_3, \cdots, S_n$，如图 2-18 所示，设 z_0 为点 $z_1, z_2, z_3, \cdots, z_n$ 所围成的平面区域 D 内部的一点.

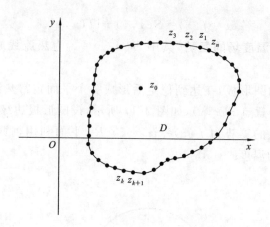

图 2-18

用复数 $z=x+\mathrm{i}y$ 表示区域内任意点 $z(x,y)$,函数

$$f(z)=S(x,y)+\mathrm{i}T(x,y)$$

表示温度场中点 $z=x+\mathrm{i}y$ 的复势,则

$$f(z_k)=S_k+\mathrm{i}T_k, \quad k=1,2,3,\cdots,n.$$

记从点 z_k 到点 z_{k+1} 的直线段为 L_k,其中 $z_{n+1}=z_1$. 由柯西积分公式知,对于正向简单闭曲线 $C=L_1\cup L_2\cup\cdots\cup L_n$ 内部任意一点 z_0,有

$$f(z_0)=\frac{1}{2\pi\mathrm{i}}\oint_C \frac{f(z)}{z-z_0}\mathrm{d}z$$

$$=\frac{1}{2\pi\mathrm{i}}\left(\int_{L_1}\frac{f(z)}{z-z_0}\mathrm{d}z+\int_{L_2}\frac{f(z)}{z-z_0}\mathrm{d}z+\cdots+\int_{L_n}\frac{f(z)}{z-z_0}\mathrm{d}z\right).$$

当温度场测试点数 n 很大时,上式可近似为

$$f(z_0)\approx\frac{1}{2\pi\mathrm{i}}\sum_{k=1}^{n}\frac{f(z_k)}{z_k-z_0}=\frac{1}{2\pi\mathrm{i}}\sum_{k=1}^{n}\frac{S_k+\mathrm{i}T_k}{z_k-z_0}.$$

利用上式可计算出 D 内部的任意一点的复势 $f(z_0)$,其虚部即为该点处的温度. 这个例子说明解析函数在闭曲线内部任一点的值可以用它的边界上的值来表示.

本章例题解析

例 2.19 计算积分 $\int_C |z|\mathrm{d}z$,其中积分路径 C 为:

(1) 自原点到 $1+\mathrm{i}$ 的直线段,如图 2-19(a)所示;

(2) 正向圆周 $|z|=2$,如图 2-19(b)所示.

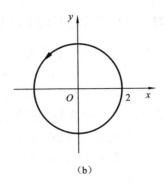

图 2-19

解 (1) 直线段的参数方程为

$$\frac{z-0}{(1+\mathrm{i})-0}=t \quad (0 \leqslant t \leqslant 1),$$

即 $z=(1+\mathrm{i})t, \quad \mathrm{d}z=(1+\mathrm{i})\mathrm{d}t, \quad |z|=|1+\mathrm{i}| \cdot |t|=\sqrt{2}t,$

所以

$$\int_C |z|\,\mathrm{d}z = \int_0^1 \sqrt{2}t(1+\mathrm{i})\,\mathrm{d}t = \sqrt{2}(1+\mathrm{i})\int_0^1 t\,\mathrm{d}t = \frac{\sqrt{2}}{2}(1+\mathrm{i}).$$

(2) $|z|=2$ 的参数方程为

$$z=2\mathrm{e}^{\mathrm{i}\theta} \quad (0 \leqslant \theta \leqslant 2\pi), \quad \mathrm{d}z=2\mathrm{i}\mathrm{e}^{\mathrm{i}\theta}\mathrm{d}\theta,$$

所以

$$\int_C |z|\,\mathrm{d}z = \int_0^{2\pi} 2 \cdot 2\mathrm{i}\mathrm{e}^{\mathrm{i}\theta}\,\mathrm{d}\theta = 4\mathrm{i}\int_0^{2\pi}(\cos\theta+\mathrm{i}\sin\theta)\,\mathrm{d}\theta = 0.$$

例 2.20 计算下列积分:

(1) $\displaystyle\int_{\mathrm{i}}^{\frac{\mathrm{i}}{2}} \mathrm{e}^{\pi z}\,\mathrm{d}z$;   (2) $\displaystyle\int_1^3 (z-1)^3\,\mathrm{d}z.$

解 (1) 由于被积函数是一个指数函数,它在全平面内解析,故其积分与路径无关,所以

$$\int_{\mathrm{i}}^{\frac{\mathrm{i}}{2}} \mathrm{e}^{\pi z}\,\mathrm{d}z = \frac{1}{\pi}\mathrm{e}^{\pi z}\Bigg|_{\mathrm{i}}^{\frac{\mathrm{i}}{2}} = \frac{1}{\pi}(\mathrm{e}^{\frac{\pi}{2}\mathrm{i}} - \mathrm{e}^{\pi\mathrm{i}}) = \frac{1}{\pi}(1+\mathrm{i}).$$

(2) 由于被积函数是一个多项式函数,它在全平面内解析,故其积分与路径无关,所以

$$\int_1^3 (z-1)^3\,\mathrm{d}z = \frac{(z-1)^4}{4}\Bigg|_1^3 = 4.$$

说明 对于复积分来说,其积分一般与积分路径有关;而对解析函数来说,其积分与积分路径无关,如例 2.19 与例 2.20.

例 2.21 对什么样的封闭曲线 C，有 $\oint_C \dfrac{1}{z^2+z+1}\mathrm{d}z=0$？

解 z^2+z+1 的两个零点为

$$z_1=-\frac{1}{2}+\frac{\sqrt{3}}{2}\mathrm{i},\quad z_2=-\frac{1}{2}-\frac{\sqrt{3}}{2}\mathrm{i},$$

仅当曲线 C 有以下两种情形时其积分才为 0.

(1) z_1,z_2 全在 C 的外部（见图 2-20(a)），由柯西积分定理知其积分为 0；

(2) z_1,z_2 全在 C 的内部（见图 2-20(b)），则有

$$\oint_C \frac{1}{z^2+z+1}\mathrm{d}z=\frac{1}{z_1-z_2}\oint_C\left(\frac{1}{z-z_1}-\frac{1}{z-z_2}\right)\mathrm{d}z$$

$$=\frac{1}{z_1-z_2}(2\pi\mathrm{i}-2\pi\mathrm{i})=0.$$

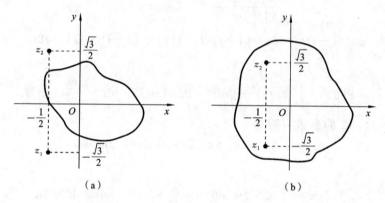

(a)　　　　　　　　　　　　(b)

图 2-20

例 2.22 下面解题过程是否正确？如果不正确，请指出错误原因并改正.

$$\oint_{|z|=\frac{3}{2}}\frac{1}{z(z-1)}\mathrm{d}z=\oint_{|z|=\frac{3}{2}}\frac{1/z}{z-1}\mathrm{d}z$$

$$=2\pi\mathrm{i}\frac{1}{z}\bigg|_{z=1}=2\pi\mathrm{i}.$$

解 错误. 其原因是在应用柯西积分公式时没有考虑公式条件是否满足. 柯西积分公式要求其中的函数 $f(z)$ 在 C 的内部处处解析，而 $f(z)=\dfrac{1}{z}$ 在圆周 C 的内部的 $z=0$ 处不解析，所以不能应用柯西积分公式来求解. 正确的解法为

$$\oint_{|z|=\frac{3}{2}}\frac{1}{z(z-1)}\mathrm{d}z=\oint_{|z|=\frac{3}{2}}\frac{1}{z-1}\mathrm{d}z-\oint_{|z|=\frac{3}{2}}\frac{1}{z}\mathrm{d}z$$

$$=2\pi\mathrm{i}-2\pi\mathrm{i}=0.$$

例 2.23　下面积分是否正确？为什么？

$$\oint_{|z|=1} \frac{1}{(2z+1)(z-2)}\mathrm{d}z = \oint_{|z|=1} \frac{1/(z-2)}{2z+1}\mathrm{d}z$$

$$= 2\pi\mathrm{i}\lim_{z\to -1/2}\frac{1}{z-2}$$

$$= -\frac{4\pi\mathrm{i}}{5}.$$

解　不正确. 其原因是不符合柯西积分公式中分母为 $z-z_0$ 的形式. 正确的积分过程为

$$\oint_{|z|=1} \frac{1}{(2z+1)(z-2)}\mathrm{d}z = \frac{1}{2}\oint_{|z|=1}\frac{1/(z-2)}{z+1/2}\mathrm{d}z$$

$$= \pi\mathrm{i}\lim_{z\to -1/2}\frac{1}{z-2}$$

$$= -\frac{2\pi\mathrm{i}}{5}.$$

例 2.24　计算积分 $\displaystyle\oint_{|z|=\frac{3}{2}}\frac{\mathrm{e}^z}{(z+2)(z-1)^2}\mathrm{d}z.$

解　积分区域内只有一个不解析点 $z=1$, 应用高阶导数公式得

$$\oint_{|z|=\frac{3}{2}}\frac{\mathrm{e}^z}{(z+2)(z-1)^2}\mathrm{d}z = \oint_{|z|=\frac{3}{2}}\frac{\mathrm{e}^z/(z+2)}{(z-1)^2}\mathrm{d}z$$

$$= 2\pi\mathrm{i}\left(\frac{\mathrm{e}^z}{z+2}\right)'\Bigg|_{z=1}$$

$$= \frac{4\mathrm{e}\pi\mathrm{i}}{9}.$$

本 章 小 结

本章主要研究了解析函数的积分理论, 学习了复变函数积分概念、基本性质, 给出了复积分存在的充分条件和计算方法. 重点介绍了柯西积分定理、复合闭路定理, 学习了柯西积分公式及高阶导数公式, 这两个公式既有理论意义, 又有实际应用价值, 它们都是计算积分的重要工具, 最后研究了解析函数与调和函数的关系.

复积分计算是本章学习的重点. 主要掌握三种方法:

① 利用积分曲线的参数方程将复积分转化为定积分;

② 利用牛顿-莱布尼茨公式计算解析函数的积分;

③ 利用柯西积分公式或高阶导数公式结合柯西积分定理、复合闭路定理计算沿封闭曲线的积分.

其中,第三种方法是复积分计算的常用方法.

1. 复积分的计算方法

设 $f(z)=u(x,y)+iv(x,y)$ 在光滑曲线 C 上连续,曲线 $C:z=z(t)(\alpha\leqslant t\leqslant\beta)$,起点为 $z(\alpha)$,终点为 $z(\beta)$,则有

$$\int_C f(z)\mathrm{d}z = \int_C u\mathrm{d}x - v\mathrm{d}y + \mathrm{i}\int_C v\mathrm{d}x + u\mathrm{d}y,$$

$$\int_C f(z)\mathrm{d}z = \int_{t_1}^{t_2} f(z(t))z'(t)\mathrm{d}t,$$

其中 t_1,t_2 分别是曲线 C 的起点和终点所对应的参数.

2. 复积分的性质

设 $f(z)$ 和 $g(z)$ 在曲线 C 上可积,则

(1) $\int_C af(z)\mathrm{d}z = a\int_C f(z)\mathrm{d}z$,其中 a 是一个复常数;

(2) $\int_C [\alpha f(z)+\beta g(z)]\mathrm{d}z = \alpha\int_C f(z)\mathrm{d}z + \beta\int_C g(z)\mathrm{d}z$,其中 α,β 为任意复常数;

(3) $\int_{C^-} f(z)\mathrm{d}z = -\int_C f(z)\mathrm{d}z$,其中 C 与 C^- 为方向相反的曲线;

(4) $\int_C f(z)\mathrm{d}z = \int_{C_1} f(z)\mathrm{d}z + \int_{C_2} f(z)\mathrm{d}z$,其中 $C = C_1 + C_2$;

(5) $\left|\int_C f(z)\mathrm{d}z\right| \leqslant \int_C f(z)\mathrm{d}s \leqslant ML$,其中 L 为曲线 C 的长度,且 $|f(z)|\leqslant M$.

3. 柯西积分定理

设 $f(z)$ 在复平面上单连通区域 D 内解析,C 为区域 D 内任一条简单闭曲线,则

$$\oint_C f(z)\mathrm{d}z = 0.$$

4. 牛顿-莱布尼茨公式

若 $f(z)$ 在单连通区域 D 内解析,则

$$\int_{z_1}^{z_2} f(z)\mathrm{d}z = F(z)\Big|_{z_1}^{z_2} = F(z_2) - F(z_1),$$

其中 $F'(z)=f(z)$,$z_1,z_2\in D$.

5. 复合闭路定理

设 $C_1,C_2,\cdots,C_n$ 是 n 条不相交也互不包含的简单闭曲线,它们都在简单闭

曲线 C 的内部,又设函数 $f(z)$ 在由 C 及 $C_1,C_2,\cdots,C_n$ 所围成的多连通区域 D 内解析,在 $\overline{D}=D+C+C_1+C_2+\cdots+C_n$ 上连续,则有

(1) $\oint_C f(z)\mathrm{d}z = \sum_{k=1}^{n}\oint_{C_k} f(z)\mathrm{d}z$,其中 C 及 C_k 都取逆时针方向;

(2) $\oint_\Gamma f(z)\mathrm{d}z = \oint_C f(z)\mathrm{d}z + \sum_{k=1}^{n}\oint_{C_k^-} f(z)\mathrm{d}z = 0$,其中 Γ 是由 C 及 $C_k(k=1,$ $2,\cdots,n)$ 所组成的复合闭路,C 取逆时针方向,C_k^- 取顺时针方向.

6. 柯西积分公式

设 $f(z)$ 在简单正向闭曲线 C 上及其内部 D 内解析,而 z_0 是 D 内的任一点,则

$$f(z_0) = \frac{1}{2\pi\mathrm{i}}\oint_C \frac{f(z)}{z-z_0}\mathrm{d}z.$$

7. 高阶求导公式

设 $f(z)$ 在 D 内及其边界 C 上解析,C 为正向简单闭曲线,则 $f^{(n)}(z)$ 在 D 内解析,并且对任意的 $z_0\in D$,有

$$f^{(n)}(z_0) = \frac{n!}{2\pi\mathrm{i}}\oint_C \frac{f(z)}{(z-z_0)^{n+1}}\mathrm{d}z \quad (n=1,2,\cdots).$$

数学家简介——柯西

柯西(Cauchy,1789—1857)是法国数学家、物理学家. 19世纪初期,微积分已发展成一个庞大的体系,内容丰富,应用非常广泛. 与此同时,它的薄弱之处也越来越明显地暴露出来,微积分的理论基础并不严格. 为解决新问题并澄清微积分概念,数学家们展开了数学分析严谨化的工作,在分析基础的奠基工作中,做出卓越贡献的要首推伟大的数学家柯西.

柯西1789年8月21日出生于巴黎. 父亲是一位精通古典文学的律师,与法国当时的大数学家拉格朗日和拉普拉斯交往密切. 柯西少年时代的数学才华颇受这两位数学家的赞赏,并预言柯西日后必成大器. 拉格朗日向其父建议"赶快给柯西一种坚实的文学教育",以便他的爱好不致把他引入歧途. 父亲因此加强了对柯西文学教养的培养,使他在诗歌方面也表现出很高的才华.

1807年至1810年,柯西在巴黎综合理工学院学习. 柯西在数学上的最大贡献是在微积分中引进了极限概念,并以极限为基础建立了逻辑清晰的分析体系. 这是微积分发展史上的精华,也是柯西对人类科学发展所做的巨大贡献. 1821年,柯西提出极限定义的 ε 方法,把极限过程用不等式来刻画,后经维尔斯特拉斯改进,成为现在所说的柯西极限定义(即 $\varepsilon\text{-}\delta$ 定义).

数学分析严谨化的工作一开始就产生了很大的影响. 在一次学术会议上,柯西提出了级数收敛性理论. 会后,拉普拉斯急忙赶回家中,根据柯西的严谨判别法,逐一检查其巨著《天体力学》中所用到的级数是否都收敛.

柯西在其他方面的研究成果也很丰富. 复变函数的微积分理论就是由他创立的,在代数、理论物理、光学、弹性理论等方面,也有突出贡献. 柯西的数学成就不仅辉煌,而且数量惊人. 柯西的论著有800多篇,在数学史上是仅次于欧拉的多产数学家. 他的光辉名字与许多定理、准则一起铭刻在当今许多教材中.

柯西介绍

习　题　二

A　题

1. $\displaystyle\int_0^i (3e^z + 2z)\mathrm{d}z = \underline{\qquad}$.

2. 设 C 为正向圆周 $|z| = 3$,则积分 $\displaystyle\oint_C \left(z + \frac{2}{z}\right)\mathrm{d}z = \underline{\qquad}$.

3. 设 C 为正向圆周 $|z| = 1$,则积分 $\displaystyle\oint_C \frac{\mathrm{d}z}{(z-1+\mathrm{i})^2}$ 值为(　　).

   A. 0　　　　　　　　B. $\dfrac{1}{2\pi\mathrm{i}}$　　　　　　C. $2\pi\mathrm{i}$　　　　　　D. $\pi\mathrm{i}$

4. 若函数 $f(z)$ 在正向简单闭曲线 C 所围的区域 D 内解析,在 C 上连续,且 $z = a$ 为 D 内一点,n 为正整数,则积分 $\displaystyle\oint_C \frac{f(z)\mathrm{d}z}{(z-a)^{n+1}}$ 值为(　　).

   A. $\dfrac{2\pi\mathrm{i}}{(n+1)!}f^{(n+1)}(a)$　　　　　　B. $\dfrac{2\pi\mathrm{i}}{n!}f(a)$

   C. $2\pi\mathrm{i}f^{(n)}(a)$　　　　　　D. $\dfrac{2\pi\mathrm{i}}{n!}f^{(n)}(a)$

5. 计算积分 $\displaystyle\int_C (z + |z|)\mathrm{d}z$,其中 C 是连接从 0 到 $1-\mathrm{i}$ 的直线段.

6. 计算积分 $\displaystyle\oint_C \frac{e^z}{z^{100}}\mathrm{d}z$,其中 C:$|z| = 3$ 取正向.

7. 已知调和函数
$$v = e^x(y\cos y + x\sin y) + x + y,$$
求解析函数 $f(z) = u + v\mathrm{i}$,使 $f(0) = 0$.

8. 沿路径 C 计算积分 $\displaystyle\int_C z^2\mathrm{d}z$,路径 C 如下:

   (1) 自原点至 $3 + \mathrm{i}$ 的直线段;

   (2) 自原点沿实轴至 3,再由 3 铅直向上至 $3 + \mathrm{i}$;

   (3) 自原点沿虚轴至 i,再由 i 沿水平方向向右至 $3 + \mathrm{i}$.

9. 利用估值定理,证明 $\left|\displaystyle\int_C (x^2 + y^2\mathrm{i})\mathrm{d}z\right| \leqslant 2$,其中 C 为连接 $-\mathrm{i}$ 到 i 的直线段.

10. 计算积分 $\displaystyle\int_{-2}^{-2+\mathrm{i}} (z+2)^2\mathrm{d}z$.

11. 计算积分 $\int_C (z^2 + \sin z) \mathrm{d}z$，其中 C 为摆线

$$x = a(\theta - \sin\theta), \qquad y = a(1 - \cos\theta)$$

从 $\theta = 0$ 到 $\theta = 2\pi$ 的一段.

12. 计算积分 $\oint_C \dfrac{3z-1}{z(z-1)} \mathrm{d}z$，其中 C 为正向圆周 $|z| = 2$.

13. 计算积分 $\oint_C \dfrac{1}{(z+2)(z-\mathrm{i})} \mathrm{d}z$，其中 C 为正向圆周 $|z| = 3$.

14. 分别由下列条件求解析函数 $f(z) = u + v\mathrm{i}$.

(1) $u = x^3 - 3xy^2, f(0) = \mathrm{i}$;

(2) $u = x^2 + xy - y^2, f(\mathrm{i}) = -1 + \mathrm{i}$;

(3) $u = \mathrm{e}^x(x\cos y - y\sin y), f(0) = 0$.

B 题

1. 计算积分 $\int_C \bar{z} \mathrm{d}z$，积分路径 C 取作：

(1) 沿单位圆的上半圆周，从 -1 到 1;

(2) 沿单位圆的下半圆周，从 -1 到 1.

2. 计算积分 $\int_1^{-1} (z^2 - z + 2) \mathrm{d}z$，积分路径为单位圆的上半圆周.

3. 计算积分 $\oint_C \dfrac{3z^2 - z + 1}{(z-1)^3} \mathrm{d}z$，其中 C 是包围 $z = 1$ 的任意简单闭曲线，取正向.

4. 计算积分 $\oint_C \dfrac{\sin z}{z^2 + 9} \mathrm{d}z$，其中 C：$|z - 2\mathrm{i}| = 2$.

5. 计算积分 $\oint_C \dfrac{z}{(2z+1)(z-2)} \mathrm{d}z$，其中 C：$|z - 2| = 1$，取正向.

6. 计算积分 $\oint_C \dfrac{\sin z}{\left(z - \dfrac{\pi}{2}\right)^2} \mathrm{d}z$，其中 C：$|z| = 2$，取正向.

7. 计算积分 $\oint_{C = C_1 + C_2} \dfrac{\cos z}{z^3} \mathrm{d}z$，其中 C_1：$|z| = 2$，取正向；C_2：$|z| = 3$，取负向.

8. 设 C 为不经过 a 和 $-a$ 的正向简单闭曲线，a 为不等于零的任何复数，试就 a 和 $-a$ 与 C 的各种不同位置，计算积分 $\oint_C \dfrac{z}{z^2 - a^2} \mathrm{d}z$ 的值.

第3章　级数与留数

级数是复变函数的重要组成部分,它是研究解析函数的一个重要工具,它的概念、理论与方法是实数域内的无穷级数在复数域内的推广和发展.级数在理论上和实际应用上都有很大的价值,如数学物理方程的求解,常常需用级数来表示;级数还可用来计算函数、积分等的近似值.

复变函数的积分对级数理论的建立起到了重要作用,本章进一步介绍复变函数积分的一些应用.首先给出了孤立奇点的分类和性质,然后通过柯西积分理论引入留数概念,介绍留数的求法,之后应用留数定理来计算一些实函数的定积分和无穷限广义积分.

3.1　幂级数及其展开

3.1.1　幂级数

定义 3.1　设$\{z_n\}(n=1,2,3,\cdots)$为一复数列,表达式

$$\sum_{n=1}^{+\infty} z_n = z_1 + z_2 + \cdots + z_n + \cdots \tag{3-1}$$

称为**复数项级数**.其前n项之和

$$S_n = z_1 + z_2 + \cdots + z_n$$

称为**级数的前** n **项部分和**. 若部分和数列 $\{S_n\}$ 收敛于 S, 则称级数 $\displaystyle\sum_{n=1}^{+\infty} z_n$ **收敛**, 称 S 为其和; 若部分和数列 $\{S_n\}$ 不收敛, 则称级数 $\displaystyle\sum_{n=1}^{+\infty} z_n$ **发散**; 若级数 $\displaystyle\sum_{n=1}^{+\infty} |z_n|$ 收敛, 则称原级数 $\displaystyle\sum_{n=1}^{+\infty} z_n$ **绝对收敛**.

设 $z_n = x_n + \mathrm{i} y_n$, 则

$$\begin{aligned} S_n &= z_1 + z_2 + \cdots + z_n \\ &= (x_1 + x_2 + \cdots + x_n) + \mathrm{i}(y_1 + y_2 + \cdots + y_n) \\ &= \sum_{k=1}^{n} x_k + \mathrm{i} \sum_{k=1}^{n} y_k. \end{aligned}$$

加强练习

于是得到如下定理.

定理 3.1 级数 $\displaystyle\sum_{n=1}^{+\infty} z_n$ 收敛的充要条件是级数 $\displaystyle\sum_{n=1}^{+\infty} x_n$, $\displaystyle\sum_{n=1}^{+\infty} y_n$ 都收敛.

由此可见, 复数项级数的收敛问题可以转化为实数项级数的收敛问题. 比如

$$\begin{aligned} \sum_{n=1}^{\infty} \frac{\mathrm{i}^n}{n} &= -\left(\frac{1}{2} - \frac{1}{4} + \frac{1}{6} - \frac{1}{8} + \cdots \right) + \mathrm{i}\left(1 - \frac{1}{3} + \frac{1}{5} - \frac{1}{7} + \cdots \right) \\ &= \sum_{n=1}^{\infty} (-1)^n \frac{1}{2n} + \mathrm{i} \sum_{n=1}^{\infty} (-1)^{n+1} \frac{1}{2n-1}. \end{aligned}$$

因为级数 $\displaystyle\sum_{n=1}^{\infty} (-1)^n \frac{1}{2n}$ 和 $\displaystyle\sum_{n=1}^{\infty} (-1)^{n+1} \frac{1}{2n-1}$ 均收敛, 故级数 $\displaystyle\sum_{n=1}^{\infty} \frac{\mathrm{i}^n}{n}$ 收敛.

不难看到, 实数项级数的相关概念与性质完全可以类推到复数项级数的情形. 例如, 由实数项级数收敛的必要条件可知:

若复数项级数 $\displaystyle\sum_{n=1}^{\infty} z_n$ 收敛, 则 $\displaystyle\lim_{n \to \infty} z_n = 0$.

定义 3.2 具有

$$\sum_{n=0}^{+\infty} c_n (z - z_0)^n = c_0 + c_1(z - z_0) + c_2(z - z_0)^2 + \cdots + c_n(z - z_0)^n + \cdots$$

(3-2)

形式的复函数项级数称为**幂级数**, 其中 $c_n (n = 0, 1, 2, \cdots)$ 和 z_0 都是复常数, z 为复变量.

当 $z_0 = 0$ 时, 有

$$\sum_{n=0}^{+\infty} c_n z^n = c_0 + c_1 z + c_2 z^2 + \cdots + c_n z^n + \cdots.$$

使幂级数 $\sum\limits_{n=0}^{+\infty} c_n z^n$ 收敛的点 z 称为该幂级数的**收敛点**,若点 z 使幂级数 $\sum\limits_{n=0}^{+\infty} c_n z^n$ 发散,则称点 z 为其**发散点**,称 $\sum\limits_{n=0}^{+\infty} c_n z^n$ 的收敛点集为该幂级数的**收敛域**. 若在收敛域内的任意一点 z,有

$$\sum_{n=0}^{+\infty} c_n z^n = S(z)\,,$$

则称 $S(z)$ 为级数 $\sum\limits_{n=0}^{+\infty} c_n z^n$ 的**和函数**.

同实变函数的幂级数一样,复变函数也有所谓幂级数的收敛定理,即阿贝尔(Abel)定理,它是幂级数理论中一个最基本的定理,说明了幂级数的收敛特性.

定理 3.2(阿贝尔定理) 若幂级数 $\sum\limits_{n=0}^{+\infty} c_n z^n$ 在 $z = z_0 (z_0 \neq 0)$ 处收敛,则对满足 $|z| < |z_0|$ 的任何 z,级数 $\sum\limits_{n=0}^{+\infty} c_n z^n$ 必绝对收敛;若在 $z = z_0 (z_0 \neq 0)$ 处级数发散,则对满足 $|z| > |z_0|$ 的任何 z,级数 $\sum\limits_{n=0}^{+\infty} c_n z^n$ 必发散.

证明 由于级数 $\sum\limits_{n=0}^{+\infty} c_n z_0^n$ 收敛,根据级数收敛的必要条件,有

$$\lim_{n \to +\infty} c_n z_0^n = 0\,,$$

因而存在正数 M,使得对所有的 n,有

$$|c_n z_0^n| < M.$$

因此当 $|z| < |z_0|$,即 $\dfrac{|z|}{|z_0|} = q < 1$ 时,有

$$|c_n z^n| = |c_n z_0^n| \left| \frac{z}{z_0} \right|^n < Mq^n.$$

由于 $\sum\limits_{n=0}^{+\infty} Mq^n$ 为公比小于 1 的等比级数,所以级数 $\sum\limits_{n=0}^{+\infty} Mq^n$ 收敛.根据正项级数的比较审敛法知, $\sum |c_n z^n|$ 收敛,故当 $|z| < |z_0|$ 时,幂级数 $\sum\limits_{n=0}^{+\infty} c_n z^n$ 绝对收敛.

后一部分结论可用反证法证明.假设在圆域 $|z| \leq |z_0|$ 外部有一点 z_1,而幂级数在这一点是收敛的,则由上述结论知,这个幂级数在 $|z| < |z_1|$ 内绝对收敛,又因为 $|z_0| < |z_1|$,所以它在 z_0 点是收敛的,这就与已知的条件相矛盾,因而定

理成立.

对于一般的幂级数 $\sum\limits_{n=0}^{+\infty} c_n(z-z_0)^n$,通过变换 $w=z-z_0$,可化为级数 $\sum\limits_{n=0}^{+\infty} c_n w^n$ 来讨论.因此利用阿贝尔定理,可以确定任何幂级数的收敛范围.

一般来讲,幂级数 $\sum\limits_{n=0}^{+\infty} c_n z^n$ 的敛散性不外乎有下列三种情形:

(1) 幂级数 $\sum\limits_{n=0}^{+\infty} c_n z^n$ 仅在 $z=0$ 处收敛,除原点外处处发散,如级数 $\sum\limits_{n=0}^{+\infty} n^n z^n$;

(2) 幂级数 $\sum\limits_{n=0}^{+\infty} c_n z^n$ 在整个复平面上都收敛,如级数 $\sum\limits_{n=0}^{+\infty} \dfrac{1}{n^n} z^n$;

(3) 幂级数 $\sum\limits_{n=0}^{+\infty} c_n z^n$ 在圆周 $|z|=R$ 的内部绝对收敛,在圆周 $|z|=R$ 的外部处处发散.

对于情形(3),若存在一点 $z_1 \neq 0$,使得 $\sum\limits_{n=0}^{+\infty} c_n z_1^n$ 收敛(此时根据阿贝尔定理,它必在圆域 $|z|<|z_1|$ 内绝对收敛),另外又存在一点 z_2,使得 $\sum\limits_{n=0}^{+\infty} c_n z_2^n$ 发散(肯定有 $|z_1|<|z_2|$,根据阿贝尔定理知,它必在圆周 $|z|=|z_2|$ 的外部发散),如图 3-1 所示.这样一定存在一个收敛与发散的分界圆周 $|z|=R(R>0)$,称之为此幂级数的**收敛圆**,其半径 R 称为**收敛半径**.

收敛圆的

相关定理

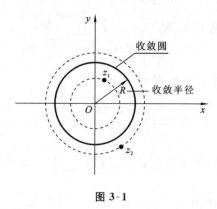

图 3-1

为表示方便,记情形(1)时的收敛半径 $R=0$;记情形(2)时的收敛半径 $R=+\infty$.

例 3.1 求幂级数

$$\sum_{n=0}^{+\infty} z^n = 1 + z + z^2 + \cdots + z^n + \cdots$$

的收敛域与和函数.

解 级数的部分和为

$$S_n = 1 + z + z^2 + \cdots + z^n = \frac{1-z^n}{1-z} \quad (z \neq 1).$$

当 $|z| < 1$ 时,由于 $\lim\limits_{n \to +\infty} z^n = 0$,从而有

$$\lim_{n \to \infty} S_n = \frac{1}{1-z},$$

即当 $|z| < 1$ 时,级数 $\sum\limits_{n=0}^{+\infty} z^n$ 收敛,和函数为 $\frac{1}{1-z}$.

当 $|z| \geqslant 1$ 时,由于 $n \to +\infty$ 时,级数的一般项 z^n 不趋于零,故由级数收敛的必要条件知级数发散.

因此,收敛半径 $R = 1$,收敛域为 $|z| < 1$,且当 $|z| < 1$ 时,有

$$1 + z + z^2 + \cdots + z^n + \cdots = \frac{1}{1-z}.$$

关于幂级数 $\sum\limits_{n=0}^{+\infty} c_n z^n$ 收敛半径 R 的一般求法,有类似于实函数幂级数的结论,它们是求收敛半径的常用方法. 例如:

(1) 比值法:若 $\lim\limits_{n \to +\infty} \left| \dfrac{c_{n+1}}{c_n} \right| = l$,则级数 $\sum\limits_{n=0}^{+\infty} c_n z^n$ 的收敛半径为 $R = \dfrac{1}{l}$;

(2) 根值法:若 $\lim\limits_{n \to +\infty} \sqrt[n]{|c_n|} = l$,则级数 $\sum\limits_{n=0}^{+\infty} c_n z^n$ 的收敛半径为 $R = \dfrac{1}{l}$.

特别地,当 $l = 0$ 时,$R = +\infty$;当 $l = \infty$ 时,$R = 0$.

例 3.2 试求幂级数 $\sum\limits_{n=1}^{+\infty} \dfrac{(z-1)^n}{n}$ 的收敛半径,并讨论 $z = 0$ 和 $z = 2$ 时级数的收敛性.

解 因 $\lim\limits_{n \to +\infty} \left| \dfrac{c_{n+1}}{c_n} \right| = \lim\limits_{n \to +\infty} \dfrac{n}{n+1} = 1$,故 $R = 1$.

在收敛圆 $|z-1| = 1$ 上,当 $z = 0$ 时,原级数为 $\sum\limits_{n=1}^{+\infty} \dfrac{(-1)^n}{n}$,级数收敛;当 $z = 2$ 时,原级数为 $\sum\limits_{n=1}^{+\infty} \dfrac{1}{n}$,级数发散.

这个例子表明,在收敛圆周上的情况比较复杂,有可能收敛,也有可能发散,要根据级数的情况具体分析.

例 3.3 试求下列各幂级数的收敛半径.

(1) $\sum\limits_{n=1}^{+\infty} \dfrac{z^n}{n^3}$;　　　　(2) $\sum\limits_{n=1}^{+\infty} n! z^n$.

解 (1) 由比值法有

$$\lim_{n \to +\infty} \left| \frac{c_{n+1}}{c_n} \right| = \lim_{n \to +\infty} \left(\frac{n}{n+1} \right)^3 = 1,$$

或用根值法来求,有

$$\lim_{n \to +\infty} \sqrt[n]{|c_n|} = \lim_{n \to +\infty} \sqrt[n]{\frac{1}{n^3}} = \lim_{n \to +\infty} \frac{1}{\sqrt[n]{n^3}} = 1,$$

则收敛半径 $R=1$. 即原级数在圆 $|z|=1$ 内收敛,在圆周外发散.

在圆周 $|z|=1$ 上,级数

$$\sum_{n=1}^{+\infty} \left| \frac{z^n}{n^3} \right| = \sum_{n=1}^{+\infty} \frac{1}{n^3}$$

是收敛的. 因为这是一个 p 级数,$p=3>1$,所以原级数在收敛圆上是处处收敛的.

(2) 因为

$$\lim_{n \to +\infty} \left| \frac{c_{n+1}}{c_n} \right| = \lim_{n \to +\infty} \frac{(n+1)!}{n!} = +\infty,$$

所以收敛半径 $R=0$.

例 3.4 把函数 $\dfrac{1}{z-2}$ 表示成形如 $\sum\limits_{n=0}^{+\infty} c_n (z-1)^n$ 的幂级数.

解 把函数 $\dfrac{1}{z-2}$ 写成如下形式:

$$\frac{1}{z-2} = \frac{1}{(z-1)-1} = -\frac{1}{1-(z-1)}.$$

由例 3.1 知,当 $|z-1|<1$ 时,有

$$\frac{1}{1-(z-1)} = 1 + (z-1) + (z-1)^2 + \cdots + (z-1)^n + \cdots,$$

从而得

$$\frac{1}{z-2} = -1 - (z-1) - (z-1)^2 - \cdots - (z-1)^n - \cdots.$$

由本题的解题步骤可以看出:将函数 $f(z) = \dfrac{1}{z-b}$ 展成 $z-a$ 的幂级数,首先要把函数作代数变形成 $z-a$ 的函数,再按照已知函数 $\dfrac{1}{1-z}$ 的展开式形式写成

$\dfrac{1}{1-g(z)}$,其中 $g(z)=\dfrac{z-a}{b-a}$;然后把 $\dfrac{1}{1-z}$ 展开式中的 z 换成 $g(z)$.而收敛半径 R 可由 $\left|\dfrac{z-a}{b-a}\right|<1$ 推得.

复变函数的幂级数的性质与实变函数的幂级数的性质类似,也可以逐项求导,逐项积分,表述如下.

定理 3.3 设幂级数 $f(z)=\sum\limits_{n=0}^{+\infty}c_n(z-z_0)^n$ 的收敛半径为 R,则

(1) $f(z)$ 是收敛圆域 $|z-z_0|\leqslant R$ 内的解析函数;

(2) $f(z)$ 在收敛圆域内可以逐项求导,即

$$f'(z)=\sum_{n=1}^{+\infty}nc_n(z-z_0)^{n-1}\ ;$$

(3) $f(z)$ 在收敛圆域内可以逐项积分,即

$$\int_{z_0}^{z}f(\xi)\mathrm{d}\xi=\sum_{n=0}^{+\infty}\frac{c_n}{n+1}(z-z_0)^{n+1}.$$

运用这些性质,不仅可以简便地求某些级数的和函数,还可以方便地将一些函数展开成幂级数.

3.1.2 泰勒级数

我们已经知道,一个幂级数的和函数在其收敛圆内就是一个解析函数,那么,一个解析函数是否可以展开成幂级数呢?这个问题不仅具有理论意义,而且具有实用价值.

对于在圆域 D 内解析的函数 $f(z)$,具有下面的定理.

定理 3.4(泰勒展开定理) 设函数 $f(z)$ 在圆域

$$D:|z-z_0|<R$$

内解析,则对该圆域内任意点 $z,f(z)$ 可展开成幂级数

$$f(z)=\sum_{n=0}^{+\infty}c_n(z-z_0)^n\ , \tag{3-3}$$

其中, $c_n=\dfrac{f^{(n)}(z_0)}{n!}=\dfrac{1}{2\pi\mathrm{i}}\oint_C\dfrac{f(z)}{(z-z_0)^{n+1}}\mathrm{d}z\ \ (n=0,1,2,\cdots),$

这里的 C 为任意圆周 $|z-z_0|=\rho<R$,且展开式是唯一的.

*证明 设 $z\in D$,以 z_0 为圆心, r 为半径在 D 内作一个圆 C,使 z 在圆 C 内部(见图 3-2),根据柯西积分公式,有

$$f(z)=\frac{1}{2\pi\mathrm{i}}\oint_C\frac{f(\xi)}{\xi-z}\mathrm{d}\xi. \tag{3-4}$$

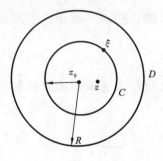

图 3-2

由于当 $\xi \in C$ 时，$\left|\dfrac{z-z_0}{\xi-z_0}\right|=q<1$，故

$$\frac{1}{\xi-z}=\frac{1}{\xi-z_0-(z-z_0)}=\frac{1}{\xi-z_0}\cdot\frac{1}{1-\dfrac{z-z_0}{\xi-z_0}}$$

$$=\sum_{n=0}^{+\infty}\frac{(z-z_0)^n}{(\xi-z_0)^{n+1}}.$$

将上式代入式(3-4)，有

$$f(z)=\frac{1}{2\pi i}\oint_C\left[\sum_{n=0}^{N-1}\frac{f(\xi)\mathrm{d}\xi}{(\xi-z_0)^{n+1}}\right](z-z_0)^n+R_N(z),$$

其中，$\qquad R_N(z)=\dfrac{1}{2\pi i}\oint_C\left[\sum_{n=N}^{+\infty}\dfrac{f(\xi)}{(\xi-z_0)^{n+1}}(z-z_0)^n\right]\mathrm{d}\xi.$

下证 $\lim\limits_{N\to+\infty}R_N(z)=0.$

由于 $f(z)$ 在 D 内解析，从而在 C 上连续，因此存在一个正常数 M，在 C 上 $|f(\xi)|\leqslant M.$ 又由于

$$\left|\frac{z-z_0}{\xi-z_0}\right|=\frac{|z-z_0|}{r}=q<1.$$

由估值不等式，有

$$|R_N(z)|\leqslant\frac{1}{2\pi}\oint_C\left|\sum_{n=N}^{+\infty}\frac{f(\xi)}{(\xi-z_0)^{n+1}}(z-z_0)^n\right|\mathrm{d}s$$

$$\leqslant\frac{1}{2\pi}\sum_{n=N}^{+\infty}\frac{M}{r}q^n\cdot2\pi r=\frac{Mq^N}{1-q}.$$

因为 $\lim\limits_{N\to\infty}q^N=0$，所以 $\lim\limits_{N\to\infty}R_N(z)=0$ 在 C 内成立，从而

$$f(z)=\frac{1}{2\pi i}\oint_C\frac{f(\xi)\mathrm{d}\xi}{\xi-z_0}+\frac{z-z_0}{2\pi i}\oint_C\frac{f(\xi)\mathrm{d}\xi}{(\xi-z_0)^2}+\cdots$$

$$+ \frac{(z-z_0)^n}{2\pi i} \oint_C \frac{f(\xi)\,\mathrm{d}\xi}{(\xi-z_0)^{n+1}} + \cdots$$

$$= \sum_{n=0}^{+\infty} \left[\frac{1}{2\pi i} \oint_C \frac{f(\xi)\,\mathrm{d}\xi}{(\xi-z_0)^{n+1}} \right] (z-z_0)^n.$$

利用解析函数的高阶导数公式,上式即为

$$f(z) = \sum_{n=0}^{+\infty} c_n (z-z_0)^n,$$

其中　　　$$c_n = \frac{1}{2\pi i} \oint_C \frac{f(\xi)\,\mathrm{d}\xi}{(z-z_0)^{n+1}} = \frac{f^{(n)}(z_0)}{n!} \quad (n=0,1,2,\cdots).$$

这样就证明了 $f(z)$ 在 $|z-z_0|<R$ 内的幂级数展开式(3-4).

下面证明幂级数展开式的唯一性.

假设 $f(z)$ 在 $|z-z_0|<R$ 内可展开为另一幂级数

$$f(z) = \sum_{n=0}^{+\infty} d_n (z-z_0)^n.$$

因为幂级数在收敛圆域内可以逐项求导,对上式求各阶导数,并令 $z=z_0$,可得到系数

$$d_n = \frac{f^n(z_0)}{n!} = c_n \quad (n=0,1,2,\cdots),$$

故 $f(z)$ 的展开式是唯一的. 于是定理得证.

式(3-3)称为 $f(z)$ **在点 z_0 处的泰勒展开式**,其右端的级数称为 $f(z)$ **在点 z_0 处的泰勒级数**,c_n **为展开式的泰勒系数**.

应当指出,若函数 $f(z)$ 在区域 D 内有奇点,则 $f(z)$ 在点 z_0 处也可以展开成泰勒级数,其收敛半径等于点 z_0 到 $f(z)$ 的离 z_0 最近的一个奇点 z_1 的距离,即 $R = |z_1-z_0|$,如图 3-3 所示.

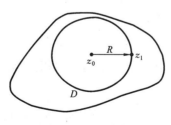

图 3-3

将泰勒定理与幂级数的性质结合起来,就得到一个很重要的结论:

推论　函数在一点解析的充要条件是:它在该点的邻域内可以展开为幂级数.

这一性质从级数的角度深刻地反映了解析函数的本质. 由于任何解析函数的泰勒展开式是唯一的, 故用任何可能的方法将解析函数在其解析点的邻域内展开为幂级数, 其结果都是相同的. 下面举例说明.

1. 直接展开法

直接展开法就是直接算出各阶导数后代入泰勒展开式而得到的.

例如 $f(z)=\mathrm{e}^z$, 取 $z_0=0$, 则由泰勒展开定理得

$$c_n=\frac{1}{n!}(\mathrm{e}^z)^{(n)}\Big|_{z=0}=\frac{\mathrm{e}^z}{n!}\Big|_{z=0}=\frac{1}{n!},$$

所以
$$\mathrm{e}^z=\sum_{n=0}^{+\infty}\frac{z^n}{n!}=1+z+\frac{z^2}{2!}+\cdots+\frac{z^n}{n!}+\cdots,\quad |z|<+\infty.$$

同理, 有 $\sin z=z-\frac{z^3}{3!}+\frac{z^5}{5!}-\cdots+(-1)^{n-1}\frac{z^{2n-1}}{(2n-1)!}+\cdots,\quad |z|<+\infty;$

$$\cos z=1-\frac{z^2}{2!}+\frac{z^4}{4!}-\cdots+(-1)^n\frac{z^{2n}}{(2n)!}+\cdots,\quad |z|<+\infty;$$

$$\frac{1}{1-z}=1+z+z^2+\cdots+z^n+\cdots,\quad |z|<1.$$

可以看到, 从形式上这些初等函数的泰勒展开式与实函数的泰勒展开式完全一样.

2. 间接展开法

间接展开法就是借助于一些已知的函数展开式, 利用幂级数的运算性质和解析性质, 以唯一性为依据来得到一个函数的泰勒展开式.

例 3.5 求 $f(z)=\ln(1+z)$ 在 $z=0$ 处的泰勒展开式.

解 由于 $\ln(1+z)$ 距 $z=0$ 最近的奇点为 $z=-1$, 故函数 $\ln(1+z)$ 在 $|z|<1$ 内能展开成 z 的幂级数.

因为

$$[\ln(1+z)]'=\frac{1}{1+z}=\sum_{n=0}^{+\infty}(-1)^n z^n\quad(|z|<1),$$

所以在收敛圆 $|z|=1$ 内, 任取一条从 0 到 z 的积分路线 C, 将上式两边沿 C 逐项积分, 得

$$\ln(1+z)=\int_0^z\frac{1}{1+z}\mathrm{d}z=\sum_{n=0}^{+\infty}(-1)^n\int_0^z z^n\mathrm{d}z$$

$$=\sum_{n=0}^{+\infty}(-1)^n\frac{z^{n+1}}{n+1}$$

$$=\sum_{n=1}^{+\infty}(-1)^{n-1}\frac{z^n}{n}\quad(|z|<1).$$

例 3.6 求函数 $f(z) = \dfrac{1}{z}$ 在 $z = 1$ 处的泰勒展开式.

解 因为当 $|z| < 1$ 时,$\dfrac{1}{1-z} = \sum\limits_{n=0}^{+\infty} z^n$,所以当 $|z-1| < 1$ 时,

$$\frac{1}{z} = \frac{1}{1+(z-1)} = \sum_{n=0}^{+\infty} (-1)^n (z-1)^n.$$

例 3.5 和例 3.6 的方法是将函数展开成幂级数的常用方法.

例 3.7 求函数

$$f(z) = \frac{z}{z^2 - 2z + 5}$$

例题讲解

在 $z = 1$ 处的泰勒展开式.

解 因为

$$\frac{z}{z^2 - 2z + 5} = \frac{z-1}{4+(z-1)^2} + \frac{1}{4+(z-1)^2},$$

当 $|z-1| < 2$ 时,有

$$\frac{1}{4+(z-1)^2} = \frac{1}{4\left[1 + \dfrac{(z-1)^2}{4}\right]} = \frac{1}{4} \sum_{n=0}^{+\infty} \frac{(-1)^n}{4^n} (z-1)^{2n},$$

所以

$$\frac{z}{z^2-2z+5} = \frac{1}{4} \sum_{n=0}^{+\infty} \frac{(-1)^n}{4^n}(z-1)^{2n+1} + \frac{1}{4}\sum_{n=0}^{+\infty} \frac{(-1)^n}{4^n}(z-1)^{2n}$$

$$= \frac{1}{4}\sum_{n=0}^{+\infty} \frac{(-1)^n}{4^n}\left[(z-1)^{2n} + (z-1)^{2n+1}\right] \quad (|z-1| < 2).$$

3.2 洛朗级数及其展开式

在圆域 $|z-z_0| < R$ 内的解析函数 $f(z)$ 可以展开成 $z-z_0$ 的幂级数,但是如果 $f(z)$ 在 $z = z_0$ 处不解析,那么在 z_0 的邻域内就不能用 $z-z_0$ 的幂级数表示.这种情况在实际问题中经常遇到,对其进行研究也具有很重要的意义.在这一节中,将讨论圆环域

$$r < |z-z_0| < R \quad (0 \leqslant r < R < +\infty)$$

内解析函数的级数展开问题,它是计算留数的基础.

3.2.1 双边幂级数

定义 3.3 把如下形式的级数

$$\sum_{n=-\infty}^{+\infty} c_n(z-z_0)^n = \cdots + c_{-n}(z-z_0)^{-n} + \cdots + c_{-1}(z-z_0)^{-1}$$
$$+ c_0 + c_1(z-z_0) + \cdots + c_n(z-z_0)^n + \cdots \quad (3\text{-}5)$$

称为**双边幂级数**,其中 c_n 是复常数,称为级数(3-5)的系数,z_0 为复常数.

双边幂级数可以分为如下两部分:

$$\sum_{n=0}^{+\infty} c_n(z-z_0)^n = c_0 + c_1(z-z_0) + \cdots + c_n(z-z_0)^n + \cdots \quad (\text{正幂项部分})$$

$$\sum_{n=1}^{+\infty} c_{-n}(z-z_0)^{-n} = c_{-1}(z-z_0)^{-1} + \cdots + c_{-n}(z-z_0)^{-n} + \cdots \quad (\text{负幂项部分})$$

如果在 $z=z_1$ 处,级数

$$\sum_{n=0}^{+\infty} c_n(z-z_0)^n \quad (3\text{-}6)$$

和

$$\sum_{n=1}^{+\infty} c_{-n}(z-z_0)^{-n} \quad (3\text{-}7)$$

都收敛,则称级数(3-5)在 $z=z_1$ 处收敛.

级数(3-6)为通常的幂级数,设级数(3-6)的收敛半径为 R_2,那么当 $|z-z_0|<R_2$ 时,级数(3-6)收敛,当 $|z-z_0|>R_2$ 时,级数(3-6)发散.

级数(3-7)是一个含负幂项的级数,如果令 $\xi=(z-z_0)^{-1}$,那么就得到

$$\sum_{n=1}^{+\infty} c_{-n}(z-z_0)^{-n} = \sum_{n=1}^{+\infty} c_{-n}\xi^n = c_{-1}\xi + c_{-2}\xi^2 + \cdots + c_{-n}\xi^n + \cdots.$$

这样就转化为式(3-6)的幂级数,设它的收敛半径为 R,则 $\sum\limits_{n=1}^{+\infty} c_{-n}\xi^n$ 在 $|\xi|<R$ 时收敛,在 $|\xi|>R$ 时发散.

如果要判定级数(3-7)的收敛域,只需把 ξ 用 $(z-z_0)^{-1}$ 代回去就可以了.令 $R_1=\dfrac{1}{R}$,由 $|\xi|<R$ 可以推出 $|z-z_0|>R_1$.由此可见,级数(3-7)当 $|z-z_0|>R_1$ 时收敛,当 $|z-z_0|<R_1$ 时发散.

若 $R_1<R_2$,则级数(3-5)在圆环域 $D:R_1<|z-z_0|<R_2$ 内收敛.双边幂级数和幂级数在收敛域内的性质非常类似,可以证明:**在其收敛圆环域内的和函数是解析函数并且可以逐项求导和逐项积分**.当 $R_1>R_2$ 时,级数(3-5)的收敛域不存在.

3.2.2 洛朗级数

在圆环域 $R_1<|z-z_0|<R_2$ 内处处解析的函数可以展开成形如(3-5)的级数,我们给出下面的定理.

定理 3.5 设函数 $f(z)$ 在圆环域

$$D: R_1 < |z - z_0| < R_2 \quad (0 \leqslant R_1 < R_2 < +\infty)$$

内处处解析,则 $f(z)$ 在此圆环域内可以唯一地展开为

$$f(z) = \sum_{n=-\infty}^{+\infty} c_n (z - z_0)^n, \tag{3-8}$$

其中, $\quad c_n = \dfrac{1}{2\pi i} \oint_C \dfrac{f(z)}{(z - z_0)^{n+1}} \mathrm{d}z \quad (n = 0, \pm 1, \pm 2, \cdots),$

这里 C 为在圆环域内绕 z_0 的任意一条正向简单闭曲线.

式(3-8)称为 $f(z)$ 的**洛朗展开式**,等式(3-8)右端的级数称为**洛朗级数**. 在 $f(z)$ 的洛朗展开式中 $\sum\limits_{n=0}^{+\infty} c_n (z - z_0)^n$ 称为它的**解析部分**, $\sum\limits_{n=1}^{+\infty} c_{-n} (z - z_0)^{-n}$ 称为它的**主要部分**.

上面的定理给出了一个在圆环域内解析的函数展开成洛朗级数的一般方法,但很少利用计算系数的方法来得到洛朗级数展开式,因为这样做很复杂. 常用的方法是设法把函数拆成两部分,一部分在圆周内部 $|z - z_0| < R_2$ 解析,从而可以展开为幂级数;另一部分在圆周外部 $|z - z_0| > R_1$ 解析,从而可以展开成负幂次项的级数,其中 R_1、R_2 待定. 对于负幂次项的级数,其实可以看成是 $(z - z_0)^{-1}$ 的幂级数,从而就可以完全应用泰勒展开式.

例 3.8 试将下列函数展开为洛朗级数:

(1) $f(z) = \dfrac{1}{(z^2 - 1)(z - 3)}$ 在圆环 $1 < |z| < 3$ 内;

(2) $f(z) = \dfrac{1}{(z - 1)(z - 2)}$ 在点 $z = 0$ 和 $z = 1$ 处.

例题讲解

解 (1) 由于 $1 < |z| < 3$,因此 $\left| \dfrac{1}{z} \right| < 1$, $\left| \dfrac{z}{3} \right| < 1$. 利用当 $|z| < 1$ 时的幂级数展开式

$$\frac{1}{1 - z} = 1 + z + z^2 + \cdots + z^n + \cdots,$$

得

$$\frac{1}{(z^2 - 1)(z - 3)} = \frac{1}{8}\left(\frac{1}{z - 3} - \frac{z + 3}{z^2 - 1} \right) = \frac{1}{8}\left(\frac{1}{z - 3} - \frac{z}{z^2 - 1} - \frac{3}{z^2 - 1} \right),$$

而

$$\frac{1}{z - 3} = \frac{-1}{3\left(1 - \dfrac{z}{3}\right)} = -\frac{1}{3} \sum_{n=0}^{+\infty} \frac{z^n}{3^n},$$

$$\frac{1}{z^2 - 1} = \frac{1}{z^2\left(1 - \dfrac{1}{z^2}\right)} = \frac{1}{z^2} \sum_{n=0}^{+\infty} \frac{1}{z^{2n}} = \sum_{n=0}^{+\infty} \frac{1}{z^{2n+2}},$$

$$\frac{z}{z^2-1}=z\cdot\frac{1}{z^2-1}=z\cdot\frac{1}{z^2}\sum_{n=0}^{+\infty}\frac{1}{z^{2n}}=\sum_{n=0}^{+\infty}\frac{1}{z^{2n+1}},$$

所以,有

$$\frac{1}{(z^2-1)(z-3)}=\frac{1}{8}\left(-\sum_{n=0}^{+\infty}\frac{z^n}{3^{n+1}}-\sum_{n=0}^{+\infty}\frac{1}{z^{2n+1}}-\sum_{n=0}^{+\infty}\frac{3}{z^{2n+2}}\right)$$

$$=-\frac{1}{8}\left(\sum_{n=0}^{+\infty}\frac{z^n}{3^{n+1}}+\sum_{n=0}^{+\infty}\frac{1}{z^{2n+1}}+\sum_{n=0}^{+\infty}\frac{3}{z^{2n+2}}\right).$$

(2) 如图 3-4 所示,因为 $f(z)$ 有两个奇点:$z=1$ 及 $z=2$,所以有 3 个以点 $z=0$ 为中心的圆环域:$|z|<1$,$1<|z|<2$ 和 $|z|>2$.

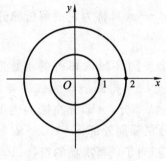

图 3-4

在 $|z|<1$ 内,有

$$f(z)=\frac{1}{z-2}-\frac{1}{z-1}=-\frac{1}{2}\frac{1}{1-\frac{z}{2}}+\frac{1}{1-z}$$

$$=-\frac{1}{2}\sum_{n=0}^{+\infty}\left(\frac{z}{2}\right)^n+\sum_{n=0}^{+\infty}z^n$$

$$=\sum_{n=0}^{+\infty}\left(1-\frac{1}{2^{n+1}}\right)z^n.$$

在 $1<|z|<2$ 内,有

$$f(z)=\frac{1}{z-2}-\frac{1}{z-1}=-\frac{1}{2}\frac{1}{1-\frac{z}{2}}-\frac{1}{z}\frac{1}{1-\frac{1}{z}}$$

$$=-\frac{1}{2}\sum_{n=0}^{+\infty}\left(\frac{z}{2}\right)^n-\frac{1}{z}\sum_{n=0}^{+\infty}\left(\frac{1}{z}\right)^n$$

$$=-\sum_{n=0}^{+\infty}\frac{z^n}{2^{n+1}}-\sum_{n=0}^{+\infty}\frac{1}{z^{n+1}}.$$

在 $|z|>2$ 内,有

$$f(z) = \frac{1}{z-2} - \frac{1}{z-1} = \frac{1}{z}\frac{1}{1-\frac{2}{z}} - \frac{1}{z}\frac{1}{1-\frac{1}{z}}$$

$$= \frac{1}{z}\sum_{n=0}^{+\infty}\left(\frac{2}{z}\right)^n - \frac{1}{z}\sum_{n=0}^{+\infty}\left(\frac{1}{z}\right)^n$$

$$= \sum_{n=0}^{+\infty}\frac{2^n-1}{z^{n+1}}.$$

以 $z=1$ 为中心的圆环域有两个:$0<|z-1|<1$ 和 $|z-1|>1$.

在 $0<|z-1|<1$ 内,有

$$f(z) = \frac{1}{z-2} - \frac{1}{z-1} = -\frac{1}{1-(z-1)} - \frac{1}{z-1}$$

$$= -\sum_{n=0}^{+\infty}(z-1)^n - \frac{1}{z-1}.$$

在 $|z-1|>1$ 内,有

$$f(z) = \frac{1}{z-2} - \frac{1}{z-1} = \frac{1}{z-1}\frac{1}{1-\frac{1}{z-1}} - \frac{1}{z-1}$$

$$= \frac{1}{z-1}\sum_{n=0}^{+\infty}\left(\frac{1}{z-1}\right)^n - \frac{1}{z-1}$$

$$= \sum_{n=0}^{+\infty}\frac{1}{(z-1)^{n+1}} - \frac{1}{z-1}$$

$$= \sum_{n=1}^{+\infty}\frac{1}{(z-1)^{n+1}}.$$

　　从本例可以看出,若只给出点 z_0,要求将函数 $f(z)$ 在点 z_0 处展开为洛朗级数,则应找出以点 z_0 为中心的圆环域,使 $f(z)$ 在此圆环域内解析,而圆环域的确定取决于点 z_0 与各奇点之间的距离. 以点 z_0 为中心,以这些距离为半径分别作同心圆,就可依次找出 $f(z)$ 的一个个解析圆环域.

　　还可看出,同一个函数可以有几个不同的洛朗展开式,这与展开式的唯一性并不矛盾. 因为唯一性的结论是对同一个圆环域而言的,而在不同的圆环内的展开式是不同的.

3.3　留　　数

　　1825 年,柯西在其《关于积分限为虚数的定积分的报告》中给出了关于留数的定义. 柯西所给的这一定义一直沿用至今,推广到微分方程、级数理论及其他一些学科,并在相关学科中产生了深远影响,成为一个极其重要的概念.下面首先介绍孤立奇点的类型,然后引入留数的概念,并讨论它与解析函数在孤立奇点处的洛朗级数之间的关系,最后介绍利用留数计算实积分与复积分.

3.3.1 孤立奇点

前面定义函数不解析的点为奇点.而奇点又可分为孤立奇点与非孤立奇点两类,孤立奇点是常见的一类奇点.以解析函数的洛朗级数为工具,我们能够在孤立奇点的去心邻域内研究一个解析函数的性质.

定义 3.4 如果函数 $f(z)$ 在点 z_0 处不解析,但在点 z_0 的某个去心邻域 $0 < |z - z_0| < R$ 内处处解析,那么点 z_0 称为**孤立奇点**.

例如,函数 $\dfrac{1}{z}$, $e^{\frac{1}{z}}$ 都是以 $z = 0$ 为孤立奇点;而对于函数 $\dfrac{1}{\sin\frac{1}{z}}$,$z = 0$ 是它的一个奇点,但不是孤立奇点.因为 $z = \dfrac{1}{n\pi}(n = \pm 1, \pm 2, \pm 3, \cdots)$ 也都是它的奇点,这样在 $z = 0$ 的任意小的邻域内总有它的奇点存在.

我们知道,若 z_0 是 $f(z)$ 的孤立奇点,则 $f(z)$ 在圆环域 $0 < |z - z_0| < R$ 内可以展开为洛朗级数

$$f(z) = \sum_{n=0}^{+\infty} c_n (z - z_0)^n + \sum_{n=1}^{+\infty} c_{-n} (z - z_0)^{-n},$$

其中 $\displaystyle\sum_{n=1}^{+\infty} c_{-n} (z - z_0)^{-n}$ 决定了孤立奇点的性质.根据洛朗级数负幂项的不同情况将其进行分类.

1. 可去奇点

设 z_0 为 $f(z)$ 的孤立奇点,若洛朗级数中不含 $z - z_0$ 的负幂项,则称点 z_0 为 $f(z)$ 的**可去奇点**.

这时,函数 $f(z)$ 在点 z_0 的邻域 $0 < |z - z_0| < R$ 内的洛朗级数就是一个通常的幂级数

$$c_0 + c_1(z - z_0) + c_2(z - z_0)^2 + \cdots + c_n(z - z_0)^n + \cdots.$$

不论 $f(z)$ 原来在点 z_0 处是否有定义,只要令 $f(z_0) = c_0$,则 $f(z)$ 在 $|z - z_0| < R$ 内解析,且有

$$f(z) = c_0 + c_1(z - z_0) + c_2(z - z_0)^2 + \cdots + c_n(z - z_0)^n + \cdots.$$

例如,

$$\frac{\sin z}{z} = \frac{1}{z}\left(z - \frac{z^3}{3!} + \frac{z^5}{5!} - \cdots + (-1)^n \frac{z^{2n+1}}{(2n+1)!} + \cdots\right)$$

$$=1-\frac{z^2}{3!}+\frac{z^4}{5!}-\cdots+(-1)^n\frac{z^{2n}}{(2n+1)!}+\cdots.$$

因此,孤立奇点 $z=0$ 是函数 $\frac{\sin z}{z}$ 的可去奇点.

2. 极点

设 z_0 为 $f(z)$ 的孤立奇点,若洛朗级数中只含有限多个 $z-z_0$ 的负幂项,则称点 z_0 为 $f(z)$ 的**极点**.

设 z_0 为函数 $f(z)$ 的极点,且 $f(z)$ 在点 z_0 处的洛朗展开式为

$$f(z)=\frac{c_{-m}}{(z-z_0)^m}+\cdots+\frac{c_{-1}}{z-z_0}+c_0+c_1(z-z_0)+\cdots \quad (m\geqslant 1,c_{-m}\neq 0),$$

则称点 z_0 为函数 $f(z)$ 的 **m 级极点**.

上式也可写成

$$f(z)=\frac{1}{(z-z_0)^m}g(z), \tag{3-9}$$

其中 $\qquad g(z)=c_{-m}+c_{-m+1}(z-z_0)+c_{-m+2}(z-z_0)^2+\cdots,$

$g(z)$ 在 $|z-z_0|<R$ 内是解析函数,并且 $g(z_0)\neq 0$.反过来,当任何一个函数 $f(z)$ 能表示成式(3-9)的形式时,那么 z_0 是 $f(z)$ 的 m 级极点.这是判断几级极点的常用方法.

定理 3.6 z_0 是 $f(z)$ 的 m 级极点的充要条件是 $f(z)$ 可以表示成如下形式:

$$f(z)=\frac{1}{(z-z_0)^m}g(z),$$

其中,$g(z)$ 在 $|z-z_0|<R$ 内是解析函数,并且 $g(z_0)\neq 0$.

例 3.9 求下列函数的奇点.若是极点,请指出它是几级极点.

$(1)\ f(z)=\dfrac{1}{z^3(z-2)}$; $\qquad (2)\ f(z)=\dfrac{\sin z}{z^3}$.

解 (1)显然 $z=0$ 和 $z=2$ 是 $f(z)$ 的孤立奇点,并且在 $z=0$ 和 $z=2$ 附近 $f(z)$ 可以表示成

$$f(z)=\frac{1}{z^3}g_1(z), \qquad g_1(z)=\frac{1}{z-2};$$

$$f(z)=\frac{1}{z-2}g_2(z), \qquad g_2(z)=\frac{1}{z^3}.$$

在 $z=0$ 的邻域内 $g_1(z)=\dfrac{1}{z-2}$ 解析,且 $g_1(0)\neq 0$,因此 $z=0$ 是 $f(z)$ 的三级极点;同样,在 $z=2$ 的邻域内 $g_2(z)=\dfrac{1}{z^3}$ 解析,且 $g_2(2)\neq 0$,因此 $z=2$ 是 $f(z)$ 的一

级极点.

(2) 因为

$$f(z) = \frac{\sin z}{z^3} = \frac{1}{z^3}\left[z - \frac{z^3}{3!} + \frac{z^5}{5!} - \cdots + (-1)^{n-1}\frac{z^{2n-1}}{(2n-1)!} + \cdots\right]$$

$$= \frac{1}{z^2} - \frac{1}{3!} + \frac{z^2}{5!} - \cdots + (-1)^{n-1}\frac{z^{2n-4}}{(2n-1)!} + \cdots \quad (|z| > 0),$$

所以 $z = 0$ 是 $\dfrac{\sin z}{z^3}$ 的二级极点.

应当注意,我们在求函数的孤立奇点时,不能仅根据函数的表面形式下结论. 例 3.9 第(2)题中,表面上 $z = 0$ 是 $\dfrac{\sin z}{z^3}$ 的三级极点,而实际上 $z = 0$ 是 $\dfrac{\sin z}{z^3}$ 的二级极点. 这里需注意 $g(z_0) \neq 0$ 的要求.

3. 本性奇点

设 z_0 为函数 $f(z)$ 的孤立奇点,若洛朗级数中含有无穷多个 $z - z_0$ 的负幂项,则称点 z_0 为函数 $f(z)$ 的本性奇点.

例如,由

$$e^{\frac{1}{z}} = 1 + z^{-1} + \frac{z^{-2}}{2!} + \cdots + \frac{z^{-n}}{n!} + \cdots,$$

知道函数 $f(z) = e^{\frac{1}{z}}$ 的洛朗级数中含有无穷多个 z 的负幂项,所以 $z = 0$ 为该函数的本性奇点.

孤立奇点的类型也可以用极限方法来判别:

(1) 若 $\lim\limits_{z \to z_0} f(z) = C$（$C$ 为有限值）,则 z_0 称为 $f(z)$ 的可去奇点;

(2) 若 $\lim\limits_{z \to z_0} f(z) = \infty$,则 z_0 称为 $f(z)$ 的极点,进一步地,若 $\lim\limits_{z \to z_0}(z - z_0)^m f(z) = A(A \neq 0)$ 为有限值,则 z_0 为 $f(z)$ 的 m 级极点;

(3) 若 $\lim\limits_{z \to z_0} f(z)$ 不存在也不为 ∞,则 z_0 为 $f(z)$ 的本性奇点.

3.3.2 留数的概念及留数定理

定义 3.5 设 $f(z)$ 在孤立奇点 z_0 的去心邻域 $0 < |z - z_0| < R$ 内解析,C 为在该邻域内且绕 z_0 的任意一条正向简单闭曲线,则积分 $\dfrac{1}{2\pi i}\oint_C f(z)\mathrm{d}z$ 的值称为 $f(z)$ 在点 z_0 处的**留数**,记为 $\mathrm{Res}[f(z), z_0]$,即

$$\mathrm{Res}[f(z), z_0] = \frac{1}{2\pi i}\oint_C f(z)\mathrm{d}z.$$

根据多连通区域上的柯西积分定理,可知积分 $\oint_C f(z)\mathrm{d}z$ 不依赖于积分曲线 C,因此,这样定义的留数值是唯一的.

在孤立奇点 $z=z_0$ 的邻域 $0<|z-z_0|<R$ 内将 $f(z)$ 展开成洛朗级数:

$$f(z) = \sum_{n=-\infty}^{+\infty} c_n (z-z_0)^n, \quad 0<|z-z_0|<R.$$

将上式两端乘以 $\dfrac{1}{2\pi\mathrm{i}}$ 后再沿曲线 C 积分,得

$$\frac{1}{2\pi\mathrm{i}}\oint_C f(z)\mathrm{d}z = \sum_{n=-\infty}^{+\infty} \frac{c_n}{2\pi\mathrm{i}}\oint_C (z-z_0)^n \mathrm{d}z.$$

显然,在上述等式右端所有的积分中,除了系数为 c_{-1} 的一项外,其余都为零.因此,$f(z)$ 在 $z=z_0$ 处的留数为

$$\mathrm{Res}[f(z),z_0] = \frac{1}{2\pi\mathrm{i}}\oint_C f(z)\mathrm{d}z = \frac{c_{-1}}{2\pi\mathrm{i}}\oint_C \frac{1}{z-z_0}\mathrm{d}z = c_{-1},$$

即留数 $\mathrm{Res}[f(z),z_0]$ 就是 $f(z)$ 在 z_0 的去心邻域内的洛朗展开式中负幂项 $c_{-1}(z-z_0)^{-1}$ 的系数 c_{-1}.

关于留数,我们有下面的留数定理.

定理 3.7(留数定理) 设函数 $f(z)$ 在区域 D 内除有限个孤立奇点 $z_1,z_2,\cdots,z_n$ 外处处解析,C 是 D 内包围所有奇点的一条正向简单闭曲线,那么

$$\oint_C f(z)\mathrm{d}z = 2\pi\mathrm{i}\sum_{k=1}^{n}\mathrm{Res}[f(z),z_k].$$

证明 把在 C 内的孤立奇点 $z_k (k=1,2,\cdots,n)$ 用互不包含且彼此不相交的正向简单闭曲线 $C_k (k=1,2,\cdots,n)$ 围绕起来,如图 3-5 所示.

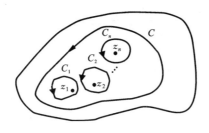

图 3-5

根据复合闭路定理,有

$$\oint_C f(z)\mathrm{d}z = \oint_{C_1} f(z)\mathrm{d}z + \oint_{C_2} f(z)\mathrm{d}z + \cdots + \oint_{C_n} f(z)\mathrm{d}z$$
$$= 2\pi\mathrm{i}\mathrm{Res}[f(z),z_1] + 2\pi\mathrm{i}\mathrm{Res}[f(z),z_2] + \cdots + 2\pi\mathrm{i}\mathrm{Res}[f(z),z_n]$$

$$= 2\pi i \sum_{k=1}^{n} \text{Res}[f(z),z_k].$$

由此可见,利用留数定理把沿封闭曲线积分的整体问题,转化为计算其各个孤立奇点处留数的局部问题.

3.3.3 留数的计算

根据留数的定义,要计算函数在孤立奇点 z_0 处的留数,只需要求出它在 $z=z_0$ 处的洛朗展开式中 $(z-z_0)^{-1}$ 的系数 c_{-1} 即可,因此利用函数的洛朗展开式求留数是一般的方法.当奇点为本性奇点或奇点性质不明显时常用这种方法,当奇点为可去奇点时,显然其留数为零.

对于极点处的留数,则有如下定理.

定理 3.8 设 z_0 为 $f(z)$ 的 m 级极点,则

$$\text{Res}[f(z),z_0]=\frac{1}{(m-1)!}\lim_{z\to z_0}[(z-z_0)^m f(z)]^{(m-1)}.$$

证明 由于 z_0 是 $f(z)$ 的 m 级极点,故有

$$f(z)=\frac{c_{-m}}{(z-z_0)^m}+\cdots+\frac{c_{-1}}{z-z_0}+c_0+c_1(z-z_0)+\cdots \quad (c_{-m}\neq 0),$$

上式两边乘以 $(z-z_0)^m$,得

$$(z-z_0)^m f(z)=c_{-m}+c_{-m+1}(z-z_0)+\cdots+c_{-1}(z-z_0)^{m-1}+c_0(z-z_0)^m+\cdots,$$

两边求 $m-1$ 阶导数,得

$$[(z-z_0)^m f(z)]^{(m-1)}=(m-1)!\,c_{-1}+m!\,c_0(z-z_0)+\frac{(m+1)!}{2!}c_1(z-z_0)^2+\cdots.$$

令 $z\to z_0$,取极限即得

$$\text{Res}[f(z),z_0]=c_{-1}=\frac{1}{(m-1)!}\lim_{z\to z_0}[(z-z_0)^m f(z)]^{(m-1)}.$$

可得以下推论.

推论 若 z_0 为 $f(z)$ 的一级极点,则

$$\text{Res}[f(z),z_0]=\lim_{z\to z_0}(z-z_0)f(z).$$

例 3.10 求函数

$$f(z)=\frac{z}{(z-1)(z+1)^2}$$

在 $z=1$ 和 $z=-1$ 处的留数.

解 $z=1$ 是 $f(z)$ 的一级极点,$z=-1$ 是 $f(z)$ 的二级极点,于是

$$\text{Res}[f(z),1]=\lim_{z\to 1}(z-1)\frac{z}{(z-1)(z+1)^2}=\frac{1}{4};$$

$$\text{Res}[f(z),-1] = \lim_{z \to -1}\left[(z+1)^2 \frac{z}{(z-1)(z+1)^2}\right]'$$
$$= \lim_{z \to -1}\frac{-1}{(z-1)^2} = -\frac{1}{4}.$$

例 3.11　计算积分 $\oint_C \dfrac{e^{\frac{1}{z}}}{1-z}dz$，其中 C 为正向圆周 $|z|=2$.

例题讲解

解　$z=0$ 是 $f(z)$ 的本性奇点，$z=1$ 是 $f(z)$ 的一级极点，故

$$\text{Res}\left[\frac{e^{\frac{1}{z}}}{1-z},1\right] = \lim_{z \to 1}(z-1)\frac{e^{\frac{1}{z}}}{1-z} = -e.$$

为了求 $\text{Res}\left[\dfrac{e^{\frac{1}{z}}}{1-z},0\right]$，将 $f(z)$ 在 $0<|z|<1$ 内展成洛朗级数为

$$\frac{e^{\frac{1}{z}}}{1-z} = \left(\sum_{n=0}^{+\infty}z^n\right)\cdot\left(\sum_{n=0}^{+\infty}\frac{1}{n!z^n}\right).$$

故

$$c_{-1} = 1 + \frac{1}{2!} + \frac{1}{3!} + \cdots + \frac{1}{n!} + \cdots = e - 1.$$

因此

$$\oint_C \frac{e^{\frac{1}{z}}}{1-z}dz = 2\pi i\{\text{Res}[f(z),0] + \text{Res}[f(z),1]\} = -2\pi i.$$

3.4　留数的应用

留数理论的应用十分广泛. 一方面可以讨论解析函数的零点个数, 例如用留数理论可以得到在复数域内 n 次多项式的零点个数有且仅有 n 个; 另一方面就是计算某些定积分. 本节所讨论的这些定积分, 被积函数的原函数一般不能用初等函数表示出来. 有时即使可以求出原函数, 计算也较为复杂. 但是, 如果把它们转化为复变函数的积分, 运用留数定理计算就简便得多.

运用留数定理计算定积分通常有以下两种基本方法: 一是将定积分 $\int_a^b f(x)dx$ 看作复平面实轴上从点 a 到点 b 的复积分. 通过某种变换把这个复积分化为复平面上沿某闭曲线的积分, 然后利用留数定理计算; 二是作辅助曲线 C 围成一条封闭曲线, 若函数 $f(z)$ 在该闭曲线所围区域内有 N 个奇点, 则由留数定理得

$$\int_a^b f(x)dx + \int_C f(z)dz = 2\pi i\sum_{k=1}^{N}\text{Res}[f(z),z_k].$$

若上式中左端第二个积分较易求出,则定积分 $\int_a^b f(x)\mathrm{d}x$ 可通过计算留数而得出.

3.4.1　计算 $\int_0^{2\pi} f(\cos\theta,\sin\theta)\mathrm{d}\theta$ 型积分

这里 $f(\cos\theta,\sin\theta)$ 是 $\cos\theta$、$\sin\theta$ 的有理函数,且在 $[0,2\pi]$ 上连续.令

$$z=\mathrm{e}^{i\theta}=\cos\theta+\mathrm{i}\sin\theta,$$

则

$$\cos\theta=\frac{z+z^{-1}}{2},\quad \sin\theta=\frac{z-z^{-1}}{2\mathrm{i}},\quad \mathrm{d}\theta=\frac{1}{\mathrm{i}z}\mathrm{d}z.$$

当 θ 从 0 到 2π 变化时,z 沿圆周 $|z|=1$ 的正向绕行一周,于是有

$$\int_0^{2\pi} f(\cos\theta,\sin\theta)\mathrm{d}\theta=\oint_{|z|=1} f\left(\frac{z+z^{-1}}{2},\frac{z-z^{-1}}{2\mathrm{i}}\right)\frac{1}{\mathrm{i}z}\mathrm{d}z,$$

设 $g(z)=f\left(\dfrac{z+z^{-1}}{2},\dfrac{z-z^{-1}}{2\mathrm{i}}\right)\dfrac{1}{\mathrm{i}z}$ 在 $|z|<1$ 内的孤立奇点为 $z_k(k=1,2,\cdots,n)$,则由留数定理得

$$\int_0^{2\pi} f(\cos\theta,\sin\theta)\mathrm{d}\theta=2\pi\mathrm{i}\sum_{k=1}^{n}\mathrm{Res}[g(z),z_k].$$

例 3.12　计算积分 $I=\int_0^{2\pi}\dfrac{1}{1-2p\cos\theta+p^2}\mathrm{d}\theta(|p|<1)$.

解　令 $z=\mathrm{e}^{i\theta}$,则 $\cos\theta=\dfrac{z+z^{-1}}{2}$,$\mathrm{d}\theta=\dfrac{1}{\mathrm{i}z}\mathrm{d}z$.当 θ 从 0 到 2π 时,z 沿正向圆周 $|z|=1$ 绕行一周,如图 3-6 所示,则有

$$I=\int_0^{2\pi}\frac{1}{1-2p\cos\theta+p^2}\mathrm{d}\theta=\frac{1}{\mathrm{i}}\oint_{|z|=1}\frac{1}{(z-p)(1-pz)}\mathrm{d}z,$$

在圆 $|z|<1$ 内,$g(z)=\dfrac{1}{(z-p)(1-pz)}$ 只以 $z=p$ 为一级极点,由留数定理得

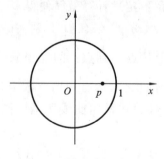

图 3-6

$$\operatorname{Res}[g(z),p]=\lim_{z\to p}(z-p)\frac{1}{(z-p)(1-pz)}$$

$$=\lim_{z\to p}\frac{1}{1-pz}=\frac{1}{1-p^{2}}.$$

所以

$$I=\frac{1}{\mathrm{i}}\cdot 2\pi\mathrm{i}\cdot\frac{1}{1-p^{2}}=\frac{2\pi}{1-p^{2}}.$$

3.4.2　计算 $\displaystyle\int_{-\infty}^{+\infty}\frac{P(x)}{Q(x)}\mathrm{d}x$ 型积分

此类型积分的被积函数 $f(x)=\dfrac{P(x)}{Q(x)}$ 为有理函数，$P(x)$、$Q(x)$ 为多项式，方程 $Q(x)=0$ 没有实根，即 $f(x)$ 在实轴上没有奇点，且 $Q(x)$ 的次数比 $P(x)$ 的次数至少要高两次.

为介绍这种类型的积分方法，先给出一个引理.

引理 3.1　设 C 为 $|z|=R$ 的上半圆周，函数 $f(z)$ 在 C 上连续，且 $\lim\limits_{z\to\infty}zf(z)=0$，则

$$\lim_{R\to+\infty}\int_{C}f(z)\mathrm{d}z=0.$$

现在来计算上述类型的积分.

取上半圆周 $C_{R}:z=R\mathrm{e}^{\mathrm{i}\theta}(0\leqslant\theta\leqslant\pi)$，由 C_{R} 与实线段 $[-R,R]$ 构成一条闭曲线 C，如图 3-7 所示.

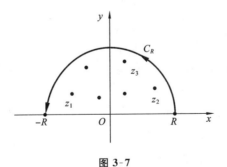

图 3-7

取充分大的 R，使 C 所围区域包含 $f(z)=\dfrac{P(z)}{Q(z)}$ 在上半平面的一切孤立奇点 $z_{k}(k-1,2,\cdots,n)$，由留数定理，有

$$\oint_{C}f(z)\mathrm{d}z=2\pi\mathrm{i}\sum_{k=1}^{n}\operatorname{Res}[f(z),z_{k}],$$

即
$$\int_{-R}^{R} \frac{P(x)}{Q(x)} \mathrm{d}x + \int_{C_R} f(z)\mathrm{d}z = 2\pi \mathrm{i} \sum_{k=1}^{n} \mathrm{Res}[f(z),z_k]. \tag{3-10}$$

因为 $Q(z)$ 的次数比 $P(z)$ 的次数至少要高两次,所以

$$\lim_{z \to \infty} z f(z) = \lim_{z \to \infty} \frac{z P(z)}{Q(z)} = 0,$$

于是由引理 3.1 得

$$\lim_{R \to +\infty} \int_{C_R} f(z)\mathrm{d}z = 0.$$

在式(3-10)中令 $R \to +\infty$,两端取极限,即得

$$\int_{-\infty}^{+\infty} \frac{P(x)}{Q(x)} \mathrm{d}x = 2\pi \mathrm{i} \sum_{k=1}^{n} \mathrm{Res}[f(z),z_k].$$

例 3.13　计算积分 $I = \displaystyle\int_{-\infty}^{+\infty} \frac{x^2}{(x^2+1)(x^2+4)} \mathrm{d}x.$

解　函数 $f(z) = \dfrac{z^2}{(z^2+1)(z^2+4)}$ 分母次数比分子的次数高二次,且在上半平面内有两个一级极点 $z_1 = \mathrm{i}, z_2 = 2\mathrm{i}$,它们的留数分别为

$$\mathrm{Res}[f(z),\mathrm{i}] = \frac{\mathrm{i}}{6}, \quad \mathrm{Res}[f(z),2\mathrm{i}] = -\frac{\mathrm{i}}{3},$$

因此

$$I = 2\pi \mathrm{i}\{\mathrm{Res}[f(z),\mathrm{i}] + \mathrm{Res}[f(z),2\mathrm{i}]\} = 2\pi \mathrm{i}\left(\frac{\mathrm{i}}{6} - \frac{\mathrm{i}}{3}\right) = \frac{\pi}{3}.$$

*3.4.3　计算 $\displaystyle\int_{-\infty}^{+\infty} f(x)\mathrm{e}^{\mathrm{i}\lambda x}\mathrm{d}x$ 型积分

此类型积分的被积函数 $f(x) = \dfrac{P(x)}{Q(x)}$,其中 $P(x)$、$Q(x)$ 为多项式,$Q(x)$ 的次数至少比 $P(x)$ 的次数高一次,且方程 $Q(x) = 0$ 没有实根,即 $f(x)$ 在实轴上没有奇点,λ 为正实数.

引理 3.2　设 C 为 $|z| = R$ 的上半圆周,函数 $f(z)$ 在 C 上连续,且 $\lim\limits_{z \to \infty} f(z) = 0$,则

$$\lim_{R \to +\infty} \int_C f(z)\mathrm{e}^{\mathrm{i}\lambda z}\mathrm{d}z = 0 \quad (\lambda > 0).$$

现在来计算上述类型的积分.

取上半圆周 $C_R: z = R\mathrm{e}^{\mathrm{i}\theta}(0 \leqslant \theta \leqslant \pi)$,由 C_R 与实线段 $[-R,R]$ 构成一条闭曲线 C. 取充分大的 R,使 C 所围区域包含

$$f(z) = \frac{P(z)}{Q(z)}$$

在上半平面的一切孤立奇点 $z_k(k=1,2,\cdots,n)$,由留数定理,有

$$\oint_C f(z)\mathrm{e}^{\mathrm{i}\lambda z}\mathrm{d}z = 2\pi\mathrm{i}\sum_{k=1}^{n}\mathrm{Res}[f(z)\mathrm{e}^{\mathrm{i}\lambda z},z_k],$$

即

$$\int_{-R}^{R} f(x)\mathrm{e}^{\mathrm{i}\lambda x}\mathrm{d}x + \int_{C_R} f(z)\mathrm{e}^{\mathrm{i}\lambda z}\mathrm{d}z = 2\pi\mathrm{i}\sum_{k=1}^{n}\mathrm{Res}[f(z)\mathrm{e}^{\mathrm{i}\lambda z},z_k]. \qquad (3-11)$$

因为 $Q(z)$ 的次数比 $P(z)$ 的次数至少要高一次,所以 $\lim\limits_{z\to\infty}f(z)=0$,且 $\lambda>0$. 因此由引理 3.2,得

$$\lim_{R\to+\infty}\int_{C_R} f(z)\mathrm{e}^{\mathrm{i}\lambda z}\mathrm{d}z = 0.$$

在式(3-11)中令 $R\to+\infty$,两端取极限,即得

$$\int_{-\infty}^{+\infty} f(x)\mathrm{e}^{\mathrm{i}\lambda x}\mathrm{d}x = 2\pi\mathrm{i}\sum_{k=1}^{n}\mathrm{Res}[f(z)\mathrm{e}^{\mathrm{i}\lambda z},z_k].$$

又因为

$$\mathrm{e}^{\mathrm{i}\lambda x}=\cos\lambda x+\mathrm{i}\sin\lambda x,$$

所以

$$\int_{-\infty}^{+\infty} f(x)\mathrm{e}^{\mathrm{i}\lambda x}\mathrm{d}x = \int_{-\infty}^{+\infty} f(x)\cos\lambda x\,\mathrm{d}x + \mathrm{i}\int_{-\infty}^{+\infty} f(x)\sin\lambda x\,\mathrm{d}x.$$

由此可见,要计算积分 $\int_{-\infty}^{+\infty} f(x)\cos\lambda x\,\mathrm{d}x$ 或 $\int_{-\infty}^{+\infty} f(x)\sin\lambda x\,\mathrm{d}x$,只需求出积分 $\int_{-\infty}^{+\infty} f(x)\mathrm{e}^{\mathrm{i}\lambda x}\mathrm{d}x$ 的实部或虚部即可.

例 3.14　计算积分 $I = \int_{-\infty}^{+\infty} \dfrac{x\sin x}{1+x^2}\mathrm{d}x$.

解　$\int_{-\infty}^{+\infty} \dfrac{x\sin x}{1+x^2}\mathrm{d}x$ 是积分 $\int_{-\infty}^{+\infty} \dfrac{x}{1+x^2}\mathrm{e}^{\mathrm{i}x}\mathrm{d}x$ 的虚部,$\dfrac{x}{1+x^2}$ 分母次数比分子的

次数高一次,且 $\dfrac{z}{1+z^2}$ 在上半平面只有一个一级极点 $z=\mathrm{i}$,于是积分

$$\int_{-\infty}^{+\infty} \frac{x}{1+x^2}\mathrm{e}^{\mathrm{i}x}\mathrm{d}x = 2\pi\mathrm{i}\,\mathrm{Res}\left[\frac{z}{1+z^2}\mathrm{e}^{\mathrm{i}z},\mathrm{i}\right]$$

$$= 2\pi\mathrm{i}\lim_{z\to\mathrm{i}}(z-\mathrm{i})\frac{z}{1+z^2}\mathrm{e}^{\mathrm{i}z} = \pi\mathrm{i}\mathrm{e}^{-1},$$

因此

$$I = \int_{-\infty}^{+\infty} \frac{x\sin x}{1+x^2}\mathrm{d}x = \pi\mathrm{e}^{-1}.$$

综上所述,用留数计算实变函数的积分,大致可分为如下几个步骤.

(1) 对于给定的积分 $\int_a^b f(x)\mathrm{d}x$,选取一个相应的函数 $F(z)$,使在区间 $[a,b]$

上 $f(x)$ 与 $F(z)$ 相同,或者与 $F(z)$ 的实部或虚部相同.

(2) 选取一条或几条辅助曲线,使与实线段 $[a,b]$ 围成一条简单闭曲线 C. 对于无限区间的情形,可由有限的情形逼近.

(3) 计算 $F(z)$ 沿辅助曲线的积分.

(4) 计算 $F(z)$ 在曲线 C 所围区域内所有奇点处的留数,利用留数定理求出所给的积分值.

在这四个步骤中,步骤(3)是很重要的,前面的引理 3.1 和引理 3.2 就是用来计算步骤(3)中 $F(z)$ 沿辅助曲线的积分值.

3.5　应用实例:系统的稳定性

3.5.1　线性时不变系统

为了实现某些特定的功能(如转换能量或处理信息),人们把若干个部件有机地组合成一个整体,这个整体就是系统,常见的有线性时不变系统,即当输入(激励)为 $\alpha_1 x_1(t)+\alpha_2 x_2(t)$ 时,系统的输出(响应)为 $\alpha_1 y_1(t)+\alpha_2 y_2(t)$,当输入(激励)为 $x(t-t_0)$ 时,系统的输出(响应)为 $y(t-t_0)$,即具有叠加性与均匀性,并且把系统的参数不随时间而变化的系统称为线性时不变(Linear Time-Invariant,简称 LTI)系统,如图 3-8 所示.

图 3-8　LTI 系统

3.5.2　系统函数及其稳定性

单位冲激响应函数 $h(t)$ 是 LTI 系统对输入 $\delta(t)$ 的响应,反映系统在零输入状态下的系统自身内部状态的响应,这是系统所特有的特征模式. 在此基础上,LTI 系统对任意输入 $x(t)$ 的响应 $y(t)$ 都可以表示为 $h(t)$ 和 $x(t)$ 的卷积形式,即响应

$$y(t) = h(t) * x(t) = \int_{-\infty}^{+\infty} h(\tau)x(t-\tau)\mathrm{d}\tau.$$

现对 $h(t)$、$x(t)$ 和 $y(t)$ 进行拉普拉斯变换,设

$$\mathscr{L}[h(t)]=H(s), \quad \mathscr{L}[x(t)]=X(s), \quad \mathscr{L}[y(t)]=Y(s),$$

又知卷积的拉普拉斯变换与像函数的关系为

$$\mathscr{L}\left[h(t)\cdot x(t)\right]=H(s)\cdot X(s),$$

则有

$$Y(s)=H(s)\cdot X(s).$$

这里 $H(s)=\dfrac{Y(s)}{X(s)}$ 称为**系统函数**. 它在 LTI 系统中占有非常重要的地位,不仅是连接响应和激励之间的纽带和桥梁,对它的精确分析,还可以掌握输入与输出之间的关系,同时可以借助它来研究系统的稳定性等.

　　通常情况下,LTI 系统可以用常系数线性微分方程进行表示,因此,对于一个单输入-单输出连续 LTI 系统来说,设其输入(激励)为 $x(t)$,输出(响应)为 $y(t)$,则该系统可由常系数线性常微分方程描述为

$$a_n y^{(n)}+a_{n-1}y^{(n-1)}+\cdots+a_1 y'+a_0 y=b_m x^{(m)}+b_{m-1}x^{(m-1)}+\cdots+b_1 x'+b_0 x.$$

假设 $x(t)$、$y(t)$ 及其各阶导数的初始条件都为零(零输入状态),现对上述系统两边作拉普拉斯变换,于是有如下变形:

$$(a_n s^n+a_{n-1}s^{n-1}+\cdots+a_1 s+a_0)Y(s)=(b_m s^m+b_{m-1}s^{m-1}+\cdots+b_1 s+b_0)X(s),$$

化简得

$$H(s)=\frac{Y(s)}{X(s)}=\frac{b_m s^m+b_{m-1}s^{m-1}+\cdots+b_1 s+b_0}{a_n s^n+a_{n-1}s^{n-1}+\cdots+a_1 s+a_0},$$

该系统函数为有理分式,通过对系统函数分析零-极点及其位置关系,即可分析系统稳定性、输入信号和输出信号之间关系.

　　在设计和研究各类系统时,系统的稳定性判别是一个重要的问题. 所谓系统稳定,即一个系统对于每一个有界输入,其输出都是有界的.

　　在连续时间情况下,若对一切 t,其输入 $x(t)$ 都有 $|x(t)|<M$,则

$$|y(t)|=|h(t)*x(t)|=\left|\int_{-\infty}^{+\infty}h(\tau)x(t-\tau)\mathrm{d}\tau\right|$$

$$<\int_{-\infty}^{+\infty}|h(\tau)x(t-\tau)|\mathrm{d}\tau$$

$$\leqslant M\int_{-\infty}^{+\infty}|h(\tau)|\mathrm{d}\tau.$$

因此,若单位冲激响应函数 $h(t)$ 是绝对可积的,即 $\displaystyle\int_{-\infty}^{+\infty}|h(\tau)|\mathrm{d}\tau<\infty$,则该系统就是稳定的.

　　现考虑一个单位冲激响应函数 $h(t)$ 是绝对可积的 LTI 系统,对于输入 $x(t)=\mathrm{e}^{st}$,则由卷积公式可确定系统的输出

$$y(t) = h(t) * x(t) = \int_{-\infty}^{+\infty} h(\tau) x(t - \tau) \mathrm{d}\tau$$

$$= \int_{-\infty}^{+\infty} h(\tau) \mathrm{e}^{s(t-\tau)} \mathrm{d}\tau$$

$$= \mathrm{e}^{st} \int_{-\infty}^{+\infty} h(\tau) \mathrm{e}^{-st} \mathrm{d}\tau.$$

若积分 $\int_{-\infty}^{+\infty} h(\tau) \mathrm{e}^{-s\tau} \mathrm{d}t$ 收敛,则系统对输入 $x(t) = \mathrm{e}^{st}$ 的响应函数为

$$y(t) = H(s) \cdot \mathrm{e}^{st},$$

其中 $H(s) = \int_{-\infty}^{+\infty} h(\tau) \mathrm{e}^{-s\tau} \mathrm{d}\tau$. 若 $s = \mathrm{j}\omega$,则

$$H(s)\big|_{s=\mathrm{j}\omega} = \int_{-\infty}^{+\infty} h(\tau) \mathrm{e}^{-\mathrm{j}\omega\tau} \mathrm{d}\tau = H(\mathrm{j}\omega),$$

即为对应于 $h(t)$ 的傅里叶变换.

对于复变量 $s = \sigma + \mathrm{j}\omega$ 来说,$H(s) = \int_{-\infty}^{+\infty} h(\tau) \mathrm{e}^{-s\tau} \mathrm{d}\tau$ 即为对应于 $h(t)$ 的拉普拉斯变换,且

$$H(s) = \int_{-\infty}^{+\infty} h(\tau) \mathrm{e}^{-(\sigma+\mathrm{j}\omega)\tau} \mathrm{d}\tau = \int_{-\infty}^{+\infty} h(\tau) \mathrm{e}^{-\sigma\tau} \mathrm{e}^{-\mathrm{j}\omega\tau} \mathrm{d}\tau.$$

回到系统函数,将其进行因式分解,得到另一种形式:

$$H(s) = \frac{Y(s)}{X(s)} = \frac{b_m s^m + b_{m-1} s^{m-1} + \cdots + b_1 s + b_0}{a_n s^n + a_{n-1} s^{n-1} + \cdots + a_1 s + a_0} = \frac{b_m \prod\limits_{k=1}^{m} (s - Z_k)}{a_n \prod\limits_{i=1}^{n} (s - P_i)},$$

式中,$P_i (i = 1, 2, \cdots, n)$ 称为**系统函数的极点**. 极点 $P_i (i = 1, 2, \cdots, n)$ 的值可能是实数、虚数或复数,由于 $X(s)$、$Y(s)$ 的系数都是实数,故极点若为虚数或复数,必共轭成对出现. 现可通过极点位置分布的方法来研究系统稳定性.

以输入 $x(t) = \begin{cases} \mathrm{e}^{st}, & t > 0 \\ 0, & t < 0 \end{cases}$ 为例,系统函数 $H(s)$ 的极点按其在 s 平面上的位置可分为左半开平面(不含虚轴)、虚轴、右半开平面三类,现观察输出(响应) $y(t)$ 的情况.

(1) 若 $H(s)$ 的极点"x"全部在左半开平面,如图 3-9(a)所示,则

$$\lim_{t \to \infty} \mathrm{e}^{st} = \lim_{t \to \infty} \mathrm{e}^{(\alpha+\mathrm{j}\beta)t} = \lim_{t \to \infty} \mathrm{e}^{\alpha t} \mathrm{e}^{\mathrm{j}\beta t} = \begin{cases} 0, & \alpha < 0, \\ \infty, & \alpha > 0. \end{cases}$$

这个结论对重极点 $t^r \mathrm{e}^{st}$ 的形式同样成立,从而系统稳定. 系统输出(响应) $y(t)$ 如图 3-9(b)所示.

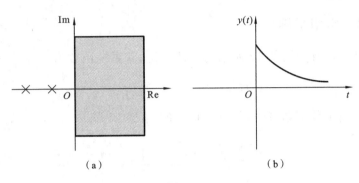

图 3-9

（2）若 $H(s)$ 在虚轴上是一阶极点，如图 3-10(a)所示，则 $e^{st} = e^{\pm j\beta t}$，对应的响应函数的幅度不随时间变化，而其他极点位于左半开平面，则系统是边界稳定的．系统输出（响应）$y(t)$ 如图 3-10(b)所示．

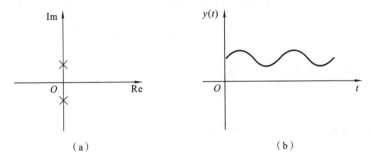

图 3-10

（3）若 $H(s)$ 在虚轴上是二阶及以上极点，或在右半平面上有极点，如图 3-11(a)所示，则对应的响应函数的幅度都随 t 的增加而增大，当 t 趋于无限时，它们都趋于无限大，则系统不稳定．系统输出（响应）如图 3-11(b)所示．

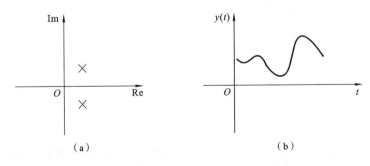

图 3-11

3.5.3 应用举例

例 3.15 现有如图 3-12 所示的反馈系统,其系统函数为

$$H(s)=\frac{1}{s^2+3s+2-K},$$

问当常数 K 满足什么条件时,系统是稳定的?

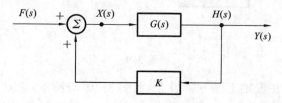

图 3-12 反馈系统示意图

解 令 $s^2+3s+2-K=0$,得 $H(s)$ 的极点为

$$\xi_{1,2}=-\frac{3}{2}\pm\sqrt{\left(\frac{3}{2}\right)^2-2+K}.$$

为使极点均在左半平面,必须有

$$\left(\frac{3}{2}\right)^2-2+K<\left(\frac{3}{2}\right)^2,$$

从而得 $K<2$,即当 $K<2$ 时,系统是稳定的.

本章例题解析

例 3.16 将函数 $f(z)=\dfrac{z-1}{z+1}$ 展开为 $z-1$ 的幂级数.

解
$$\frac{z-1}{z+1}=\frac{z-1}{2+(z-1)}=\frac{z-1}{2}\cdot\frac{1}{1+\frac{z-1}{2}}$$

$$=\frac{z-1}{2}\sum_{n=0}^{+\infty}\frac{(-1)^n}{2^n}(z-1)^n$$

$$=\sum_{n=0}^{+\infty}\frac{(-1)^n}{2^{n+1}}(z-1)^{n+1},\quad |z-1|<2.$$

例 3.17 将函数 $\dfrac{1}{z^2(z-i)}$ 在 $1<|z-i|<+\infty$ 内展开为洛朗级数.

解 当 $1<|z-i|<+\infty$ 时,

$$\frac{1}{z^{2}(z-i)}=\frac{1}{z-i}\frac{1}{z^{2}}=\frac{1}{z-i}\left(-\frac{1}{z}\right)'=\frac{1}{z-i}\left(-\frac{1}{i+z-i}\right)'$$

$$=-\frac{1}{z-i}\left[\frac{1}{z-i}\frac{1}{1+\dfrac{i}{z-i}}\right]'$$

$$=-\frac{1}{z-i}\left[\frac{1}{i}\sum_{n=0}^{+\infty}(-1)^{n}\left(\frac{i}{z-i}\right)^{n+1}\right]'$$

$$=\frac{1}{z-i}\sum_{n=0}^{+\infty}(-i)^{n}(n+1)\left(\frac{1}{z-i}\right)^{n+2}$$

$$=\sum_{n=0}^{+\infty}\frac{n+1}{i^{n}}\frac{1}{(z-i)^{n+3}}.$$

例 3.18　求函数 $f(z)=\dfrac{1}{e^{z}+1}$ 的孤立奇点,并指出它们的类型.

解　使 $e^{z}+1=0$ 的点是 $f(z)$ 的奇点,即 $e^{z}=-1$,故

$$z=\mathrm{Ln}(-1)=\ln|-1|+i\mathrm{Arg}(-1)=\ln 1+i(\pi+2k\pi)$$
$$=(2k+1)\pi i \quad (k=0,\pm 1,\pm 2)$$

为孤立奇点,它们是一级极点.

例 3.19　求函数 $f(z)=\dfrac{1}{z^{3}-z^{5}}$ 在奇点处的留数.

解一　$f(z)=\dfrac{1}{z^{3}(1-z^{2})}$,故 $z=\pm 1$ 是一级极点,$z=0$ 是三级极点.

$$\mathrm{Res}[f(z),1]=\lim_{z\to 1}(z-1)\frac{1}{z^{3}(1-z)(1+z)}=\frac{1}{2},$$

$$\mathrm{Res}[f(z),-1]=\lim_{z\to -1}(z+1)\frac{1}{z^{3}(1-z)(1+z)}=-\frac{1}{2},$$

$$\mathrm{Res}[f(z),0]=\frac{1}{(3-1)!}\lim_{z\to 0}\left[z^{3}\cdot\frac{1}{z^{3}(1-z^{2})}\right]''=\frac{1}{4}\left(\frac{1}{1-z}+\frac{1}{1+z}\right)''=1.$$

解二　利用函数 $f(z)=\dfrac{1}{z^{3}-z^{5}}$ 在 $z=0$ 的去心邻域 $0<|z|<1$ 内的洛朗级

数中直接去求,留数

$$\frac{1}{z^{3}-z^{5}}=\frac{1}{z^{3}}\cdot\frac{1}{1-z^{2}}=\frac{1}{z^{3}}(1+z^{2}+z^{4}+\cdots+z^{2n}+\cdots)$$

$$=\frac{1}{z^{3}}+\frac{1}{z}+z+\cdots+z^{2n-3}+\cdots \quad (0<|z|<1),$$

故 $\mathrm{Res}\left[\dfrac{1}{z^{3}-z^{5}},0\right]=1.$

例 3.20 用留数计算积分 $\displaystyle\oint_{|z|=2}\frac{z\mathrm{e}^z}{z^2-1}\mathrm{d}z.$

解 由于 $f(z)=\dfrac{z\mathrm{e}^z}{z^2-1}$ 在圆域 $|z|=2$ 内有两个一级极点 $1,-1$,而这两个极点都在圆周 C 内,所以

$$\oint_C f(z)\mathrm{d}z=2\pi\mathrm{i}\{\mathrm{Res}[f(z),1]+\mathrm{Res}[f(z),-1]\},$$

又因

$$\mathrm{Res}[f(z),1]=\lim_{z\to1}(z-1)\frac{z\mathrm{e}^z}{z^2-1}=\frac{\mathrm{e}}{2},$$

$$\mathrm{Res}[f(z),-1]=\lim_{z\to-1}(z+1)\frac{z\mathrm{e}^z}{z^2-1}=\frac{\mathrm{e}^{-1}}{2}.$$

故

$$\oint_C\frac{z\mathrm{e}^z}{z^2-1}\mathrm{d}z=2\pi\mathrm{i}\left(\frac{\mathrm{e}}{2}+\frac{\mathrm{e}^{-1}}{2}\right).$$

本 章 小 结

级数是复变函数的重要组成部分,它是研究解析函数的一个重要工具,它的概念、理论与方法是实数域内的无穷级数在复数域内的推广和发展.本章首先引入幂级数的概念和性质,给出解析函数的级数表示——泰勒级数,并研究复函数在圆环域内的级数表示——洛朗级数.然后得到重用结论:函数在一点的解析性等价于函数在该点的邻域内可展开为幂级数;函数在一点处不解析,若该点为函数的孤立奇点,则洛朗级数是一个重要的研究工具.最后从解析函数的柯西积分公式出发,得到解析函数在孤立奇点处的洛朗展开式的负一次幂的系数即留数,解析函数在孤立奇点处的留数是解析函数论中的重要概念之一,有着非常广泛的应用.

1. 幂级数

形如 $\displaystyle\sum_{n=0}^{+\infty}c_n(z-z_0)^n$ 形式的复函数项级数称为幂级数,其中 $c_n(n=0,1,2,\cdots)$ 和 z_0 都是复常数项,z 为复变量.

2. 洛朗级数

形如 $\displaystyle\sum_{-\infty}^{+\infty}c_n(z-z_0)^n$ 的级数称为洛朗级数,它是一个双边幂级数.

3. 孤立奇点的概念及其分类

若函数 $f(z)$ 在点 z_0 处不解析,单在点 z_0 的某一去心邻域 $0<|z-z_0|<\delta$ 内处处解析,则 z_0 称为 $f(z)$ 的一个孤立奇点.

　　孤立奇点 z_0 可按函数 $f(z)$ 在解析域 $0<|z-z_0|<\delta$ 内的洛朗展开式是否含有 $z-z_0$ 的负幂项及含有负幂项的多少分为三类. 如果展开式中不含、只含有有限项、含无穷多个 $z-z_0$ 的负幂项,则 z_0 分别称为 $f(z)$ 的可去奇点、极点、本性奇点.

　　孤立奇点类型的极限判别法:

　　(1) 若 $\lim\limits_{z\to z_0}f(z)=C(C$ 为有限值),则 z_0 称为 $f(z)$ 的可去奇点.

　　(2) 若 $\lim\limits_{z\to z_0}f(z)=\infty$,则 z_0 称为 $f(z)$ 的极点. 进一步地,若 $\lim\limits_{z\to z_0}(z-z_0)^m f(z)=A,A\neq0$ 为有限值,则 z_0 为 $f(z)$ 的 m 级极点.

　　(3) 若 $\lim\limits_{z\to z_0}f(z)$ 不存在,也不为 ∞,则 z_0 为 $f(z)$ 的本性极点.

4. 留数的定义、计算方法及留数定理

　　(1) 留数定义:设 z_0 为函数 $f(z)$ 的孤立奇点,那么 $f(z)$ 在点 z_0 处的留数

$$\mathrm{Res}[f(z),z_0]=\frac{1}{2\pi\mathrm{i}}\oint_C f(z)\mathrm{d}z,$$

其中 C 为去心邻域 $0<|z-z_0|<R$ 内任意一条绕 z 的正向简单闭曲线.

　　(2) 留数的计算方法.

　　① 用定义计算留数,即写出 $f(z)$ 的洛朗展开式,其中 $(z-z_0)^{-1}$ 的系数即为所求的留数.

　　② 若 z_0 为函数 $f(z)$ 的可去奇点,则

$$\mathrm{Res}[f(z),z_0]=0.$$

　　③ 若 z_0 为函数 $f(z)$ 的一级极点,则

$$\mathrm{Res}[f(z),z_0]=\lim\limits_{z\to z_0}(z-z_0)f(z).$$

　　④ 若 z_0 为函数 $f(z)$ 的 m 级极点,则

$$\mathrm{Res}[f(z),z_0]=\frac{1}{(m-1)!}\lim\limits_{z\to z_0}\frac{\mathrm{d}^{m-1}}{\mathrm{d}z^{m-1}}[(z-z_0)^m f(z)].$$

数学家简介——泰勒

泰勒(Brook Taylor)是英国数学家,1685年8月18日生于英格兰德尔塞克斯郡的埃德蒙顿市,1731年12月29日卒于伦敦.

泰勒出生于英格兰一个富有且拥有贵族血统的家庭.父亲约翰来自肯特郡的比夫隆家庭.泰勒是长子,进大学前,泰勒一直在家里读书.泰勒全家尤其是他的父亲,都喜欢音乐和艺术,经常在家里招待艺术家.这给泰勒一生的工作造成极大的影响,这从他的两个主要科学研究课题——弦振动问题及透视画法——就可以看出来.

1701年,泰勒进入剑桥大学的圣约翰学院学习.1709年,他获得法学学士学位.1714年获法学博士学位.1712年,他被选为英国皇家学会会员,同年进入仲裁牛顿和莱布尼茨发明微积分优先权争论的委员会.从1714年起担任皇家学会第一秘书,1718年以健康状况欠佳为由辞去这一职务.

由于工作及健康上的原因,泰勒曾几次访问法国,并和法国数学家蒙莫尔多次通信讨论级数问题和概率论的问题.1708年,23岁的泰勒得到了"振动中心问题"的解,引起了人们的注意,在这个工作中他用了牛顿的瞬的记号.1715年,他出版了两本著作:《正和反的增量法》及《直线透视》,并分别于1717年和1719年对这两本书进行了改版.从1712年到1724年,他在《哲学会报》上发表了13篇文章,其中有些是通信和评论.文章中还包含毛细管现象、磁学及温度计的实验记录.

在生命的后期,泰勒转向宗教和哲学的写作,他的第三本著作《哲学的沉思》在他死后由外孙W.杨于1793年出版.

泰勒以微积分学中将函数展开成无穷级数的定理著称于世.这条定理大致可以叙述为:函数在一个点的邻域内的值可以用函数在该点的值及各阶导数值组成的无穷级数表示出来.然而,在半个世纪里,数学家们并没有认识到泰勒定理的重大价值.这一重大价值后来是由拉格朗日发现的,他把这一定理刻画为微积分的基本定理.泰勒定理的严格证明是在定理诞生一个世纪之后,由柯西给出的.

习 题 三

A 题

1. 判别下列级数的收敛性.

(1) $\sum\limits_{n=1}^{+\infty}\left(\dfrac{1}{n}+\dfrac{i}{n^2}\right)$;
(2) $\sum\limits_{n=1}^{+\infty}\dfrac{i^n}{n}$;
(3) $\sum\limits_{n=1}^{+\infty}\left(\dfrac{6+5i}{8}\right)^n$.

2. 试确定下列幂级数的收敛半径.

(1) $\sum\limits_{n=1}^{+\infty}(1+i)^n z^n$;
(2) $\sum\limits_{n=0}^{+\infty}3^n z^n$;
(3) $\sum\limits_{n=1}^{+\infty}\dfrac{(-1)^n}{n}z^n$.

3. 将下列函数展开为 z 的幂级数,并指出其收敛区域.

(1) $\dfrac{1}{1+z^3}$;
(2) $\dfrac{1}{(1+z^2)^2}$;
(3) $\cos z^2$.

4. 求下列函数展开在指定点 z_0 处的泰勒展开式,并写出展开式成立的区域.

(1) $\dfrac{z}{(z+1)(z+2)}$, $z_0=2$;
(2) $\dfrac{1}{z^2}$, $z_0=1$.

5. 将下列函数在指定的圆域内展开成洛朗级数.

(1) $\dfrac{1}{(z^2+1)(z-2)}$, $1<|z|<2$;

(2) $\dfrac{1}{(z-1)(z-2)}$, $0<|z-1|<1$, $1<|z-2|<+\infty$;

(3) $\dfrac{1}{z(1-z)^2}$, $0<|z|<1$, $0<|z-1|<1$.

6. 试将函数 $f(z)=\dfrac{1}{z^2(z-i)}$ 在下列圆环域内展开为洛朗级数.

(1) $0<|z|<1$;
(2) $|z|>1$;
(3) $0<|z-i|<1$;
(4) $|z-i|>1$.

7. 下列函数有些什么奇点?如果是极点,指出它是几级极点.

(1) $\dfrac{1}{z(z^2+1)^2}$;
(2) $\dfrac{1}{z^3-z^2-z+1}$;
(3) $\dfrac{\ln(1+z)}{z}$;
(4) $e^{\frac{1}{z-1}}$.

8. 求下列函数在有限孤立奇点处的留数.

(1) $\dfrac{z+1}{z^2-2z}$;
(2) $\dfrac{1-e^{2z}}{z^4}$;

(3) $\cos\dfrac{1}{1-z}$; (4) $\dfrac{z}{(z-1)(z+1)^2}$.

9. 利用留数计算下列积分(积分曲线均取正向).

(1) $\displaystyle\oint_{|z|=2}\dfrac{\mathrm{e}^{2z}}{(z-1)^2}\mathrm{d}z$; (2) $\displaystyle\oint_{|z|=3/2}\dfrac{\mathrm{e}^z}{(z-1)(z+3)^2}\mathrm{d}z$;

(3) $\displaystyle\oint_{|z|=1}\dfrac{z}{\sin z}\mathrm{d}z$.

10. 计算积分 $I=\displaystyle\int_0^\pi\dfrac{\cos\theta}{5-4\cos\theta}\mathrm{d}\theta$.

B 题

1. 判断下列级数的敛散性.

(1) $\displaystyle\sum_{n=1}^{+\infty}\dfrac{1}{\mathrm{i}^n}\ln\left(1+\dfrac{1}{n}\right)$; (2) $\displaystyle\sum_{n=0}^{+\infty}\left(\dfrac{1+5\mathrm{i}}{2}\right)^n$.

2. 试确定下列幂级数的收敛半径.

(1) $\displaystyle\sum_{n=0}^{+\infty}\dfrac{n!}{n^n}z^n$; (2) $\displaystyle\sum_{n=1}^{+\infty}\mathrm{e}^{\mathrm{i}\frac{\pi}{n}}z^n$.

3. 求函数 $f(z)=\dfrac{1}{4-3z}$ 展开在指定点 $z_0=1+\mathrm{i}$ 处的泰勒展开式,并写出展开式成立的区域.

4. 试将函数 $f(z)=\dfrac{z+1}{z^2(z-1)}$ 在下列圆环域内展开为洛朗级数.

(1) $0<|z|<1$; (2) $1<|z|<+\infty$.

5. 求下列函数在有限孤立奇点处的留数.

(1) $\dfrac{1+z^4}{(z^2+1)^3}$; (2) $z^2\sin\dfrac{1}{z}$.

6. 利用留数计算下列积分(积分曲线均取正向).

(1) $\displaystyle\oint_{|z|=1/2}\dfrac{\sin z}{z(1-\mathrm{e}^z)}\mathrm{d}z$; (2) $\displaystyle\oint_{|z|=3}\tan\pi z\,\mathrm{d}z$.

7. 计算积分 $I=\displaystyle\int_0^{+\infty}\dfrac{x^2}{x^4+1}\mathrm{d}x$.

8. 计算积分 $I=\displaystyle\int_0^{+\infty}\dfrac{\cos 2x}{1+x^2}\mathrm{d}x$.

第4章 傅里叶变换

现代科学与工程技术中,许多实际问题往往直接求解比较困难,人们常采用变换的方法把困难问题简单化.例如 17 世纪,航海和天文学研究需要对积累的大量数据进行乘除运算,运用传统计算方法工作量繁重.为此,1614 年纳皮尔发明了对数,将乘除运算转化为加减运算,随后人们造出了以 e 为底和以 10 为底的对数表,通过两次查表,完成了艰巨的计算任务.

在分析与处理工程中的一些复杂运算问题时,同样可以借助于这种变换的思想.例如,通过直角坐标与极坐标之间转换,可以方便分析与求解.然而,这种变换不同于化简,它必须是可逆的,需要存在与其对应的逆变换.

18 世纪,人们通过微分、积分运算求解物体的运动方程.到了 19 世纪,英国著名无线电工程师赫维赛德为了求解电工学、物理学领域中的线性微分方程,逐步形成了一种符号法,并逐渐演变为今天的积分变换法,即通过积分运算将一个函数变成另外一个函数,同时将函数的微积分运算转化为代数运算,把复杂耗时的运算简化,以求快速完成.

本章所介绍的傅里叶变换,就是对连续时间函数的一种积分变换,并且是具有对称形式的逆变换.傅里叶变换既能简化计算,又具有特殊的物理意义,应用广泛,是数字时代信息处理的重要工具.

本章将主要讨论傅里叶变换的概念、性质、应用及离散傅里叶变换等问题.

4.1 傅里叶变换的概念

4.1.1 傅里叶级数的复指数形式

1804 年,傅里叶首次提出"在有限的区间上由任意图形定义的任何函数,都可以表示为单纯的正弦和余弦之和",但并没有给出严格的证明. 直到 1829 年,法国数学家狄利克雷发表了著名的论文《关于三角级数的收敛性》,第一次严格证明了傅里叶级数收敛的充分条件,为傅里叶级数奠定了理论基础.

我们知道,以 T 为周期的函数 $f_T(t)$ 的傅里叶级数展开式为

$$f_T(t) = \frac{a_0}{2} + \sum_{n=1}^{+\infty}(a_n\cos n\omega_0 t + b_n\sin n\omega_0 t),\qquad(4\text{-}1)$$

其中

$$\omega_0 = \frac{2\pi}{T}, \quad a_0 = \frac{2}{T}\int_{-\frac{T}{2}}^{\frac{T}{2}}f_T(t)\,\mathrm{d}t,$$

$$a_n = \frac{2}{T}\int_{-\frac{T}{2}}^{\frac{T}{2}}f_T(t)\cos n\omega_0 t\,\mathrm{d}t \quad (n=1,2,\cdots),$$

$$b_n = \frac{2}{T}\int_{-\frac{T}{2}}^{\frac{T}{2}}f_T(t)\sin n\omega_0 t\,\mathrm{d}t \quad (n=1,2,\cdots).$$

由欧拉公式可得

$$\cos\theta = \frac{\mathrm{e}^{\mathrm{i}\theta} + \mathrm{e}^{-\mathrm{i}\theta}}{2}, \quad \sin\theta = \frac{\mathrm{e}^{\mathrm{i}\theta} - \mathrm{e}^{-\mathrm{i}\theta}}{2\mathrm{i}},$$

代入式(4-1)得

$$f_T(t) = \frac{a_0}{2} + \sum_{n=1}^{+\infty}\left(a_n\frac{\mathrm{e}^{\mathrm{i}n\omega_0 t} + \mathrm{e}^{-\mathrm{i}n\omega_0 t}}{2} - \mathrm{i}b_n\frac{\mathrm{e}^{\mathrm{i}n\omega_0 t} - \mathrm{e}^{-\mathrm{i}n\omega_0 t}}{2}\right)$$

$$= \frac{a_0}{2} + \sum_{n=1}^{+\infty}\left(\frac{a_n - \mathrm{i}b_n}{2}\mathrm{e}^{\mathrm{i}n\omega_0 t} + \frac{a_n + \mathrm{i}b_n}{2}\mathrm{e}^{-\mathrm{i}n\omega_0 t}\right).$$

若记

$$c_0 = \frac{a_0}{2}, \quad c_n = \frac{a_n - \mathrm{i}b_n}{2}, \quad c_{-n} = \frac{a_n + \mathrm{i}b_n}{2} \quad (n=1,2,\cdots),$$

得

$$c_0 = \frac{1}{T}\int_{-\frac{T}{2}}^{\frac{T}{2}}f_T(t)\,\mathrm{d}t,$$

$$c_n = \frac{1}{T}\int_{-\frac{T}{2}}^{\frac{T}{2}}f_T(t)\mathrm{e}^{-\mathrm{i}n\omega_0 t}\,\mathrm{d}t,$$

$$c_{-n} = \frac{1}{T} \int_{-\frac{T}{2}}^{\frac{T}{2}} f_T(t) \mathrm{e}^{\mathrm{i}n\omega_0 t} \mathrm{d}t \quad (n = 1, 2, \cdots),$$

则

$$f_T(t) = \sum_{n=-\infty}^{+\infty} c_n \mathrm{e}^{\mathrm{i}n\omega_0 t} \quad (n = 0, \pm 1, \pm 2, \cdots), \tag{4-2}$$

其中

$$c_n = \frac{1}{T} \int_{-\frac{T}{2}}^{\frac{T}{2}} f_T(t) \mathrm{e}^{-\mathrm{i}n\omega_0 t} \mathrm{d}t \quad (n = 0, \pm 1, \pm 2, \cdots). \tag{4-3}$$

称式(4-1)右端为**傅里叶级数的三角形式**,式(4-2)右端为**傅里叶级数的复指数形式**,c_n 为 $f_T(t)$ **的傅里叶系数**.

傅里叶级数在信号处理等方面应用广泛. 记

$$A_0 = \frac{a_0}{2}, \quad A_n = \sqrt{a_n^2 + b_n^2},$$

$$\cos\theta_n = \frac{a_n}{A_n}, \quad \sin\theta_n = \frac{-b_n}{A_n},$$

其中 $n = 0, 1, 2, \cdots$,则式(4-1)变为

$$\begin{aligned}
f_T(t) &= \frac{a_0}{2} + \sum_{n=1}^{+\infty} \left(a_n \frac{\mathrm{e}^{\mathrm{i}n\omega_0 t} + \mathrm{e}^{-\mathrm{i}n\omega_0 t}}{2} + b_n \frac{\mathrm{e}^{\mathrm{i}n\omega_0 t} - \mathrm{e}^{-\mathrm{i}n\omega_0 t}}{2\mathrm{i}} \right) \\
&= A_0 + \sum_{n=1}^{+\infty} A_n (\cos\theta_n \cos n\omega_0 t - \sin\theta_n \sin n\omega_0 t) \\
&= A_0 + \sum_{n=1}^{+\infty} A_n \cos(n\omega_0 t + \theta_n).
\end{aligned}$$

当 $f_T(t)$ 表示信号时,上式表明:周期为 T 的信号可以分解为简谐波之和. 这些简谐波的(角)频率分别为一个基频 ω_0 的倍数. 换言之,信号 $f_T(t)$ 仅由一系列具有离散频率的谐波构成,其中 A_n 反映了频率为 $n\omega_0$ 的简谐波在 $f_T(t)$ 中所占份额,即振幅;θ_n 反映了频率为 $n\omega_0$ 的简谐波沿时间轴移动的大小,即相位. 这两个指标完全刻画了信号 $f_T(t)$ 的特性.

考察 c_n 与 A_n 的关系,不难发现

$$c_0 = A_0, \quad \arg c_n = -\arg c_{-n} = \theta_n,$$

$$|c_n| = |c_{-n}| = \frac{\sqrt{a_n^2 + b_n^2}}{2} = \frac{A_n}{2} \quad (n = 1, 2, \cdots).$$

c_n 的模与幅角正好是信号 $f_T(t)$ 中频率为 $n\omega_0$ 的简谐波的振幅与相位,其中振幅 A_n 被平均分配到正负频率上,而正负频率一起构成同一个简谐波. 可见,傅

里叶系数 c_n 完全刻画了信号 $f_T(t)$ 的频率特征. 称 c_n 为 $f_T(t)$ 的**离散频谱**,记为 $F(n\omega_0)$,$|c_n|$ 为**离散振幅谱**,$\arg c_n$ 称为**离散相位谱**.

例 4.1 求以 T 为周期的函数

$$f_T(t) = \begin{cases} 0, & -\dfrac{T}{2} < t < 0 \\ 1, & 0 < t < \dfrac{T}{2} \end{cases}$$

的离散频谱、傅里叶级数的复指数形式及其离散振幅谱和离散相位谱.

解 令 $\omega_0 = \dfrac{2\pi}{T}$,则

当 $n=0$ 时,$c_0 = F(0) = \dfrac{1}{T}\displaystyle\int_{-\frac{T}{2}}^{\frac{T}{2}} f_T(t)\,\mathrm{d}t = \dfrac{1}{T}\displaystyle\int_{0}^{\frac{T}{2}}\mathrm{d}t = \dfrac{1}{2}$;

当 $n \neq 0$ 时,$c_n = F(n\omega_0) = \dfrac{1}{T}\displaystyle\int_{-\frac{T}{2}}^{\frac{T}{2}} f_T(t)\mathrm{e}^{-\mathrm{i}n\omega_0 t}\,\mathrm{d}t$

$$= \dfrac{1}{T}\int_{0}^{\frac{T}{2}} \mathrm{e}^{-\mathrm{i}n\omega_0 t}\,\mathrm{d}t = \dfrac{\mathrm{i}}{2n\pi}(\mathrm{e}^{-\mathrm{i}n\omega_0 \frac{T}{2}} - 1)$$

$$= \dfrac{\mathrm{i}}{2n\pi}(\mathrm{e}^{-\mathrm{i}n\pi} - 1) = \begin{cases} 0, & n = 2k, \\ \dfrac{-\mathrm{i}}{n\pi}, & n = 2k+1, \end{cases} \quad k \in \mathbf{Z}.$$

因此,函数 $f_T(t)$ 的傅里叶级数的复指数形式为

$$f_T(t) = \dfrac{1}{2} + \sum_{n=-\infty, n\neq 0}^{+\infty} \dfrac{-\mathrm{i}}{(2n-1)\pi}\mathrm{e}^{\mathrm{i}(2n-1)\omega_0 t}.$$

振幅谱为

$$|c_n| = |F(n\omega_0)| = \begin{cases} \dfrac{1}{2}, & n=0, \\ 0, & n=\pm 2, \pm 4, \cdots, \\ \dfrac{1}{n\pi}, & n=\pm 1, \pm 3, \cdots. \end{cases}$$

相位谱为

$$\arg F(n\omega_0) = \begin{cases} -\dfrac{\pi}{2}, & n=1,3,5,\cdots, \\ 0, & n=\pm 2, \pm 4, \cdots, \\ \dfrac{\pi}{2}, & n=-1,-3,-5,\cdots. \end{cases}$$

其相应图形如图 4-1 所示.

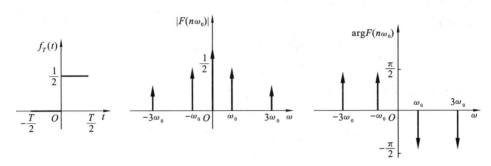

图 4-1

根据工程学中的习惯用法,后面将以 j 表示虚数单位,即 $j^2 = -1$.

4.1.2　傅里叶变换的展开

对于定义在 $(-\infty, +\infty)$ 上的非周期函数 $f(t)$,我们讨论其傅里叶变换的展开问题.

注意到任何一个非周期函数 $f(t)$ 都可以看作是某个周期函数 $f_T(t)$ 当 $T \to +\infty$ 时的极限,为了说明这一点,我们作周期为 T 的函数 $f_T(t)$,使其在 $\left(-\dfrac{T}{2}, \dfrac{T}{2}\right)$ 上等于 $f(t)$,而在 $\left(-\dfrac{T}{2}, \dfrac{T}{2}\right)$ 之外按 T 延拓出去,如图 4-2 所示.

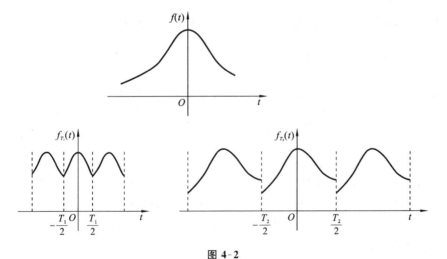

图 4-2

很明显,T 越大,$f_T(t)$ 与 $f(t)$ 相同的范围也越大,从而,当 $T \to +\infty$ 时,周期函数 $f_T(t)$ 就转化为非周期函数 $f(t)$,即

$$f(t) = \lim_{T \to +\infty} f_T(t),$$

于是,就有

$$f(t) = \lim_{T \to +\infty} \sum_{n=-\infty}^{+\infty} \left[\frac{1}{T} \int_{-\frac{T}{2}}^{\frac{T}{2}} f_T(\tau) e^{-jn\omega_0 \tau} d\tau \right] e^{jn\omega_0 t}.$$

记 $\omega_n = n\omega_0, \Delta\omega = \omega_n - \omega_{n-1}$,则有 $\Delta\omega = \omega_0$,由 $T = \dfrac{2\pi}{\omega_0} = \dfrac{2\pi}{\Delta\omega}$,得

$$f(t) = \frac{1}{2\pi} \lim_{\Delta\omega \to 0} \sum_{n=-\infty}^{+\infty} \left[\int_{-\frac{\pi}{\Delta\omega}}^{\frac{\pi}{\Delta\omega}} f_T(\tau) e^{-j\omega_n \tau} d\tau \right] e^{j\omega_n t} \Delta\omega.$$

由定积分定义,形式上有

$$f(t) = \frac{1}{2\pi} \int_{-\infty}^{+\infty} \left[\int_{-\infty}^{+\infty} f(\tau) e^{-j\omega\tau} d\tau \right] e^{j\omega t} d\omega. \tag{4-4}$$

称式(4-4)为函数 $f(t)$ 的**傅里叶积分公式**.

定理 4.1(傅里叶积分定理) 若函数 $f(t)$ 在区间 $(-\infty, +\infty)$ 上任一有限区间满足狄利克雷条件,且在 $(-\infty, +\infty)$ 上绝对可积(即定积分 $\int_{-\infty}^{+\infty} |f(x)| dx$ 收敛),则

$$f(t) = \frac{1}{2\pi} \int_{-\infty}^{+\infty} \left[\int_{-\infty}^{+\infty} f(\tau) e^{-j\omega\tau} d\tau \right] e^{j\omega t} d\omega$$

成立,在 $f(t)$ 的间断点处,等式左端应为 $\dfrac{1}{2}[f(t+0) + f(t-0)]$.

称 $\int_{-\infty}^{+\infty} f(t) e^{-j\omega t} dt$ 为函数 $f(t)$ 的**傅里叶变换**,记为

$$F(\omega) = \mathscr{F}[f(t)] = \int_{-\infty}^{+\infty} f(t) e^{-j\omega t} dt. \tag{4-5}$$

称 $\dfrac{1}{2\pi} \int_{-\infty}^{+\infty} F(\omega) e^{j\omega t} d\omega$ 为 $F(\omega)$ 的**傅里叶逆变换**,记为

$$f(t) = \mathscr{F}^{-1}[F(\omega)] = \frac{1}{2\pi} \int_{-\infty}^{+\infty} F(\omega) e^{j\omega t} d\omega. \tag{4-6}$$

$F(\omega)$ 叫作 $f(t)$ 的**像函数**,$f(t)$ 叫作 $F(\omega)$ 的**像原函数**,像函数 $F(\omega)$ 与像原函数 $f(t)$ 构成一个**傅里叶变换对**,它们可以互相表达.

在频谱分析中,傅里叶变换 $F(\omega)$ 又称为 $f(t)$ 的**频谱函数**.频谱函数 $F(\omega)$ 的模 $|F(\omega)|$ 称为 $f(t)$ 的**振幅频谱**,简称**频谱**,它表示各频率分量的相对大小,称 $\arg F(\omega)$ 为**相位谱**.

对一个时间函数作傅里叶变换,就是求这个时间函数的频谱函数,反之,进行傅里叶逆变换,就是求时间函数. 在信号处理中,多以信号的频谱函数进行信号分析.

下面介绍几种典型的非周期信号频谱函数.

例 4.2 求单边指数衰减信号

$$f(t) = \begin{cases} 0, & t < 0 \\ \mathrm{e}^{-\beta t}, & t \geq 0 \end{cases} \quad (\beta > 0)$$

的频谱函数及积分表达式,并画出振幅谱图和相位谱图.

解 由定义可知,频谱函数为

$$\begin{aligned} F(\omega) &= \mathscr{F}[f(t)] = \int_{-\infty}^{+\infty} f(t)\mathrm{e}^{-\mathrm{j}\omega t}\,\mathrm{d}t \\ &= \int_{0}^{+\infty} \mathrm{e}^{-\beta t}\mathrm{e}^{-\mathrm{j}\omega t}\,\mathrm{d}t = \int_{0}^{+\infty} \mathrm{e}^{-(\beta+\mathrm{j}\omega)t}\,\mathrm{d}t \\ &= \frac{1}{\beta+\mathrm{j}\omega} = \frac{\beta-\mathrm{j}\omega}{\beta^2+\omega^2}. \end{aligned}$$

振幅谱和相位谱分别为

$$|F(\omega)| = \frac{1}{\sqrt{\beta^2+\omega^2}}, \quad \arg F(\omega) = -\arctan\frac{\omega}{\beta}.$$

根据式(4-6)知,$f(t)$ 的积分表达式为

$$\begin{aligned} f(t) &= \mathscr{F}^{-1}[F(\omega)] = \frac{1}{2\pi}\int_{-\infty}^{+\infty} F(\omega)\mathrm{e}^{\mathrm{j}\omega t}\,\mathrm{d}\omega \\ &= \frac{1}{2\pi}\int_{-\infty}^{+\infty} \frac{\beta-\mathrm{j}\omega}{\beta^2+\omega^2}\mathrm{e}^{\mathrm{j}\omega t}\,\mathrm{d}\omega \\ &= \frac{1}{\pi}\int_{0}^{+\infty} \frac{\beta\cos\omega t + \omega\sin\omega t}{\beta^2+\omega^2}\,\mathrm{d}\omega. \end{aligned}$$

振幅谱图和相位谱图分别如图 4-3(a)和图 4-3(b)所示.

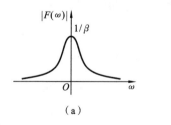

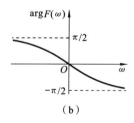

（a）　　　　　　　　　　　（b）

图 4-3

由例 4.2 中的积分表达式还可以得到一个广义积分的结论:

$$\int_{0}^{+\infty} \frac{\beta\cos\omega t + \omega\sin\omega t}{\beta^2+\omega^2}\,\mathrm{d}\omega = \begin{cases} 0, & t < 0, \\ \pi/2, & t = 0, \\ \pi\mathrm{e}^{-\beta t}, & t > 0. \end{cases}$$

119

事实上,当 $t=0$ 时,

$$f(0) = \frac{1}{2}[f(t+0) + f(t-0)].$$

例 4.3 如图 4-4(a)所示,求钟形脉冲函数

$$f(t) = Ee^{-\beta t^2}$$

的频谱函数及其积分表达式,其中 $E, \beta > 0$.

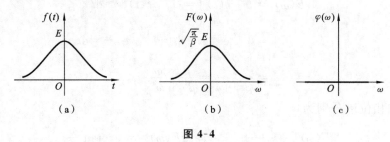

（a）　　　　（b）　　　　（c）

图 4-4

解 由定义可知,频谱函数为

$$F(\omega) = \mathscr{F}[f(t)] = \int_{-\infty}^{+\infty} f(t)e^{-j\omega t} dt = \int_{-\infty}^{+\infty} Ee^{-\beta t^2} e^{-j\omega t} dt$$

$$= Ee^{-\frac{\omega^2}{4\beta}} \int_{-\infty}^{+\infty} e^{-\beta\left(t + \frac{j\omega}{2\beta}\right)^2} dt$$

$$= \sqrt{\frac{\pi}{\beta}} E e^{-\frac{\omega^2}{4\beta}},$$

从而

$$|F(\omega)| = \sqrt{\frac{\pi}{\beta}} E e^{-\frac{\omega^2}{4\beta}}, \quad \arg F(\omega) = 0,$$

其图形如图 4-4(b)、(c)所示.

下面求钟形脉冲函数的积分表达式. 根据式(4-6),有

$$f(t) = \mathscr{F}^{-1}[F(\omega)] = \frac{1}{2\pi} \int_{-\infty}^{+\infty} F(\omega)e^{j\omega t} d\omega$$

$$= \frac{1}{2\pi} \sqrt{\frac{\pi}{\beta}} E \int_{-\infty}^{+\infty} e^{-\frac{\omega^2}{4\beta}} (\cos\omega t + j\sin\omega t) d\omega$$

$$= \frac{E}{\sqrt{\pi\beta}} \int_{0}^{+\infty} e^{-\frac{\omega^2}{4\beta}} \cos\omega t \, d\omega.$$

由此可以得到结论

$$\int_{0}^{+\infty} e^{-\frac{\omega^2}{4\beta}} \cos\omega t \, d\omega = \frac{\sqrt{\pi\beta}}{E} f(t) = \sqrt{\pi\beta} e^{-\beta t^2}.$$

例 4.4 已知 $f(t)$ 的频谱函数为

$$F(\omega)=\begin{cases}0, & |\omega|\geqslant\alpha,\\ 1, & |\omega|<\alpha,\end{cases}$$

其中 $\alpha>0$，求 $f(t)$.

解 由式(4-6),有

$$f(t)=\mathscr{F}^{-1}[F(\omega)]=\frac{1}{2\pi}\int_{-\infty}^{+\infty}F(\omega)\mathrm{e}^{\mathrm{j}\omega t}\,\mathrm{d}\omega$$

$$=\frac{1}{2\pi}\int_{-\alpha}^{+\alpha}\mathrm{e}^{\mathrm{j}\omega t}\,\mathrm{d}\omega$$

$$=\frac{\sin\alpha t}{\pi t}=\frac{\alpha}{\pi}\cdot\frac{\sin\alpha t}{\alpha t}.$$

记 $\mathrm{sinc}(t)=\dfrac{\sin t}{t}$，则将 $f(t)=\dfrac{\alpha}{\pi}\mathrm{sinc}(\alpha t)$ 称为**抽样信号**.

当 $t=0$ 时,定义 $f(0)=\dfrac{\alpha}{\pi}$. 由于抽样信号具有非常特殊的频谱形式,因而在连续时间的离散化、离散时间信号的恢复以及信号滤波中发挥着重要作用,其图形如图 4-5 所示.

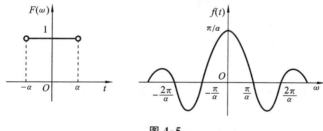

图 4-5

在物理学和工程技术中,有许多重要函数不满足傅里叶积分定理中的绝对可积条件,即不满足条件

$$\int_{-\infty}^{+\infty}|f(t)|\,\mathrm{d}t<\infty,$$

例如常数、符号函数、单位阶跃函数以及正、余弦函数等. 以常函数 $f(t)=1$ 为例,此时

$$\mathscr{F}[f(t)]=\int_{-\infty}^{+\infty}\mathrm{e}^{-\mathrm{j}\omega t}\,\mathrm{d}t=\int_{-\infty}^{+\infty}(\cos\omega t+\mathrm{j}\sin\omega t)\mathrm{d}t.$$

由于正弦函数与余弦函数在无穷远点都不收敛,因此该积分在经典意义下不存在. 但是利用 δ-函数及其傅里叶变换却可以求出这些函数的广义傅里叶变换.

δ-函数是一个极为重要的函数,它的概念中所包含的数学思想在数学领域中流传了一个多世纪.利用 δ-函数可使傅里叶分析中的许多论证变得极为简捷,可用其表示许多函数的傅里叶变换.值得注意的是,它并不是一般意义下的函数,而是一个广义函数,在物理学中有着广泛的应用.有许多物理现象具有一种脉冲特性——它们仅在某一瞬间或某一点出现,如瞬时冲击力、脉冲电流、质点的质量等,这些物理量都不能用通常的函数形式来描述,但是借助 δ-函数却很容易表示出这种特性.

下面,我们通过一个例子来引入 δ 函数的概念.

例 4.5 将质量为 m、长度为 ε 的均匀细杆放在 x 轴的 $[0,\varepsilon]$ 上,求它的线密度函数 $\rho_\varepsilon(x)$.

解 由题意可知

$$\rho_\varepsilon(x)=\begin{cases} \dfrac{m}{\varepsilon}, & 0\leqslant x\leqslant\varepsilon, \\ 0, & \text{其他.} \end{cases} \tag{4-7}$$

将质点放置在坐标原点,则可认为其相当于取 $\varepsilon\to 0$ 的结果.按式(4-7),则质点的密度函数 $\rho(x)$ 为

$$\rho(x)=\lim_{\varepsilon\to 0}\rho_\varepsilon(x)=\begin{cases} \infty, & x=0, \\ 0, & x\neq 0, \end{cases} \tag{4-8}$$

且满足

$$\int_{-\infty}^{+\infty}\rho(x)\mathrm{d}x = m.$$

例 4.6 某电路原电流为 0,若 $t=0$ 时刻输入一单位电量的脉冲,求电路上的电流.

解 设 $Q(t)$ 表示电路中的电荷函数,则

$$Q(t)=\begin{cases} 1, & t=0, \\ 0, & t\neq 0, \end{cases} \tag{4-9}$$

而

$$I(t)=Q'(t)=\lim_{\Delta t\to 0}\frac{Q(t+\Delta t)-Q(t)}{\Delta t}=\begin{cases} \infty, & t=0, \\ 0, & t\neq 0, \end{cases} \tag{4-10}$$

且电路从 $t=0$ 到以后任意时刻的电量为

$$Q = \int_0^{t_0} I(t)\mathrm{d}t = \int_{-\infty}^{+\infty} I(t)\mathrm{d}t = 1.$$

显然从以上两个例子可以看出,仅用"常规"函数的表示方法,并不能反映出事物本身的性质,为此需要引入一个新的函数,也就是所谓的**单位脉冲函数**,又称为**狄拉克函数**,简称 δ-函数,记为 $\delta(t)$,这里符号 δ 是由狄拉克于 1930 年左右在量子力学中引进的.

定义 4.1　单位脉冲函数 $\delta(t)$ 是指满足下面两个条件的广义函数：

(1) $\delta(t) = \begin{cases} 0, & t \neq 0, \\ \infty, & t = 0; \end{cases}$

(2) $\displaystyle\int_{-\infty}^{+\infty} \delta(t)\mathrm{d}t = 1.$

需要指出的是,上述定义方式在理论上是不严格的,它只是对 δ-函数的某种描述.事实上,δ-函数并不是经典意义下的函数,而是一个广义函数,它可以从不同的角度来理解.工程上通常将它看作是持续时间极短的矩形波.可以将 δ-函数定义为

$$\delta_\varepsilon(t) = \begin{cases} 0, & t < 0 \\ \dfrac{1}{\varepsilon}, & 0 \leqslant t \leqslant \varepsilon \\ 0, & t > \varepsilon \end{cases}$$

的弱极限.

$\delta_\varepsilon(t)$ 的图形如图 4-6 所示,$\delta_\varepsilon(t)$ 是一个宽为 ε、高为 $\dfrac{1}{\varepsilon}$ 的矩形脉冲函数.

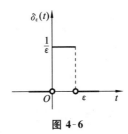

图 4-6

在例 4.6 中,若输入的脉冲表示单位脉冲信号延迟了时间 t_0 才产生,则 δ-函数为 $\delta(t-t_0)$ 函数,且满足

$$\delta(t-t_0) = \begin{cases} \infty, & t = t_0, \\ 0, & t \neq t_0, \end{cases} \qquad \int_{-\infty}^{+\infty} \delta(t-t_0)\mathrm{d}t = 1.$$

同理,若单位脉冲信号提前了时间 t_0 才产生,则 δ-函数可以表示为 $\delta(t+t_0)$,且满足

$$\delta(t+t_0) = \begin{cases} \infty, & t = -t_0, \\ 0, & t \neq -t_0, \end{cases} \qquad \int_{-\infty}^{+\infty} \delta(t+t_0)\mathrm{d}t = 1.$$

注意　δ-函数有一个重要性质——**筛选性质**,即若 $f(t)$ 是定义在实数域 **R** 上的有界函数,且在点 $t=0$ 处连续,则

$$\int_{-\infty}^{+\infty} f(t)\delta(t)\mathrm{d}t = f(0).$$

一般地，

$$\int_{-\infty}^{+\infty} f(t)\delta(t-t_0)\,\mathrm{d}t = f(t_0).$$

单位脉冲函数
的意义与作用

例 4.7　求 δ-函数的傅里叶变换.

解　　　　$F(\omega) = \mathscr{F}[\delta(t)] = \displaystyle\int_{-\infty}^{+\infty}\delta(t)\mathrm{e}^{-\mathrm{j}\omega t}\,\mathrm{d}t$

$$= \mathrm{e}^{-\mathrm{j}\omega t}\big|_{t=0} = 1.\quad (\delta\text{-函数的筛选性质})$$

可见，单位脉冲函数 $\delta(t)$ 与常数 1 构成了一个傅里叶变换对.同理，$\delta(t-t_0)$ 与 $\mathrm{e}^{-\mathrm{j}\omega t_0}$ 亦构成了一个傅里叶变换对.

例 4.8　证明单位阶跃函数

$$u(t)=\begin{cases} 0, & t<0 \\ 1, & t>0 \end{cases}$$

的傅里叶变换为 $\dfrac{1}{\mathrm{j}\omega}+\pi\delta(\omega)$.

证明　若 $F(\omega)=\dfrac{1}{\mathrm{j}\omega}+\pi\delta(\omega)$，则

$$f(t)=\mathscr{F}^{-1}[F(\omega)]=\frac{1}{2\pi}\int_{-\infty}^{+\infty}\left[\frac{1}{\mathrm{j}\omega}+\pi\delta(\omega)\right]\mathrm{e}^{\mathrm{j}\omega t}\,\mathrm{d}\omega$$

$$=\frac{1}{2\pi}\int_{-\infty}^{+\infty}\pi\delta(\omega)\,\mathrm{e}^{\mathrm{j}\omega t}\,\mathrm{d}\omega+\frac{1}{2\pi}\int_{-\infty}^{+\infty}\frac{\mathrm{e}^{\mathrm{j}\omega t}}{\mathrm{j}\omega}\,\mathrm{d}\omega.$$

注意到

$$\int_{-\infty}^{+\infty}\frac{\mathrm{e}^{\mathrm{j}\omega t}}{\mathrm{j}\omega}\,\mathrm{d}\omega=\int_{-\infty}^{+\infty}\frac{\cos\omega t+\mathrm{j}\sin\omega t}{\mathrm{j}\omega}\,\mathrm{d}\omega=\int_{-\infty}^{+\infty}\frac{\cos\omega t}{\mathrm{j}\omega}\,\mathrm{d}\omega+\int_{-\infty}^{+\infty}\frac{\mathrm{j}\sin\omega t}{\mathrm{j}\omega}\,\mathrm{d}\omega,$$

根据被积函数的奇偶性，得

$$f(t)=\frac{1}{2}\int_{-\infty}^{+\infty}\delta(\omega)\,\mathrm{e}^{\mathrm{j}\omega t}\,\mathrm{d}\omega+\frac{1}{2\pi}\int_{-\infty}^{+\infty}\frac{\sin\omega t}{\omega}\,\mathrm{d}\omega$$

$$=\frac{1}{2}+\frac{1}{\pi}\int_{0}^{+\infty}\frac{\sin\omega t}{\omega}\,\mathrm{d}\omega.$$

因为 $\displaystyle\int_{0}^{+\infty}\frac{\sin\omega}{\omega}\,\mathrm{d}\omega=\frac{\pi}{2}$，有

$$\int_{0}^{+\infty}\frac{\sin\omega t}{\omega}\,\mathrm{d}\omega=\begin{cases} -\dfrac{\pi}{2}, & t<0, \\[2mm] 0, & t=0, \\[2mm] \dfrac{\pi}{2}, & t>0, \end{cases}$$

故

傅里叶变换
计算特殊
函数积分

$$f(t) = \frac{1}{2} + \frac{1}{\pi}\int_0^{+\infty} \frac{\sin\omega t}{\omega}\mathrm{d}\omega = \begin{cases} 0, & t < 0 \\ 1, & t > 0 \end{cases} = u(t),$$

即 $\frac{1}{\mathrm{j}\omega} + \pi\delta(\omega)$ 的傅里叶逆变换为 $u(t)$. 所以, $u(t)$ 和 $\frac{1}{\mathrm{j}\omega} + \pi\delta(\omega)$ 构成一个傅里叶变换对.

若 $F(\omega) = 2\pi\delta(\omega)$, 则由傅里叶逆变换可得

$$f(t) = \frac{1}{2\pi}\int_{-\infty}^{+\infty} F(\omega)\mathrm{e}^{\mathrm{j}\omega t}\mathrm{d}\omega = \frac{1}{2\pi}\int_{-\infty}^{+\infty} 2\pi\delta(\omega)\mathrm{e}^{\mathrm{j}\omega t}\mathrm{d}\omega = 1,$$

所以 1 和 $2\pi\delta(\omega)$ 也构成傅里叶变换对.

同理, 若 $\qquad\qquad F(\omega) = 2\pi\delta(\omega - \omega_0),$

由

$$f(t) = \frac{1}{2\pi}\int_{-\infty}^{+\infty} F(\omega)\mathrm{e}^{\mathrm{j}\omega t}\mathrm{d}\omega = \frac{1}{2\pi}\int_{-\infty}^{+\infty} 2\pi\delta(\omega - \omega_0)\mathrm{e}^{\mathrm{j}\omega t}\mathrm{d}\omega = \mathrm{e}^{\mathrm{j}\omega_0 t},$$

可得 $\mathrm{e}^{\mathrm{j}\omega_0 t}$ 和 $2\pi\delta(\omega - \omega_0)$ 也构成傅里叶变换对, 即

$$1 \leftrightarrow 2\pi\delta(\omega), \quad \mathrm{e}^{\mathrm{j}\omega_0 t} \leftrightarrow 2\pi\delta(\omega - \omega_0).$$

由上面两个函数的变换可得

$$\int_{-\infty}^{+\infty} \mathrm{e}^{-\mathrm{j}\omega t}\mathrm{d}t = 2\pi\delta(\omega),$$

$$\int_{-\infty}^{+\infty} \mathrm{e}^{-\mathrm{j}(\omega - \omega_0)t}\mathrm{d}t = 2\pi\delta(\omega - \omega_0).$$

例 4.9 求正弦函数 $f(t) = \sin\omega_0 t$ 的傅里叶变换.

解 $\quad F(\omega) = \mathscr{F}[f(t)] = \int_{-\infty}^{+\infty} \mathrm{e}^{-\mathrm{j}\omega t}\sin\omega_0 t\,\mathrm{d}t = \int_{-\infty}^{+\infty} \frac{\mathrm{e}^{\mathrm{j}\omega_0 t} - \mathrm{e}^{-\mathrm{j}\omega_0 t}}{2\mathrm{j}}\mathrm{e}^{-\mathrm{j}\omega t}\mathrm{d}t$

$\qquad\qquad = \frac{1}{2\mathrm{j}}\int_{-\infty}^{+\infty} [\mathrm{e}^{-\mathrm{j}(\omega - \omega_0)t} - \mathrm{e}^{-\mathrm{j}(\omega + \omega_0)t}]\mathrm{d}t$

$\qquad\qquad = \frac{1}{2\mathrm{j}}[2\pi\delta(\omega - \omega_0) - 2\pi\delta(\omega + \omega_0)]$

$\qquad\qquad = \mathrm{j}\pi[\delta(\omega + \omega_0) - \delta(\omega - \omega_0)].$

同理, 可得 $\quad F(\omega) = \mathscr{F}[\cos\omega_0 t] = \pi[\delta(\omega - \omega_0) + \delta(\omega + \omega_0)].$

4.2　傅里叶变换的性质和卷积

4.2.1　傅里叶变换的基本性质

为了叙述方便, 假定在下列性质中, 傅里叶变换的函数都满足傅里叶积分定

理的条件,在证明这些性质时,不再重述这些条件.

1. 线性性质

设 $F_1(\omega)=\mathscr{F}[f_1(t)]$,$F_2(\omega)=\mathscr{F}[f_2(t)]$,$\alpha$,$\beta$ 是常数,则

$$\mathscr{F}[\alpha f_1(t)+\beta f_2(t)]=\alpha F_1(\omega)+\beta F_2(\omega),\tag{4-11}$$

即

$$\mathscr{F}^{-1}[\alpha F_1(\omega)+\beta F_2(\omega)]=\alpha f_1(t)+\beta f_2(t).\tag{4-12}$$

这个性质表明傅里叶变换满足叠加原理,即函数(或信号)是可以叠加的.

例 4.10 求 $F(\omega)=\dfrac{1}{(1+j\omega)(1+2j\omega)}$ 的傅里叶逆变换.

解 根据例 4.2 可知,当 $f(t)=\begin{cases}0, & t<0 \\ e^{-\beta t}, & t\geqslant 0\end{cases}(\beta>0)$时,有

$$\frac{1}{\beta+j\omega}=\int_0^{+\infty}e^{-(\beta+j\omega)t}\mathrm{d}t=\int_{-\infty}^{+\infty}f(t)e^{-j\omega t}\mathrm{d}t.$$

由于

$$F(\omega)=\frac{1}{(1+j\omega)(1+2j\omega)}=\frac{1}{\frac{1}{2}+j\omega}-\frac{1}{1+j\omega},$$

根据线性性质与例 4.2 结论,则有

$$\mathscr{F}^{-1}[F(\omega)]=\begin{cases}0, & t<0, \\ e^{-\frac{1}{2}t}-e^{-t}, & t\geqslant 0.\end{cases}$$

2. 位移性质

设 $F(\omega)=\mathscr{F}[f(t)]$,$t_0$ 为实数,则

$$\mathscr{F}[f(t\pm t_0)]=e^{\pm j\omega t_0}F(\omega),\tag{4-13}$$

$$\mathscr{F}^{-1}[e^{\pm j\omega_0 t}f(t)]=F(\omega\mp\omega_0).\tag{4-14}$$

它表明时间函数 $f(t)$ 沿 t 轴向左或者向右移 t_0 的傅里叶变换,等于 $f(t)$ 的傅里叶变换乘以因子 $e^{j\omega t_0}$ 或者 $e^{-j\omega t_0}$. 式(4-13)又称为**时域上的位移性质**,式(4-14)又称为**频域上的位移性质**.

例 4.11 求 $F(\omega)=\dfrac{1}{1+j(\omega+\omega_0)}$ 的傅里叶逆变换,$\omega_0\in\mathbf{R}$.

解 令 $\omega'=\omega+\omega_0$,记 $F_1(\omega')=\dfrac{1}{1+j\omega'}$,根据例 4.2 和位移性质,有

$$\mathscr{F}^{-1}[F_1(\omega')]=e^{j\omega_0 t}\mathscr{F}^{-1}[F(\omega)]=\begin{cases}0, & t<0, \\ e^{-t}, & t\geqslant 0,\end{cases}$$

因此

$$\mathscr{F}^{-1}\left[F(\omega)\right]=\begin{cases}0, & t<0, \\ \mathrm{e}^{-(1+\mathrm{j}\omega_0)t}, & t\geqslant0.\end{cases}$$

3. 对称性质

若 $\mathscr{F}\left[f(t)\right]=F(\omega)$,则

$$\mathscr{F}\left[F(t)\right]=2\pi f(-\omega). \tag{4-15}$$

证明 由傅里叶逆变换公式,可知

$$f(t)=\frac{1}{2\pi}\int_{-\infty}^{+\infty}F(\omega)\mathrm{e}^{\mathrm{j}\omega t}\mathrm{d}\omega=\frac{1}{2\pi}\int_{-\infty}^{+\infty}F(u)\mathrm{e}^{\mathrm{j}ut}\mathrm{d}u,$$

令 $t=-\omega$,则

$$f(-\omega)=\frac{1}{2\pi}\int_{-\infty}^{+\infty}F(u)\mathrm{e}^{-\mathrm{j}\omega u}\mathrm{d}u=\frac{1}{2\pi}\int_{-\infty}^{+\infty}F(t)\mathrm{e}^{-\mathrm{j}\omega t}\mathrm{d}t.$$

由傅里叶变换的定义知

$$\mathscr{F}\left[F(t)\right]=2\pi f(-\omega).$$

例 4.12 已知矩形脉冲函数

$$f(t)=\begin{cases}1, & |t|<1, \\ 0, & |t|\geqslant1,\end{cases}$$

求它的傅里叶变换,并利用其傅里叶变换求 $\mathscr{F}\left[\dfrac{\sin t}{t}\right]$.

解 矩形脉冲函数的傅里叶变换

$$F(\omega)=\mathscr{F}\left[f(t)\right]=\int_{-\infty}^{+\infty}f(t)\mathrm{e}^{-\mathrm{j}\omega t}\mathrm{d}t=\int_{-1}^{1}\mathrm{e}^{-\mathrm{j}\omega t}\mathrm{d}t$$

$$=\frac{\mathrm{e}^{\mathrm{j}\omega}-\mathrm{e}^{-\mathrm{j}\omega}}{\mathrm{j}\omega}=\frac{2}{\omega}\sin\omega,$$

由对称性质,有

$$\mathscr{F}\left[F(t)\right]=\mathscr{F}\left(\frac{2\sin t}{t}\right)=2\pi f(-\omega),$$

所以

$$\mathscr{F}\left(\frac{\sin t}{t}\right)=\pi f(-\omega)=\begin{cases}\pi, & |\omega|<1, \\ 0, & |\omega|\geqslant1.\end{cases}$$

4. 微分性质

如果 $f(t)$ 在 $(-\infty,+\infty)$ 上连续或只有有限个可去间断点,且当 $|t|\to+\infty$ 时,$f(t)\to0$,则

$$\mathscr{F}\left[f'(t)\right]=\mathrm{j}\omega\mathscr{F}\left[f(t)\right]. \tag{4-16}$$

证明 由傅里叶变换的定义,并利用分部积分可得

$$\mathscr{F}[f'(t)] = \int_{-\infty}^{+\infty} f'(t)\mathrm{e}^{-\mathrm{j}\omega t}\,\mathrm{d}t$$

$$= f(t)\mathrm{e}^{-\mathrm{j}\omega t}\Big|_{-\infty}^{+\infty} + \mathrm{j}\omega\int_{-\infty}^{+\infty} f(t)\mathrm{e}^{-\mathrm{j}\omega t}\,\mathrm{d}t$$

$$= \mathrm{j}\omega\mathscr{F}[f(t)].$$

推论   如果 $f^{(k)}(t)(k=1,2,\cdots,n)$ 在 **R** 上连续或只有有限个可去间断点,且当 $|t|\to+\infty$ 时,$f^{(k)}(t)\to 0(k=1,2,\cdots,n-1)$,则

$$\mathscr{F}[f^{(n)}(t)] = (\mathrm{j}\omega)^n\mathscr{F}[f(t)]. \tag{4-17}$$

由此,我们还能得到像函数的导数公式:

$$\frac{\mathrm{d}^n}{\mathrm{d}\omega^n}F(\omega) = (-\mathrm{j})^n\mathscr{F}[t^n f(t)]. \tag{4-18}$$

在实际应用中,常用式(4-18)来计算函数 $t^n f(t)$ 的傅里叶变换.

例 4.13   利用像函数的微分性质,求 $f(t) = t\mathrm{e}^{-t^2}$ 的傅里叶变换.

解   已知钟形脉冲函数 $f(t) = E\mathrm{e}^{-\beta t^2}$ 的傅里叶变换为

$$F(\omega) = \sqrt{\frac{\pi}{\beta}}E\mathrm{e}^{-\frac{\omega^2}{4\beta}},$$

当 $E=1,\beta=1$ 时,可得

$$\mathscr{F}(\mathrm{e}^{-t^2}) = \sqrt{\pi}\mathrm{e}^{-\frac{\omega^2}{4}}.$$

由像函数的微分性质可得

$$\mathscr{F}(-\mathrm{j}t\mathrm{e}^{-t^2}) = \frac{\mathrm{d}}{\mathrm{d}\omega}(\sqrt{\pi}\mathrm{e}^{-\frac{\omega^2}{4}}) = -\frac{\sqrt{\pi}}{2}\omega\mathrm{e}^{-\frac{\omega^2}{4}},$$

即

$$\mathscr{F}(t\mathrm{e}^{-t^2}) = \frac{\mathrm{j}\mathrm{d}}{\mathrm{d}\omega}(\sqrt{\pi}\mathrm{e}^{-\frac{\omega^2}{4}}) = -\frac{\sqrt{\pi}\mathrm{j}}{2}\omega\mathrm{e}^{-\frac{\omega^2}{4}}.$$

5. 积分性质

如果当 $t\to+\infty$ 时,$g(t) = \int_{-\infty}^{t} f(t)\mathrm{d}t \to 0$,则

$$\mathscr{F}\left[\int_{-\infty}^{t} f(t)\mathrm{d}t\right] = \frac{1}{\mathrm{j}\omega}\mathscr{F}[f(t)]. \tag{4-19}$$

证明   由 $\dfrac{\mathrm{d}}{\mathrm{d}t}\displaystyle\int_{-\infty}^{t} f(t)\mathrm{d}t = f(t)$,得到

$$\mathscr{F}[f(t)] = \mathrm{j}\omega\mathscr{F}\left[\int_{-\infty}^{t} f(t)\mathrm{d}t\right],$$

故

$$\mathscr{F}\left[\int_{-\infty}^{t} f(t)\mathrm{d}t\right] = \frac{1}{\mathrm{j}\omega}\mathscr{F}[f(t)].$$

积分性质补充

6. 相似性质

设 $F(\omega)=\mathscr{F}[f(t)]$，$a$ 为非零常数，则

$$\mathscr{F}[f(at)]=\frac{1}{|a|}F\left(\frac{\omega}{a}\right)$$

证明　当 $a>0$ 时，有

$$\mathscr{F}[f(at)]=\int_{-\infty}^{+\infty}f(at)\cdot\mathrm{e}^{-\mathrm{j}\omega t}\,\mathrm{d}t$$

$$\xrightarrow{x=at}\frac{1}{a}\int_{-\infty}^{+\infty}f(x)\cdot\mathrm{e}^{-\mathrm{j}\frac{\omega}{a}x}\,\mathrm{d}x$$

$$=\frac{1}{a}F\left(\frac{\omega}{a}\right).$$

当 $a<0$ 时，有

$$\mathscr{F}[f(at)]=\int_{-\infty}^{+\infty}f(at)\cdot\mathrm{e}^{-\mathrm{j}\omega t}\,\mathrm{d}t$$

$$\xrightarrow{x=at}\frac{1}{a}\int_{+\infty}^{-\infty}f(x)\cdot\mathrm{e}^{-\mathrm{j}\frac{\omega}{a}x}\,\mathrm{d}x$$

$$=-\frac{1}{a}F\left(\frac{\omega}{a}\right).$$

综合上述两种情况，得

$$\mathscr{F}[f(at)]=\frac{1}{|a|}F\left(\frac{\omega}{a}\right).$$

相似性质说明了时域和频域之间的联系：若函数（信号）在时域上被压缩（$a>1$），则其像在频域上被扩展，即频域被扩展；反之，若在时域上被扩展（$a<1$），则其像在频域上被压缩，即频谱被压缩.

例 4.14　已知信号函数 $f(t)=\dfrac{\sin 2t}{\pi t}$ 的频谱为

$$F(\omega)=\begin{cases}1, & |\omega|\leqslant 2,\\ 0, & |\omega|>2,\end{cases}$$

求信号 $g(t)=f\left(\dfrac{t}{2}\right)$ 的频谱 $G(\omega)$.

解　由相似性质可得

$$G(\omega)=\mathscr{F}[g(t)]=\mathscr{F}\left[f\left(\frac{t}{2}\right)\right]=2F(2\omega)=\begin{cases}2, & |\omega|\leqslant 1,\\ 0, & |\omega|>1.\end{cases}$$

如图 4-7(a)、(b)可知，由 $f(t)$ 扩展后的像信号 $g(t)$ 在频域上被压缩了，范围由 $|\omega|<2$ 变为 $|\omega|<1$. 这就意味着频率变低了，变得平缓.

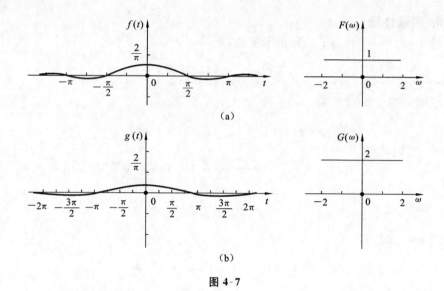

(a)

(b)

图 4-7

4.2.2 卷积

函数的卷积是一个重要概念. 近年来, 随着信号与系统理论研究的深入以及计算机技术的发展, 卷积方法得到了更广泛的应用. 下面从数学上给出卷积的定义.

定义 4.2 已知函数 $f_1(t), f_2(t)$, 则积分 $\int_{-\infty}^{+\infty} f_1(\tau) f_2(t-\tau) \mathrm{d}\tau$ 称为函数 $f_1(t)$ 与 $f_2(t)$ 的**卷积**, 记为 $f_1(t) * f_2(t)$, 即

$$f_1(t) * f_2(t) = \int_{-\infty}^{+\infty} f_1(\tau) f_2(t-\tau) \mathrm{d}\tau. \tag{4-20}$$

例 4.15 若函数

$$f_1(t) = \begin{cases} 0, & t<0, \\ 1, & t \geqslant 0, \end{cases} \qquad f_2(t) = \begin{cases} 0, & t<0, \\ \mathrm{e}^{-t}, & t \geqslant 0, \end{cases}$$

计算卷积 $f_1(t) * f_2(t)$.

解 函数 $f_1(t), f_2(t)$ 的图形如图 4-8(a)、(b)所示.

由卷积定义知,

$$f_1(t) * f_2(t) = \int_{-\infty}^{+\infty} f_1(\tau) f_2(t-\tau) \mathrm{d}\tau,$$

当 $t \geqslant 0$ 时,

$$f_1(t) * f_2(t) = \int_0^t 1 \cdot \mathrm{e}^{\tau-t} \mathrm{d}\tau = \mathrm{e}^{-t} \int_0^t 1 \cdot \mathrm{e}^{\tau} \mathrm{d}\tau = 1 - \mathrm{e}^{-t},$$

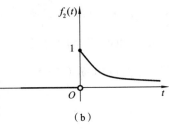

图 4-8

故
$$f_1(t) * f_2(t) = \begin{cases} 0, & t < 0, \\ 1 - e^{-t}, & t \geqslant 0. \end{cases}$$

卷积 $f_1(t) * f_2(t)$ 的图形如图 4-9 所示.

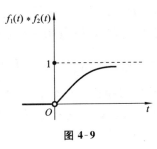

图 4-9

对于任意函数 $f(t)$，都有
$$f(t) * \delta(t) = \int_{-\infty}^{+\infty} f(\tau)\delta(t-\tau)\mathrm{d}\tau = f(t).$$

因此，单位脉冲函数 $\delta(t)$ 在卷积运算中起着类似数的运算中 1 的作用.

根据定义，可以验证卷积满足如下性质：

1. 交换律
$$f_1(t) * f_2(t) = f_2(t) * f_1(t).$$

2. 结合律
$$[f_1(t) * f_2(t)] * f_3(t) = f_1(t) * [f_2(t) * f_3(t)].$$

3. 分配律
$$f_1(t) * [f_2(t) + f_3(t)] = f_1(t) * f_2(t) + f_1(t) * f_3(t).$$

4. 不等性
$$|f_1(t) * f_2(t)| \leqslant |f_1(t)| * |f_2(t)|.$$

定理 4.2(卷积定理) 若 $F_1(\omega) = \mathscr{F}[f_1(t)]$，$F_2(\omega) = \mathscr{F}[f_2(t)]$，则

(1) $\mathscr{F}[f_1(t) * f_2(t)] = F_1(\omega) \cdot F_2(\omega)$，

$\mathscr{F}^{-1}[F_1(\omega) \cdot F_2(\omega)] = f_1(t) * f_2(t)$；

(2) $\mathscr{F}[f_1(t) \cdot f_2(t)] = \dfrac{1}{2\pi} F_1(\omega) * F_2(\omega)$.

证明 按傅里叶变换的定义,有

$$\mathscr{F}[f_1(t) * f_2(t)] = \int_{-\infty}^{+\infty} [f_1(t) * f_2(t)] e^{-j\omega t} \, dt$$

$$= \int_{-\infty}^{+\infty} \left[\int_{-\infty}^{+\infty} f_1(\tau) f_2(t-\tau) \, d\tau \right] e^{-j\omega t} \, dt$$

$$= \int_{-\infty}^{+\infty} \int_{-\infty}^{+\infty} f_1(\tau) e^{-j\omega \tau} f_2(t-\tau) e^{-j\omega(t-\tau)} \, d\tau dt$$

$$= \int_{-\infty}^{+\infty} f_1(\tau) e^{-j\omega \tau} \left[\int_{-\infty}^{+\infty} f_2(t-\tau) e^{-j\omega(t-\tau)} \, dt \right] d\tau$$

$$= F_1(\omega) \cdot F_2(\omega).$$

卷积定理表明:若 $f_1(t) \leftrightarrow F_1(\omega)$,$f_2(t) \leftrightarrow F_2(\omega)$,则

$$f_1(t) * f_2(t) \leftrightarrow F_1(\omega) \cdot F_2(\omega),$$

$$f_1(t) \cdot f_2(t) \leftrightarrow \frac{1}{2\pi} F_1(\omega) * F_2(\omega).$$

由卷积定理知,求两个函数的卷积可以转化为相应两个函数的乘积.卷积定理不仅提供了化卷积运算为乘积运算的简单方法,而且还是线性系统分析的一个特别有用的工具.

例 4.16 若 $f_1(t) = Ae^{-\alpha t^2}$,$f_2(t) = Be^{-\beta t^2}$ $(A, B, \alpha, \beta > 0)$,求 $\mathscr{F}[f_1(t) * f_2(t)]$.

解 记

$$F_1(\omega) = \mathscr{F}[f_1(t)] = \mathscr{F}[Ae^{-\alpha t^2}] = A\sqrt{\frac{\pi}{\alpha}} e^{-\frac{\omega^2}{4\alpha}},$$

$$F_2(\omega) = \mathscr{F}[f_2(t)] = \mathscr{F}[Be^{-\beta t^2}] = B\sqrt{\frac{\pi}{\beta}} e^{-\frac{\omega^2}{4\beta}},$$

由卷积公式得到

$$\mathscr{F}[f_1(t) * f_2(t)] = F_1(\omega) \cdot F_2(\omega) = \frac{\pi AB}{\sqrt{\alpha\beta}} e^{-\frac{\omega^2 (\alpha+\beta)}{4\alpha\beta}}.$$

例 4.17 若 $f(t) = \sin\omega_0 t \cdot u(t)$,求 $\mathscr{F}[f(t)]$.

解一 利用性质,有

$$\mathscr{F}[u(t)\sin\omega_0 t] = \mathscr{F}\left[u(t) \frac{e^{j\omega_0 t} - e^{-j\omega_0 t}}{2j}\right] = \frac{1}{2j} \{ \mathscr{F}[u(t) e^{j\omega_0 t}] - \mathscr{F}[u(t) e^{-j\omega_0 t}] \}$$

$$= \frac{1}{2j} \left[\frac{1}{j(\omega - \omega_0)} + \pi\delta(\omega - \omega_0) \right] - \frac{1}{2j} \left[\frac{1}{j(\omega + \omega_0)} + \pi\delta(\omega + \omega_0) \right]$$

$$= \frac{1}{2j} \left[\frac{1}{j(\omega - \omega_0)} - \frac{1}{j(\omega + \omega_0)} \right] + \frac{1}{2j} [\pi\delta(\omega - \omega_0) - \pi\delta(\omega + \omega_0)]$$

$$= \frac{\omega_0}{\omega_0^2 - \omega^2} + \frac{\mathrm{j}\pi}{2} [\delta(\omega + \omega_0) - \delta(\omega - \omega_0)].$$

解二　根据定理 4.2(2)，有

$$\mathscr{F}[\sin\omega_0 t \cdot u(t)] = \frac{1}{2\pi} \mathscr{F}[\sin\omega_0 t] * \mathscr{F}[u(t)],$$

已知

$$\mathscr{F}[\sin\omega_0 t] = \mathrm{j}\pi[\delta(\omega + \omega_0) - \delta(\omega - \omega_0)],$$

$$\mathscr{F}[u(t)] = \frac{1}{\mathrm{j}\omega} + \pi\delta(\omega),$$

所以

$$\mathscr{F}[f(t)] = \frac{1}{2\pi} [\mathrm{j}\pi\delta(\omega + \omega_0) - \mathrm{j}\pi\delta(\omega - \omega_0)] * \left[\frac{1}{\mathrm{j}\omega} + \pi\delta(\omega)\right]$$

$$= \frac{1}{2\pi} \int_{-\infty}^{+\infty} [\mathrm{j}\pi\delta(\tau + \omega_0) - \mathrm{j}\pi\delta(\tau - \omega_0)] \cdot \left[\frac{1}{\mathrm{j}(\omega - \tau)} + \pi\delta(\omega - \tau)\right] \mathrm{d}\tau$$

$$= \frac{1}{2\pi} \int_{-\infty}^{+\infty} \left[\frac{\pi\delta(\tau + \omega_0)}{\omega - \tau} - \frac{\pi\delta(\tau - \omega_0)}{\omega - \tau} + \mathrm{j}\pi^2\delta(\tau + \omega_0)\delta(\tau - \omega_0)\right.$$

$$\left. - \mathrm{j}\pi^2\delta(\tau - \omega_0)\delta(\omega - \tau)\right] \mathrm{d}\tau.$$

根据 $\int_{-\infty}^{+\infty} \delta(t - t_0) f(t) \mathrm{d}t = f(t_0)$，得

$$\mathscr{F}[f(t)] = \frac{1}{2\pi} \left[\frac{\pi}{\omega + \omega_0} - \frac{\pi}{\omega - \omega_0} + \mathrm{j}\pi^2\delta(\omega + \omega_0) - \mathrm{j}\pi^2\delta(\omega - \omega_0)\right]$$

$$= \frac{\omega_0}{\omega_0^2 - \omega^2} + \frac{\mathrm{j}\pi}{2} [\delta(\omega + \omega_0) - \delta(\omega - \omega_0)].$$

4.3　傅里叶变换的应用

傅里叶变换在振动力学、无线电技术、自动控制理论、数字图像处理等工程技术领域均有较为广泛的应用. 本节讨论几种常见应用.

4.3.1　解积分、微分方程问题

例 4.18　求常系数非齐次线性微分方程

$$\frac{\mathrm{d}^2}{\mathrm{d}t^2} y(t) - y(t) = -f(t)$$

的解，其中 $f(t)$ 为已知函数.

解　设

$$Y(\omega)=\mathscr{F}[y(t)], \quad F(\omega)=\mathscr{F}[f(t)],$$

在方程两边进行傅里叶变换,由傅里叶变换的线性性质和微分性质,可得

$$(\mathrm{j}\omega)^2 Y(\omega)-Y(\omega)=-F(\omega),$$

因此

$$Y(\omega)=\frac{1}{1+\omega^2}F(\omega).$$

在上式两端取傅里叶逆变换,可得

$$y(t)=\frac{1}{2\pi}\int_{-\infty}^{+\infty}\frac{1}{1+\omega^2}F(\omega)\mathrm{e}^{\mathrm{j}\omega t}\mathrm{d}\omega.$$

注意到

$$\mathscr{F}[\mathrm{e}^{-|t|}]=\frac{2}{1+\omega^2},$$

$$y(t)=\frac{1}{2}\mathrm{e}^{-|t|}*f(t)=\frac{1}{2}\int_{-\infty}^{+\infty}f(\tau)\mathrm{e}^{-|t-\tau|}\mathrm{d}\tau.$$

由于 $f(t)$ 已知,若能确定 $f(t)$ 的表达式,则可确定 $y(t)$ 的表达式.

例如,$f(t)=\delta(t),F(\omega)=1$. 此时,由筛选性质得 $y(t)=\frac{1}{2}\mathrm{e}^{-|t|}$.

例 4.19 求方程

$$ax'(t)+bx(t)+c\int_{-\infty}^{t}x(t)\mathrm{d}t=h(t)$$

的解 $x(t)$,其中 $h(t)$ 为已知函数,a,b,c 为常数.

解 设 $H(\omega)=\mathscr{F}[h(t)]$,在方程两边进行傅里叶变换,由傅里叶变换的微分性质和积分性质,可得

$$a\mathrm{j}\omega\mathscr{F}[x(t)]+b\mathscr{F}[x(t)]+\frac{c}{\mathrm{j}\omega}\mathscr{F}[x(t)]=H(\omega),$$

整理可得

$$\mathscr{F}[x(t)]=\frac{H(\omega)}{a\mathrm{j}\omega+b+\dfrac{c}{\mathrm{j}\omega}},$$

两边同时取傅里叶逆变换,有

$$x(t)=\mathscr{F}^{-1}\left[\frac{H(\omega)}{a\mathrm{j}\omega+b+\dfrac{c}{\mathrm{j}\omega}}\right].$$

用傅里叶变换解积分、微分方程,求解方法大致包括以下三个基本步骤:

（1）对积分、微分方程进行傅里叶变换，得到一个关于像函数的代数方程，常称为像方程；

（2）解像方程，得像函数；

（3）对像函数做傅里叶逆变换，得积分微分方程的解.

4.3.2 求解偏微分方程问题

例 4.20 求解一维波动方程的初值问题：

$$
\begin{cases}
\dfrac{\partial^2 u}{\partial t^2}=\dfrac{\partial^2 u}{\partial x^2} & (x\in\mathbf{R},t>0),\\[2mm]
u\big|_{t=0}=\cos x, & \dfrac{\partial u}{\partial t}\bigg|_{t=0}=\sin x.
\end{cases}
$$

解 设 $U(\omega,t)=\mathscr{F}[u(x,t)]$，方程两边同时取傅里叶变换，有

$$
\mathscr{F}\left[\frac{\partial^2 u}{\partial x^2}\right]=(\mathrm{j}\omega)^2 U(\omega,t)=-\omega^2 U(\omega,t),
$$

$$
\mathscr{F}\left[\frac{\partial^2 u}{\partial t^2}\right]=\frac{\partial^2}{\partial t^2}\mathscr{F}[u(x,t)]=\frac{\mathrm{d}^2}{\mathrm{d}t^2}U(\omega,t).
$$

已知

$$
\mathscr{F}(\cos x)=\pi[\delta(\omega+1)+\delta(\omega-1)],
$$

$$
\mathscr{F}(\sin x)=\pi\mathrm{j}[\delta(\omega+1)-\delta(\omega-1)],
$$

得到等价方程组

$$
\begin{cases}
\dfrac{\mathrm{d}^2 U}{\mathrm{d}t^2}=-\omega^2 U(\omega,t),\\[2mm]
U\big|_{t=0}=\mathscr{F}(\cos x)\dfrac{\partial U}{\partial t}\bigg|_{t=0}=\mathscr{F}(\sin x),
\end{cases}
$$

求得通解为

$$
U(\omega,t)=c_1\sin\omega t+c_2\cos\omega t.
$$

由初始条件可得

$$
c_1=\frac{\pi}{\omega}\mathrm{j}[\delta(\omega+1)-\delta(\omega-1)],
$$

$$
c_2=\pi[\delta(\omega+1)+\delta(\omega-1)].
$$

对 $U(\omega,t)$ 做傅里叶逆变换，结合 δ-函数的筛选性质，可以得到原方程的解为

$$
u(x,t)=\mathscr{F}^{-1}[U(\omega,t)]=\cos(t-x).
$$

4.3.3 电路系统求解问题

例 4.21 如图 4-10 所示，其中 L 是电感，R 是电阻，C 是电容，求具有电动

势 $f(t)$ 的 LRC 电路的电流.

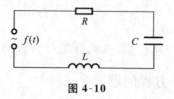

图 4-10

解 设 $I(t)$ 为电路在 t 时刻的电流,根据基尔霍夫定律,得到方程

$$L \frac{\mathrm{d}I}{\mathrm{d}t} + RI + \frac{1}{C}\int_{-\infty}^{t} I\mathrm{d}t = f(t),$$

两边关于 t 求导,得到

$$L \frac{\mathrm{d}^2 I}{\mathrm{d}t^2} + R \frac{\mathrm{d}I}{\mathrm{d}t} + \frac{I}{C} = f'(t),$$

两边再取傅里叶变换,得到

$$\left[L(\mathrm{j}\omega)^2 + R\mathrm{j}\omega + \frac{1}{C}\right]\mathscr{F}[I(t)] = \mathrm{j}\omega\mathscr{F}[f(t)].$$

因此

$$I(t) = \mathscr{F}^{-1}\left[\frac{\mathrm{j}\omega\mathscr{F}[f(t)]}{-L\omega^2 + R\mathrm{j}\omega + \frac{1}{C}}\right].$$

*4.4 离散傅里叶变换及其性质

傅里叶变换对于信号的分析和处理发挥了重要的作用,而随着计算机技术的迅速发展,由于计算机无法处理连续、周期的信号,因此需要一种在时域和频域都离散、非周期的变换对,这就是离散傅里叶变换,简称 DFT. DFT 解决了频域离散化的问题,在信号处理的理论上有重要意义.本节将介绍离散傅里叶变换及其性质.

4.4.1 离散傅里叶变换的定义

实际应用中,信号函数 $f(t)$ 的时间取值一般都是有限区域,即时域是有限的,而由信号实际传输方式可知,$f(t)$ 完全有可能仅在离散的时间点上取值,因此研究离散的变换或编码就极为重要.

设 $f(n)(n=0,1,2,\cdots,N-1)$ 为一列离散非周期信号,将其以 N 为周期进行无限延拓,定义成整个整数集 **Z** 上的函数,即设

$$f(n) = f(n \pm N) = f(n \pm 2N) = \cdots,$$

由傅里叶级数的指数形式,可得级数

$$\sum_{n=-\infty}^{+\infty} f(n) e^{-j\frac{2\pi k}{N} n},$$

称之为**离散傅里叶级数**.取其中一段,则为离散傅里叶变换.

定义 4.3 设 $f(n)(n=0,1,2,\cdots,N-1)$ 为一列离散非周期时域信号,定义

$$F(k) = \sum_{n=0}^{N-1} f(n) e^{-j\frac{2\pi k}{N} n} \tag{4-21}$$

为 $f(n)$ 的**离散傅里叶变换**,记为

$$F(k) = \mathrm{DFT}[f(n)],$$

称之为**频域函数**,其中 $k=0,1,2,\cdots,N-1$.

离散傅里叶变换同样存在逆变换.

定义 4.4 设 $F(k)(k=0,1,2,\cdots,N-1)$ 是一列离散非周期频域函数,定义

$$f(n) = \frac{1}{N} \sum_{k=0}^{N-1} F(k) e^{j\frac{2\pi n}{N} k} \tag{4-22}$$

为其离散傅里叶逆变换,记为

$$f(n) = \mathrm{IDFT}[F(k)].$$

由此,可以得到离散的傅里叶变换对:

$$F(k) = \sum_{n=0}^{N-1} f(n) e^{-j\frac{2\pi k}{N} n},$$

$$f(n) = \frac{1}{N} \sum_{k=0}^{N-1} F(k) e^{j\frac{2\pi n}{N} k}.$$

若记 $W_N = e^{-j\frac{2\pi}{N}}$,则离散傅里叶变换对又可以简写为

$$F(k) = \sum_{n=0}^{N-1} f(n) W_N^{kn},$$

$$f(n) = \frac{1}{N} \sum_{k=0}^{N-1} F(k) W_N^{-nk}.$$

离散傅里叶变换实际上是离散傅里叶级数的主值.由于计算机只能处理离散的时间和频率数据,因此,从数字计算的角度而言,DFT 是傅里叶变换中更重要的一种方法.

例 4.22 求下列信号序列 $f(n)$ 分别对应的 $\mathrm{DFT}[f(n)]$:

$$\{1,0\}, \quad \{1,0,0,0\}.$$

解 对序列 $\{1,0\}$,有

$$F(0) = \sum_{n=0}^{1} f(n)e^{-j\frac{2\pi \times 0}{2}n} = 1 \cdot e^{-j \cdot 0} + 0 \cdot e^{-j \cdot 0} = 1,$$

$$F(1) = \sum_{n=0}^{1} f(n)e^{-j\frac{2\pi \times 1}{2}n} = 1 \cdot e^{-j \cdot 0} + 0 \cdot e^{-j \cdot \pi} = 1,$$

即
$$\{F(0), F(1)\} = \{1, 1\}.$$

同理可得

DFT$[\{1,0,0,0\}]$

$$= \left\{ \sum_{n=0}^{3} f(n)e^{-j\frac{2\pi \cdot 0}{4}}, \sum_{n=0}^{3} f(n)e^{-j\frac{2\pi \cdot 1}{4}n}, \sum_{n=0}^{3} f(n)e^{-j\frac{2\pi \cdot 2}{4}n}, \sum_{n=0}^{3} f(n)e^{-j\frac{2\pi \cdot 3}{4}n} \right\}$$

$$= \{1, 1, 1, 1\}.$$

4.4.2 离散傅里叶变换的基本性质

设 $F(k) = $ DFT$[f(n)]$，$F_1(k) = $ DFT$[f_1(n)]$，$F_2(k) = $ DFT$[f_2(n)]$.

1. 线性性质

$$\text{DFT}[\alpha f_1(n) \pm \beta f_2(n)] = \alpha F_1(k) \pm \beta F_2(k) \quad (\alpha, \beta \text{ 为任意常数}).$$

2. 反转性质

$$F(-k) = \text{DFT}[f(-n)].$$

3. 位移性质

$$\text{DFT}[f(n-n_0)] = F(k) \cdot e^{-j\frac{2\pi k}{N}n_0},$$

$$\text{IDFT}[F(k-k_0)] = f(n) \cdot e^{-j\frac{2\pi n}{N}k_0}.$$

4. 对称性质

$$F(k) = \overline{F(N-k)} = F(N-k).$$

这里 $f(n)$ 是一个长度为 N 的实序列. 对称性质表明：实序列的 DFT 的模是偶对称序列，辐角是奇对称序列. 复序列也有相应的共轭对称性.

例 4.23 利用位移性质，计算 DFT$[\{0,1,0,0\}]$，DFT$[\{0,0,1,0\}]$.

解 由定义可知

$$\text{DFT}[\{1,0,0,0\}] = \{1,1,1,1\},$$

所以

$$F(0) = e^{-j\frac{2\pi \cdot 0}{4}} \cdot 1 = 1,$$
$$F(1) = e^{-j\frac{2\pi \cdot 1}{4}} \cdot 1 = -j,$$
$$F(2) = e^{-j\frac{2\pi \cdot 2}{4}} \cdot 1 = -1,$$
$$F(3) = e^{-j\frac{2\pi \cdot 3}{4}} \cdot 1 = j,$$

故
$$\text{DFT}[\{0,1,0,0\}] = \{1, -j, -1, j\}.$$

同理,可得
$$\mathrm{DFT}[\{0,0,1,0\}]=\{1,-1,1,-1\}.$$
对于 DFT,也可以定义卷积.

5. 卷积的性质

设 $f_1(n)$ 和 $f_2(n)$ 是两列时域相同的离散信号,其 DFT 分别为 $F_1(k)$ 和 $F_2(k)$,则
$$\mathrm{DFT}[f_1(n)\cdot f_2(n)]=\frac{1}{N}F_1(k)*F_2(k),$$
$$\mathrm{DFT}[f_1(n)*f_2(n)]=F_1(k)F_2(k).$$
这里 $f_1(n)*f_2(n)$ 为 $f_1(n)$ 和 $f_2(n)$ 的卷积,即
$$f_1(n)*f_2(n)=\sum_{n'=0}^{N-1}f_1(n')f_2(n-n').$$
类似地,
$$F_1(k)*F_2(k)=\sum_{k'=0}^{N-1}F_1(k')F_2(k-k').$$

例 4.24　设
$$f_1(n)=\{1,0,1,0\},f_2(n)=\{1,1,0,0\},$$
求 $f_1(n)*f_2(n)$ 及其 DFT.

解　根据卷积定义,有
$$f_1(n)*f_2(n)=\sum_{n'=0}^{3}f_1(n')f_2(n-n'),$$
于是
$$f_1(0)*f_2(0)=\sum_{n'=0}^{3}f_1(n')f_2(0-n')=f_1(0)f_2(0)=1.$$
同理,可以求得
$$f_1(n)*f_2(n)=\{1,1,1,1\},$$
因此
$$\mathrm{DFT}[f_1(n)*f_2(n)]=\{4,0,0,0\}.$$

4.5　应用举例

4.5.1　应用实例一:卷积的应用

卷积(Convolution)是一种重要的数学运算,在信号或图像处理中,常常会用

到一维或二维卷积.前面我们已经介绍了连续函数的卷积,下面我们介绍离散函数的卷积.

1. 一维离散卷积应用举例

一维卷积在信号处理中,用于计算信号的延迟累积.由于在时刻 t 收到的信号 y_t 为当前时刻产生的信息和以前时刻延迟信息的叠加,若一个信号发生器在时刻 t 产生一个信号 x_t,其信息的衰减率为 w_n,则称 $[w_1, w_2, \cdots]$ 为卷积核(Convolution Kernel)或滤波器(Filter).若滤波器长度为 N,它和一个信号序列 x_1,x_2, $\cdots$ 的卷积为

$$y_t = \sum_{n=1}^{N} \omega_n\, x_{t-n+1}.$$

信号序列 x 和滤波器 w 的卷积记为 $y = w * x$,该卷积为离散的一维卷积,其性质与一维连续卷积类似.

一般情况下滤波器的长度 N 远小于信号序列 x 的长度,可以设计不同的滤波器来提取信号序列的不同特征.

比如,均值滤波器 $w=[1/n, 1/n, \cdots, 1/n]$ 时,卷积相当于信号序列的移动平均(窗口大小为 n).

当滤波器 $w=[1, -2, 1]$ 时,可以近似实现对信号序列的二阶微分,即

$$x''(n) = x(n+1) - 2x(n) + x(n-1).$$

这是因为在离散的情况下,一阶微分计算公式为

$$\frac{\partial x}{\partial n} = x(n+1) - x(n).$$

再次求导,得到二阶微分为

$$\frac{\partial^2 x}{\partial n^2} = \frac{\partial x(n+1)}{\partial n} - \frac{\partial x(n)}{\partial n}$$

$$= [x(n+1) - x(n)] - [x(n) - x(n-1)]$$

$$= x(n+1) - 2x(n) + x(n-1).$$

例 4.25 对于检测信号序列 $[1,1,-1,1,1,1,-1,1,1]$,分别计算在卷积核(滤波器)$w_1=[1/3, 1/3, 1/3]$ 和 $w_2=[1, -2, 1]$ 下的输出结果并做简单对比分析.

解 (1) $[1,1,-1,1,1,1,-1,1,1] * [1/3, 1/3, 1/3]$

$$= \Big[\frac{1}{3}\times 1 + \frac{1}{3}\times 1 + \frac{1}{3}\times(-1), \frac{1}{3}\times 1 + \frac{1}{3}\times(-1) + \frac{1}{3}\times 1,$$

$$\frac{1}{3}\times(-1) + \frac{1}{3}\times 1 + \frac{1}{3}\times 1, \frac{1}{3}\times 1 + \frac{1}{3}\times 1 + \frac{1}{3}\times 1,$$

$$\frac{1}{3}\times1+\frac{1}{3}\times1+\frac{1}{3}\times(-1),\frac{1}{3}\times1+\frac{1}{3}\times(-1)+\frac{1}{3}\times1,$$

$$\frac{1}{3}\times(-1)+\frac{1}{3}\times1+\frac{1}{3}\times1\Big]$$

$$=[1/3,\ 1/3,\ 1/3,1,\ 1/3,\ 1/3,\ 1/3],$$

(2) $[1,1,-1,1,1,1,-1,1,1]*[1,-2,1]$

$$=\Big[1\times1+(-2)\times1+1\times(-1),1\times1+(-2)\times(-1)+1\times1,$$

$$(-1)\times1+1\times(-2)+1\times1,1\times1+1\times(-2)+1\times1,$$

$$1\times1+1\times(-2)+(-1)\times1,1\times1+(-1)\times(-2)+1\times1,$$

$$(-1)\times1+1\times(-2)+1\times1\Big]$$

$$=[-2,4,-2,0,-2,4,-2].$$

从以上计算结果可以看出，两个滤波器分别提取了输入信号序列的不同特征．滤波器 w_1 可以检测信号序列中的低频信息，而滤波器 w_2 可以检测信号序列中的高频信息（注：这里的高频和低频指信号变化的强烈程度）．

2. 二维离散卷积应用举例

二维卷积是一维卷积的扩展，在图像处理中，需要处理的数据是离散的，所以用到的大多是二维卷积的离散形式．

以黑白图像为例，将图像分割成 $m\times n$ 个小块，像素值表明图像大小，像素坐标表明地址，灰度表明图像明暗的数值，即点的颜色深度，范围从 $0\sim255$，共有 256 级，数值越大，亮度越大．

这样一张图像的数字信息就对应着一个 $m\times n$ 矩阵（m,n 是图像的横向和纵向的像素点数）．

输入信息 X 和滤波器 W 的二维卷积定义为

$$Y[i,j]=X[i,j]*W[i,j]=\sum_m\sum_n x[m,n]\cdot\omega[i-m,j-n].$$

卷积可以把一个点的像素值用它周围的点的像素值的加权平均代替，从而改变其数值．所以在图像处理中，卷积经常作为特征提取的有效方法．

常用的均值滤波（Mean Filter）就是一种二维卷积，将当前位置的像素值处理为滤波器窗口中所有像素的平均值．高斯滤波器也可以用来对图像进行平滑去噪，而有些滤波器则可以用来提取边缘特征．

图 4-11 为图像经不同滤波器处理的输出结果．

图 4-11

例 4.26　在某次信息化模拟作战中,行动小组接到任务,需要对获取的图像局部区域进行去噪处理,该区域图像对应的灰度矩阵(输入信号)如图 4-12 中虚线区域,是一个 4×4 的矩阵,可以明显看到位置 $(2,3)$ 处的像素灰度与周围不相关,是随机噪点.借助高斯滤波器(见图 4-13),求处理后的灰度矩阵,并做适当解

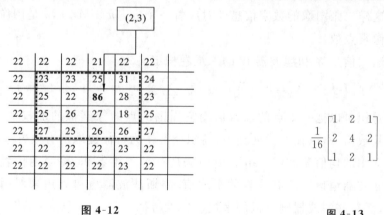

图 4-12

$$\frac{1}{16}\begin{bmatrix} 1 & 2 & 1 \\ 2 & 4 & 2 \\ 1 & 2 & 1 \end{bmatrix}$$

图 4-13

释(小数要求四舍五入取整数).

解　以像素(2,3)为例,则

$$x(2,3)=x[1,2]\omega[1,1]+x[1,3]\omega[1,2]+x[1,4]\omega[1,3]$$
$$+x[2,2]\omega[2,1]+x[2,3]\omega[2,2]+x[2,4]\omega[2,3]$$
$$+\cdots+x[3,2]\omega[3,1]+x[3,3]\omega[3,2]+x[3,4]\omega[3,3]$$
$$=\frac{1}{16}[23\times1+25\times2+31\times1+22\times2+86\times4$$
$$+28\times2+26\times1+27\times2+18\times1]$$
$$=\frac{646}{16}=40.375\approx40.$$

依次对每个像素都做处理,边缘处的像素借助邻近元素填充,最后得到灰度矩阵如图 4-14 所示.

25	32	30	30
24	35	40	33
23	29	25	23
24	23	23	23

图 4-14

调整后的图像噪点(2,3)处的灰度值被周围的像素的灰度加权平均,由 86 变为 40,与周围位置的灰度差异变小,从而实现对图像进行平滑去噪,但高斯滤波器的值围绕着中心点分布,离中心点越近,贡献越大,权重值就越高,故仍然可以反映出该点处亮度比周边点大.

4.5.2　应用实例二:信号传输中的频谱搬移

1. 信号频谱搬移的背景

短波是波长在 10~100 m 之间,频率范围为 3~30 MHz 的电磁波.利用短波进行的无线电通信称为**短波通信**,又称**高频通信**.短波通信发射电磁波主要经电离层的反射到达接收设备,通信距离较远,是远程通信的主要手段.实际上,为了充分利用短波近距离通信的优点,短波通信实际使用的频率范围为 1.5~30 MHz.虽然各种新型通信系统不断涌现,但由于短波通信具有设备轻便、使用方便、组网灵活、价格低廉、抗毁性强等优点,至今仍是无线通信的一种重要方式.

由话筒、摄像机等信源提供的语音和图像等消息直接转换得到的电信号频率通常很低,如话音信号的频率为 $300 \sim 3400$ Hz,是有效辐射这样的低频信号,天线尺寸应要达到 $1 \sim 2$ km,这自然是不现实的,但若以 30 MHz 的频率传送信号,则天线尺寸只需要 1 m 即可.再者,如果各电台把被传送信号直接辐射出去,那么同一地区所各电台发出的信号频率就会相同或相近,它们混在一起会形成干扰,收信者将无法选择所要接收的信号,这就要求各种信号能互不重叠地占据不同的频率范围.另外,短波通信所依赖的电离层是随昼夜的不同而发生变化的,致使短波通信在不同时段所能够利用的频率区间也是变化的,其选用的频率要适时调整.频率过低则短波会被电离层完全吸收,频率过高则短波会完全穿透电离层.

基于以上各种原因,在通信系统中(包括短波通信),信号从发射端传输到接收端,为了实现信号的传输,通常都需要将信号的频谱搬移到任何所需要的较高频率范围.那么,究竟怎样实现对信号频谱的搬移呢?

2. 信号频谱搬移的原理

在信号处理领域,频谱搬移技术属于信号调制与解调的概念范畴.所谓**调制**,是指对原始信号进行加工变换使之适合于信道传输的过程;而**解调**则是调制的逆过程,是指将已调信号中的原始信号恢复出来的过程.在调制与解调中,如调幅、同步解调、变频等过程都是在频谱搬移的基础上完成的.频谱搬移的实现原理是将原始信号 $f(t)$ 乘以所谓载波信号 $\cos\omega_0 t$ 或 $\sin\omega_0 t$,如图 4-15 所示.接下来,我们将分析这种相乘作用引起的频谱搬移.

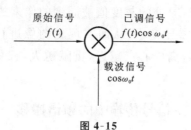

图 4-15

由傅里叶变换的位移性质可知:若时间信号 $f(t)$ 乘以 $e^{j\omega_0 t}$,等效于 $f(t)$ 的频谱 $F(\omega)$ 沿着频率轴右移 ω_0,或者说在频域中将频谱沿频率轴右移 ω_0 等效于在时域中将信号乘以因子 $e^{j\omega_0 t}$;同理,若时间信号 $f(t)$ 乘以 $e^{-j\omega_0 t}$,等效于 $f(t)$ 的频谱 $F(\omega)$ 沿着频率轴左移 ω_0,或者说在频域中将频谱沿频率轴左移 ω_0 等效于在时域中将信号乘以因子 $e^{-j\omega_0 t}$.

因为

$$\cos\omega_0 t = \frac{1}{2}(e^{j\omega_0 t} + e^{-j\omega_0 t}),$$

$$\sin\omega_0 t = \frac{1}{2j}(e^{j\omega_0 t} - e^{-j\omega_0 t}),$$

那么，再利用傅里叶变换的线性性质，可以导出

$$\mathscr{F}[f(t) \cdot \cos\omega_0 t] = \frac{1}{2}[F(\omega+\omega_0) + F(\omega-\omega_0)],$$

$$\mathscr{F}[f(t) \cdot \sin\omega_0 t] = \frac{j}{2}[F(\omega+\omega_0) - F(\omega-\omega_0)].$$

(4-23)

所以，若时间信号 $f(t)$ 乘以 $\cos\omega_0 t$ 或 $\sin\omega_0 t$，等效于 $f(t)$ 的频谱 $F(\omega)$ 被一分为二，沿频率轴向左和向右各平移 ω_0 个单位.

举例说明：假设原始信号 $f(t)$ 为一个频宽为 $2\omega_f$ 的低频信号，其频谱 $F(\omega)$ 为图 4-16(a) 所示，又设载波信号为 $c(t) = \cos\omega_0 t$，其频谱

$$F_c(\omega) = \mathscr{F}[\cos\omega_0 t] = \pi[\delta(\omega+\omega_0) + \delta(\omega-\omega_0)],$$

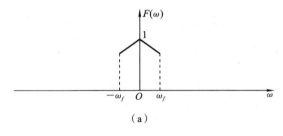

（a）

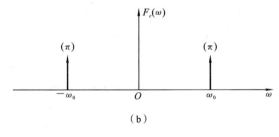

（b）

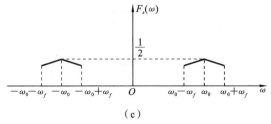

（c）

图 4-16

145

如图 4-16(b)所示,其中 δ 为单位脉冲函数,则两者相乘便得到已调信号 $s(t)=f(t)\cdot\cos\omega_0 t$,根据式(4-23)的结论,其频谱

$$F_s(\omega)=\mathscr{F}[f(t)\cdot\cos\omega_0 t]=\frac{1}{2}[F(\omega+\omega_0)+F(\omega-\omega_0)],$$

如图 4-16(c)所示.

在信号处理中,以原始信号 $f(t)$ 控制载波信号 $c(t)$ 的幅度变化的过程,称为**幅度调制**(AM). 可以看到,经幅度调制后,原信号的频谱 $F(\omega)$ 被搬移到载频 $\pm\omega_0$ 处,形成关于 $\pm\omega_0$ 对称的两个分量. 利用该方法便可以将低频范围内的信号调制到所需要的高频范围内.

对于上述的幅度调制,如何在接收端由已调信号 $s(t)$ 解调出原始信号 $f(t)$ 呢?

在时域上,要从已调信号 $s(t)$ 中直接恢复原始信号 $f(t)$,通常是不易实现的,但仍可从频域出发恢复出独立的原始信号频谱 $F(\omega)$. 对于已调信号 $s(t)$,要从其频谱成分 $F(\omega+\omega_0)$ 和 $F(\omega-\omega_0)$ 中恢复出 $F(\omega)$,只需在接收端用本地载波信号 $\cos\omega_0 t$ 乘以已调信号 $s(t)$,便可对 $s(t)$ 的频谱再次进行向左和向右的搬移,搬移距离为一个 ω_0(并乘以系数 $\frac{1}{2}$),得到如图 4-17(a)所示的频谱,此图形可以从以下傅里叶变换关系得到解释:

$$g(t)=[f(t)\cos\omega_0 t]\cos\omega_0 t=\frac{1}{2}f(t)(1+\cos2\omega_0 t)$$

$$=\frac{1}{2}f(t)+\frac{1}{2}f(t)\cos2\omega_0 t,$$

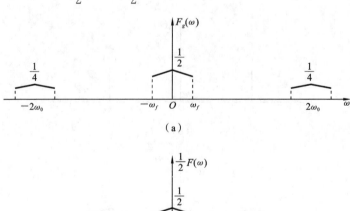

(a)

(b)

图 4-17

$$\mathscr{F}[g(t)]=F_g(\omega)=\frac{1}{2}F(\omega)+\frac{1}{4}[F(\omega+2\omega_0)+F(\omega-2\omega_0)].$$

再滤除频率为 $\pm2\omega_0$ 附近的分量(可使用低通滤波器)即可提取出 $F(\omega)$,通过傅里叶变换便可恢复原始信号 $f(t)$ 完成解调,如图 4-17(b)所示.

3. 信号频谱搬移的应用

通过傅里叶变换理论,我们对信号调制与解调中频谱搬移的原理有了基本的认识. 频谱搬移可以实现将低频信号搬移到任何所需的较高频率范围,使得消息易于以电磁波形式辐射出去. 频谱搬移还能将各种信号分别托付于不同频率的载波上,使它们互不重叠地占据不同的频率范围,接收机就可以分离出所需频率的信号,不至于互相干扰. 例如,短波电台的一般频段范围为 $1.6\sim30$ MHz,信道间最小频率间隔为 100 Hz,能提供 280000 多个可用频点,可实现同一区域的多组通话电台同时通信.

以上问题的解决,也为在一个信道中传输多对通话提供了依据,即利用信号的调制解调实现"多路复用". 例如,在有线通信系统或者依赖中继体制的无线电通信中,若一个信道只提供给一对通话者使用,必将造成通信资源的利用率极低,而"多路复用"则是使同一部电台将各路信号的频谱分别搬移到不同频率区段,从而完成在一个信道内传输多路信号的技术. 当前,无论是有线通信还是无线电通信,都广泛采用了多路复用技术.

本章例题解析

例 4.27　求函数

$$f(t)=\begin{cases}1-t^2, & t^2\leqslant1\\ 0, & t^2>1\end{cases}$$

的傅里叶积分.

【分析】　在傅里叶积分定理的条件下,有重要的傅里叶积分公式:

$$f(t)=\frac{1}{2\pi}\int_{-\infty}^{+\infty}\left[\int_{-\infty}^{+\infty}f(\tau)\mathrm{e}^{-\mathrm{j}\omega\tau}\mathrm{d}\tau\right]\mathrm{e}^{\mathrm{j}\omega t}\mathrm{d}\omega.$$

在间断点 t 处, $f(t)$ 应该用 $\frac{1}{2}[f(t+0)+f(t-0)]$ 来代替.

(i) 若 $f(t)$ 为奇函数,则有(正弦傅里叶积分公式)

$$f(t)=\frac{2}{\pi}\int_0^{+\infty}\left[\int_0^{+\infty}f(\tau)\sin\omega\tau\mathrm{d}\tau\right]\sin\omega t\mathrm{d}\omega.$$

(ii) 若 $f(t)$ 为偶函数,则有(余弦傅里叶积分公式)

$$f(t) = \frac{2}{\pi}\int_0^{+\infty}\left[\int_0^{+\infty}f(\tau)\cos\omega\tau\,\mathrm{d}\tau\right]\cos\omega t\,\mathrm{d}\omega.$$

解 $f(t)$ 为偶函数,由余弦傅里叶积分公式可得

$$f(t) = \frac{2}{\pi}\int_0^{+\infty}\left[\int_0^{+\infty}f(\tau)\cos\omega\tau\,\mathrm{d}\tau\right]\cos\omega t\,\mathrm{d}\omega,$$

则

$$\int_0^{+\infty}f(\tau)\cos\omega\tau\,\mathrm{d}\tau = \int_0^1(1-\tau^2)\cos\omega\tau\,\mathrm{d}\tau = \int_0^1(1-\tau^2)\frac{\mathrm{d}\sin\omega\tau}{\omega}$$

$$= (1-\tau^2)\frac{\sin\omega\tau}{\omega}\Big|_{\tau=0}^{\tau=1} - \int_0^1\frac{\sin\omega\tau}{\omega}(-2\tau)\mathrm{d}\tau$$

$$= \int_0^1\frac{2\tau\sin\omega\tau}{\omega}\mathrm{d}\tau = \int_0^1\frac{2\tau}{\omega^2}(-1)\mathrm{d}\cos\omega\tau$$

$$= \frac{-2\tau\cos\omega\tau}{\omega^2}\Big|_{\tau=0}^{\tau=1} + \int_0^1\frac{2\cos\omega\tau}{\omega^2}\mathrm{d}\tau$$

$$= \frac{-2\cos\omega}{\omega^2} + \frac{2\sin\omega\tau}{\omega^3}\Big|_{\tau=0}^{\tau=1}$$

$$= \frac{2\sin\omega}{\omega^3} - \frac{2\cos\omega}{\omega^2}$$

$$= \frac{2(\sin\omega - \omega\cos\omega)}{\omega^3},$$

所以

$$f(t) = \frac{4}{\pi}\int_0^{+\infty}\frac{\sin\omega - \omega\cos\omega}{\omega^3}\mathrm{d}\omega.$$

例 4.28 求 $\mathscr{F}[u(4t)]$ 及 $\mathscr{F}[tu(4t)]$.

解 已知单位阶跃函数

$$u(t) = \begin{cases} 0, & t < 0 \\ 1, & t > 0 \end{cases}$$

的傅里叶变换为 $\frac{1}{\mathrm{j}\omega} + \pi\delta(\omega)$,故

$$\mathscr{F}[u(4t)] = \frac{1}{4}\left[\frac{4}{\mathrm{j}\omega} + \pi\delta\left(\frac{\omega}{4}\right)\right] = \frac{1}{\mathrm{j}\omega} + \frac{\pi}{4}\delta\left(\frac{\omega}{4}\right),$$

$$\mathscr{F}[tu(4t)] = \mathrm{j}\frac{\mathrm{d}\left[\frac{1}{\mathrm{j}\omega} + \frac{\pi}{4}\delta\left(\frac{\omega}{4}\right)\right]}{\mathrm{d}\omega} = \mathrm{j}\left[-\frac{1}{\mathrm{j}\omega^2} + \frac{\pi}{4}\delta\left(\frac{\omega}{4}\right)\right] = -\frac{1}{\omega^2} + \frac{\pi\mathrm{j}}{4}\delta\left(\frac{\omega}{4}\right).$$

例 4.29 求函数 $F(\omega) = \frac{\sin\omega}{\omega}$ 的傅里叶逆变换.

解 由 $\mathscr{F}^{-1}\left(\frac{\sin\omega}{\omega}\right) = \frac{1}{2\pi}\int_{-\infty}^{+\infty}F(\omega)\mathrm{e}^{\mathrm{j}\omega t}\,\mathrm{d}\omega = \frac{1}{2\pi}\int_{-\infty}^{+\infty}\frac{\sin\omega}{\omega}\mathrm{e}^{\mathrm{j}\omega t}\,\mathrm{d}\omega$

$$= \frac{1}{2\pi}\int_{-\infty}^{+\infty} \frac{\sin\omega}{\omega}(\cos\omega t + \mathrm{j}\sin\omega t)\,\mathrm{d}\omega$$

$$= \frac{1}{2\pi}\int_{-\infty}^{+\infty} \frac{\sin\omega}{\omega}\cos\omega t\,\mathrm{d}\omega + \frac{1}{2\pi}\int_{-\infty}^{+\infty} \frac{\sin\omega}{\omega}\mathrm{j}\sin\omega t\,\mathrm{d}\omega$$

$$= \frac{1}{\pi}\int_{0}^{+\infty} \frac{\sin\omega}{\omega}\cos\omega t\,\mathrm{d}\omega + 0$$

$$= \frac{1}{\pi}\int_{0}^{+\infty} \frac{\sin\omega}{\omega}\cos\omega t\,\mathrm{d}\omega.$$

由于
$$\sin\omega\cos\omega t = \frac{1}{2}\big[\sin(1+t)\omega + \sin(1-t)\omega\big],$$

故有
$$\mathscr{F}^{-1}\left(\frac{\sin\omega}{\omega}\right) = \frac{1}{\pi}\int_{0}^{+\infty} \frac{\sin\omega\cos\omega t}{\omega}\,\mathrm{d}\omega$$

$$= \frac{1}{2\pi}\int_{0}^{+\infty} \frac{\sin(1+t)\omega}{\omega}\,\mathrm{d}\omega + \frac{1}{2\pi}\int_{0}^{+\infty} \frac{\sin(1-t)\omega}{\omega}\,\mathrm{d}\omega.$$

根据单位阶跃函数 $\mu(t)$ 的傅里叶积分表达式,得到

$$\frac{1}{\pi}\int_{0}^{+\infty} \frac{\sin\omega t}{\omega}\,\mathrm{d}\omega = \mu(t) - \frac{1}{2} \quad (t \neq 0),$$

由此可得

$$\frac{1}{\pi}\int_{0}^{+\infty} \frac{\sin(1+t)\omega}{\omega}\,\mathrm{d}\omega = \mu(1+t) - \frac{1}{2} \quad (t \neq -1),$$

$$\frac{1}{\pi}\int_{0}^{+\infty} \frac{\sin(1-t)\omega}{\omega}\,\mathrm{d}\omega = \mu(1-t) - \frac{1}{2} \quad (t \neq -1),$$

故
$$\mathscr{F}^{-1}\left(\frac{\sin\omega}{\omega}\right) = \frac{1}{2}\big[\mu(1+t) + \mu(1-t) - 1\big] \quad (t \neq 1).$$

当 $t = \pm 1$ 时,

$$\mathscr{F}^{-1}\left(\frac{\sin\omega}{\omega}\right) = \frac{1}{2}\big[f(t+0) + f(t-0)\big] = \frac{1}{4}.$$

综上所述,

$$\mathscr{F}^{-1}\left(\frac{\sin\omega}{\omega}\right) = \begin{cases} \dfrac{1}{2}\big[\mu(1+t) + \mu(1-t) - 1\big], & |t| \neq 1, \\[3mm] \dfrac{1}{4}, & |t| = 1. \end{cases}$$

例 4.30 若 $f_1(t) = \begin{cases} 0, & t<0 \\ \mathrm{e}^{-t}, & t \geqslant 0 \end{cases}$ 与 $f_2(t) = \begin{cases} \sin t, & 0 \leqslant t \leqslant \dfrac{\pi}{2}, \\ 0, & \text{其他}, \end{cases}$ 求 $f_1(t) * f_2(t)$.

解
$$f_1(t) * f_2(t) = \int_{-\infty}^{+\infty} f_1(\tau)f_2(t-\tau)\,\mathrm{d}\tau,$$

被积函数 $f_1(\tau)f_2(t-\tau)$ 仅在 $\begin{cases} \tau \geqslant 0 \\ 0 \leqslant t-\tau \leqslant \dfrac{\pi}{2} \end{cases}$ 时才不为 0,其表示的范围如图

4-18 所示.

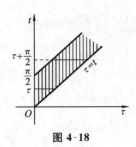

图 4-18

所以当 $t<0$ 时,$f_1(t) * f_2(t) = 0$.

当 $0 \leqslant t \leqslant \dfrac{\pi}{2}$ 时,

$$
\begin{aligned}
f_1(t) * f_2(t) &= \int_0^t f_1(\tau) f_2(t-\tau)\mathrm{d}\tau = \int_0^t \mathrm{e}^{-\tau} \sin(t-\tau)\mathrm{d}\tau \\
&= \int_0^t \frac{1}{2\mathrm{j}} \big[\mathrm{e}^{\mathrm{j}t} \cdot \mathrm{e}^{(-1-\mathrm{j})\tau} - \mathrm{e}^{-\mathrm{j}t} \cdot \mathrm{e}^{(-1+\mathrm{j})\tau}\big]\mathrm{d}\tau \\
&= \frac{1}{2\mathrm{j}} \Big[\mathrm{e}^{\mathrm{j}t} \cdot \frac{\mathrm{e}^{(-1-\mathrm{j})\tau}}{-1-\mathrm{j}} - \mathrm{e}^{-\mathrm{j}t} \cdot \frac{\mathrm{e}^{(-1+\mathrm{j})\tau}}{-1+\mathrm{j}}\Big]_{\tau=0}^{\tau=t} \\
&= \frac{1}{2\mathrm{j}} \Big(\frac{\mathrm{e}^{-t} - \mathrm{e}^{\mathrm{j}t}}{-1-\mathrm{j}} - \frac{\mathrm{e}^{-t} - \mathrm{e}^{-\mathrm{j}t}}{-1+\mathrm{j}}\Big) \\
&= \frac{1}{2\mathrm{j}} \Big[\mathrm{e}^{-t} \Big(\frac{1}{-1-\mathrm{j}} - \frac{1}{-1+\mathrm{j}}\Big) + \frac{\mathrm{e}^{\mathrm{j}t}}{-1+\mathrm{j}} + \frac{\mathrm{e}^{\mathrm{j}t}}{1+\mathrm{j}}\Big] \\
&= \frac{1}{2}(\mathrm{e}^{-t} + \sin t - \cos t).
\end{aligned}
$$

当 $t > \dfrac{\pi}{2}$ 时,

$$
\begin{aligned}
f_1(t) * f_2(t) &= \int_{t-\frac{\pi}{2}}^t f_1(\tau) f_2(t-\tau)\mathrm{d}\tau = \int_{t-\frac{\pi}{2}}^t \mathrm{e}^{-t} \sin(t-\tau)\mathrm{d}\tau \\
&= \frac{1}{2\mathrm{j}} \Big[\mathrm{e}^{\mathrm{j}t} \cdot \frac{\mathrm{e}^{(-1-\mathrm{j})\tau}}{-1-\mathrm{j}} - \mathrm{e}^{-\mathrm{j}t} \cdot \frac{\mathrm{e}^{(-1+\mathrm{j})\tau}}{-1+\mathrm{j}}\Big]_{\tau=t-\frac{\pi}{2}}^{\tau=t} \\
&= \frac{1}{2\mathrm{j}} \Big[\mathrm{e}^{-t} \Big(\frac{1 - \mathrm{e}^{\frac{1+\mathrm{j}}{2}\pi}}{-1-\mathrm{j}}\Big) - \mathrm{e}^{-t} \Big(\frac{1 - \mathrm{e}^{\frac{1-\mathrm{j}}{2}\pi}}{-1+\mathrm{j}}\Big)\Big] \\
&= \frac{1}{2} \Big(1 + \frac{\pi}{2}\mathrm{e}\Big)\mathrm{e}^{-t}.
\end{aligned}
$$

综上所述，

$$f_1(t) * f_2(t) = \begin{cases} 0, & t<0, \\ \dfrac{1}{2}(\mathrm{e}^{-t}+\sin t-\cos t), & 0 \leqslant t \leqslant \dfrac{\pi}{2}, \\ \dfrac{1}{2}\left(1+\dfrac{\pi}{2}\mathrm{e}\right)\mathrm{e}^{-t}, & t>\dfrac{\pi}{2}. \end{cases}$$

读者也可以用卷积的性质来求这个卷积.

例 4.31 求积分方程 $\displaystyle\int_{-\infty}^{+\infty} \frac{y(\tau)}{(t-\tau)^2+1}\mathrm{d}\tau = \frac{1}{t^2+4}$ 的解 $y(t)$.

解 不难看出，方程的左端是未知函数 $y(t)$ 与 $\dfrac{1}{t^2+1}$ 的卷积，即 $y(t) * \dfrac{1}{t^2+1}$，

对方程两边取傅里叶积分，并取 $\mathscr{F}[y(t)]=Y(\omega)$，可得

$$\mathscr{F}\left[y(t) * \frac{1}{t^2+1}\right] = \mathscr{F}\left[\frac{1}{t^2+4}\right] \quad \text{（卷积公式），}$$

$$\mathscr{F}[y(t)]\mathscr{F}\left[\frac{1}{t^2+1}\right] = \mathscr{F}\left[\frac{1}{t^2+4}\right],$$

即

$$Y(\omega) = \frac{\mathscr{F}\left[\dfrac{1}{t^2+4}\right]}{\mathscr{F}\left[\dfrac{1}{t^2+1}\right]},$$

其中

$$\mathscr{F}\left[\frac{1}{t^2+1}\right] = \int_{-\infty}^{+\infty} \frac{1}{t^2+1}\mathrm{e}^{-\mathrm{j}\omega t}\,\mathrm{d}t.$$

下面利用留数定理求上式右边的积分：

当 $\omega>0$ 时，$\displaystyle\int_{-\infty}^{+\infty} \frac{1}{t^2+1}\mathrm{e}^{-\mathrm{j}\omega t}\,\mathrm{d}t = \int_{-\infty}^{+\infty} \frac{1}{x^2+1}\mathrm{e}^{\mathrm{j}\omega t}\,\mathrm{d}x$

$$= 2\pi\mathrm{j}\mathrm{Res}\left[\frac{1}{z^2+1}\mathrm{e}^{\mathrm{j}\omega z}, a\mathrm{j}\right] = \pi\mathrm{e}^{-\omega};$$

当 $\omega<0$ 时，$\displaystyle\int_{-\infty}^{+\infty} \frac{1}{t^2+1}\mathrm{e}^{-\mathrm{j}\omega t}\,\mathrm{d}t = \int_{-\infty}^{+\infty} \frac{1}{t^2+1}\mathrm{e}^{\mathrm{j}(-\omega)t}\,\mathrm{d}t$

$$= 2\pi\mathrm{j}\mathrm{Res}\left[\frac{1}{z^2+1}\mathrm{e}^{\mathrm{j}(-\omega)t}, a\mathrm{j}\right] = \pi\mathrm{e}^{\omega}.$$

即

$$\mathscr{F}\left[\frac{1}{t^2+1}\right] = \pi\mathrm{e}^{-|\omega|},$$

同理，可得

$$\mathscr{F}\left[\frac{1}{t^2+4}\right] = \frac{\pi}{2}\mathrm{e}^{-2|\omega|}.$$

所以
$$Y(\omega)=\frac{\mathscr{F}\left[\dfrac{1}{t^2+4}\right]}{\mathscr{F}\left[\dfrac{1}{t^2+1}\right]}=\frac{\dfrac{\pi}{2}\mathrm{e}^{-2|\omega|}}{\pi\mathrm{e}^{-|\omega|}}=\frac{1}{2}\mathrm{e}^{-|\omega|}.$$

再由傅里叶逆变换可得
$$y(t)=\mathscr{F}^{-1}\left[Y(\omega)\right]=\frac{1}{2}\mathscr{F}^{-1}\left[\mathrm{e}^{-|\omega|}\right],$$

可知
$$y(t)=\frac{1}{2}\,\frac{1}{2\pi}\int_{-\infty}^{+\infty}\mathrm{e}^{-|\omega|}\mathrm{e}^{\mathrm{j}\omega t}\,\mathrm{d}\omega=\frac{1}{4\pi}\left[\int_{-\infty}^{0}\mathrm{e}^{(1+\mathrm{j}t)\omega}\,\mathrm{d}\omega+\int_{0}^{+\infty}\mathrm{e}^{(-1+\mathrm{j}t)\omega}\,\mathrm{d}\omega\right]$$
$$=\frac{1}{4\pi}\left[\frac{\mathrm{e}^{(1+\mathrm{j}t)\omega}}{1+\mathrm{j}t}\bigg|_{-\infty}^{0}+\frac{\mathrm{e}^{(-1+\mathrm{j}t)\omega}}{-1+\mathrm{j}t}\bigg|_{0}^{+\infty}\right]=\frac{1}{4\pi}\left(\frac{1}{1+\mathrm{j}t}-\frac{1}{-1+\mathrm{j}t}\right)$$
$$=\frac{1}{2\pi(t^2+1)},$$

故所给积分方程的解为
$$y(t)=\frac{1}{2\pi(t^2+1)}.$$

本 章 小 结

复习提纲

　　本章从周期函数的傅里叶级数出发,导出非周期函数的傅里叶积分公式,并由此得到傅里叶变换,进而讨论了傅里叶变换的一些基本性质及应用.从分析角度看,傅里叶级数是用简单函数去逼近或代替复杂函数;从几何观点看,它是以一簇正交函数为基向量,将函数空间进行正交分解,相应的系数即为坐标;从变换角度看,它建立了周期函数与序列之间的对应关系;从物理意义上看,它将信号分解为一系列简谐波的复合,从而建立了频谱理论.

　　傅里叶变换是傅里叶级数由周期函数向非周期函数的演变,它通过特定形式的积分建立了函数之间的对应关系.它既能从频谱的角度来描述函数(或信号)的特征,又能简化运算,方便问题的求解.需要指出的是,本章所讨论的傅里叶变换均是针对实值函数的,而傅里叶变换对于复值函数也是成立的.

　　随着信息数字化的发展,在傅里叶变换之后,又出现了用于处理离散时间函数的离散傅里叶变换及有限离散傅里叶变换(DFT),使得傅里叶变换在数字领域也同样发挥着巨大的作用.

　　本章学习的基本要求:

一、傅里叶积分定理、傅里叶变换及其逆变换的概念

1. 傅里叶积分定理

若函数 $f(t)$ 在区间 $(-\infty,+\infty)$ 上任一有限区间满足狄利克雷条件,且在 $(-\infty,+\infty)$ 上绝对可积(即定积分 $\int_{-\infty}^{+\infty}|f(x)|\,\mathrm{d}x$ 收敛),则

$$f(t)=\frac{1}{2\pi}\int_{-\infty}^{+\infty}\left[\int_{-\infty}^{+\infty}f(\tau)\mathrm{e}^{-\mathrm{j}\omega\tau}\,\mathrm{d}\tau\right]\mathrm{e}^{\mathrm{j}\omega t}\,\mathrm{d}\omega$$

成立,在 $f(t)$ 的间断点处,等式左端应为 $\frac{1}{2}\left[f(t+0)+f(t-0)\right]$.

2. 傅里叶变换及其逆变换

令 $F(\omega)=\mathscr{F}[f(t)]=\int_{-\infty}^{+\infty}f(t)\mathrm{e}^{-\mathrm{j}\omega t}\,\mathrm{d}t$,称其为函数 $f(t)$ 的**傅里叶变换**;

令 $f(t)=\mathscr{F}^{-1}[F(\omega)]=\frac{1}{2\pi}\int_{-\infty}^{+\infty}F(\omega)\mathrm{e}^{\mathrm{j}\omega t}\,\mathrm{d}\omega$,称其为 $F(\omega)$ 的**傅里叶逆变换**.

$F(\omega)$ 叫作 $f(t)$ 的**像函数**,$f(t)$ 叫作 $F(\omega)$ 的**像原函数**,像函数 $F(\omega)$ 与像原函数 $f(t)$ 构成一个**傅里叶变换对**,它们可以互相表达.

3. 单位脉冲函数 $\delta(t)$ 及其性质

单位脉冲函数 $\delta(t)$ 是指满足下面两个条件的广义函数:

(1) $\delta(t)=\begin{cases}0,& t\neq0,\\ \infty,& t=0;\end{cases}$　　(2) $\int_{-\infty}^{+\infty}\delta(t)\mathrm{d}t=1.$

注意　δ-函数不是经典意义下的函数,而是一个广义函数,它有一个重要的性质——**筛选性质**,即若 $f(t)$ 是定义在实数域 $\mathbf{R}$ 上的有界函数,且在点 $t=0$ 处连续,则

$$\int_{-\infty}^{+\infty}f(t)\delta(t)\mathrm{d}t=f(0),$$

一般地,$\int_{-\infty}^{+\infty}f(t)\delta(t-t_0)\mathrm{d}t=f(t_0).$

4. 一些常见函数的傅里叶变换

(1) 单边指数衰减信号 $f(t)=\begin{cases}0,& t<0,\\ \mathrm{e}^{-\beta t},& t\geq0\end{cases}(\beta>0)$,傅里叶变换为 $F(\omega)=\frac{1}{\beta+\mathrm{j}\omega}.$

(2) 钟形脉冲函数 $f(t)=E\mathrm{e}^{-\beta t^2}$ 的傅里叶变换为 $F(\omega)=\sqrt{\frac{\pi}{\beta}}E\mathrm{e}^{-\frac{\omega^2}{4\beta}}.$

(3) 单位阶跃函数 $u(t)=\begin{cases}0, & t<0 \\ 1, & t>0\end{cases}$ 的傅里叶变换为 $\frac{1}{\mathrm{j}\omega}+\pi\delta(\omega)$.

(4) 单位脉冲函数 $\delta(t)$ 与常数 1 构成一个傅里叶变换对,$\delta(t-t_0)$ 与 $\mathrm{e}^{-\mathrm{j}\omega t_0}$ 也构成了一个傅里叶变换对.

(5) 正弦函数 $f(t)=\sin\omega_0 t$ 的傅里叶变换

$$\mathscr{F}[\sin\omega_0 t]=\mathrm{j}\pi[\delta(\omega+\omega_0)-\delta(\omega-\omega_0)].$$

(6) 余弦函数 $\mathscr{F}[\cos\omega_0 t]=\pi[\delta(\omega-\omega_0)+\delta(\omega+\omega_0)].$

二、傅里叶变换的性质

1. 线性性质

设 $F_1(\omega)=\mathscr{F}[f_1(t)]$,$F_2(\omega)=\mathscr{F}[f_2(t)]$,$\alpha,\beta$ 是常数,则
$$\mathscr{F}[\alpha f_1(t)+\beta f_2(t)]=\alpha F_1(\omega)+\beta F_2(\omega),$$
即 $$\mathscr{F}^{-1}[\alpha F_1(\omega)+\beta F_2(\omega)]=\alpha f_1(t)+\beta f_2(t).$$

2. 位移性质

设 $F(\omega)=\mathscr{F}[f(t)]$,$t_0$ 为实数,则
$$\mathscr{F}[f(t\pm t_0)]=\mathrm{e}^{\pm\mathrm{j}\omega t_0}F(\omega),$$
$$\mathscr{F}^{-1}[\mathrm{e}^{\pm\mathrm{j}\omega_0 t}f(t)]=F(\omega\pm\omega_0).$$

3. 对称性质

若 $\mathscr{F}[f(t)]=F(\omega)$,则 $\mathscr{F}[F(t)]=2\pi f(-\omega)$.

4. 微分性质

如果 $f(t)$ 在 $(-\infty,+\infty)$ 上连续或只有有限个可去间断点,且当 $|t|\to+\infty$ 时,$f(t)\to 0$,则 $\mathscr{F}[f'(t)]=\mathrm{j}\omega\mathscr{F}[f(t)]$.

推论 如果 $f^{(k)}(t)(k=1,2,\cdots,n)$ 在 **R** 上连续或只有有限个可去间断点,且当 $|t|\to+\infty$ 时,$f^{(k)}(t)\to 0(k=1,2,\cdots,n-1)$,则
$$\mathscr{F}[f^{(n)}(t)]=(\mathrm{j}\omega)^n\mathscr{F}[f(t)].$$

像函数的导数公式:$\dfrac{\mathrm{d}^n}{\mathrm{d}\omega^n}F(\omega)=(-\mathrm{j})^n\mathscr{F}[t^n f(t)]$.

5. 积分性质

如果当 $t\to+\infty$ 时,$g(t)=\displaystyle\int_{-\infty}^t f(t)\mathrm{d}t\to 0$,则 $\mathscr{F}\left[\displaystyle\int_{-\infty}^t f(t)\mathrm{d}t\right]=\dfrac{1}{\mathrm{j}\omega}\mathscr{F}[f(t)]$.

6. 卷积与卷积定理

(1) 卷积:已知函数 $f_1(t),f_2(t)$,则积分 $\displaystyle\int_{-\infty}^{+\infty}f_1(\tau)f_2(t-\tau)\mathrm{d}\tau$ 称为函数 $f_1(t)$ 与 $f_2(t)$ 的卷积,记为 $f_1(t)*f_2(t)$. 即

$$f_1(t) * f_2(t) = \int_{-\infty}^{+\infty} f_1(\tau) f_2(t-\tau) \mathrm{d}\tau .$$

（2）卷积定理：若 $F_1(\omega)=\mathscr{F}[f_1(t)]$，$F_2(\omega)=\mathscr{F}[f_2(t)]$，则

① $\mathscr{F}[f_1(t) * f_2(t)]=F_1(\omega) \cdot F_2(\omega)$；

② $\mathscr{F}^{-1}[F_1(\omega) \cdot F_2(\omega)]=f_1(t) * f_2(t)$；

③ $\mathscr{F}[f_1(t) \cdot f_2(t)]=\dfrac{1}{2\pi}F_1(\omega) * F_2(\omega)$．

三、傅里叶变换的应用

傅里叶变换具有广泛应用，要理解并掌握用傅里叶变换解积分、微分方程问题，求偏微分方程问题以及电路系统求解问题．在求解过程中，注意结合傅里叶变换的性质简化运算．

四、离散傅里叶变换及其逆变换

1. 离散傅里叶变换

设 $f(n)(n=0,1,2,\cdots,N-1)$ 为一列离散非周期时域信号，定义

$$F(k) = \sum_{n=0}^{N-1} f(n) \mathrm{e}^{-\mathrm{j}\frac{2\pi k}{N}n}$$

为 $f(n)$ 的离散傅里叶变换，记为 $F(k)=\mathrm{DFT}[f(n)]$．

2. 离散傅里叶逆变换

设 $F(k)(k=0,1,2,\cdots,N-1)$ 是一列离散非周期频域函数，定义

$$f(n) = \frac{1}{N}\sum_{k=0}^{N-1} F(k) \mathrm{e}^{\mathrm{j}\frac{2\pi n}{N}k}$$

为其离散傅里叶逆变换，记为 $f(n)=\mathrm{IDFT}[F(k)]$．

数学家简介——傅里叶

让·巴普蒂斯·约瑟夫·傅里叶(Jean Baptiste
Joseph Fourier,1768—1830),法国著名数学家、物理学
家,1817 年当选为法兰西科学院院士,1822 年任该院
终身秘书,后又任法兰西学院终身秘书.主要贡献是在
研究热的传播时创立了一套数学理论.

他出生于法国中部欧塞尔的一个裁缝家庭,9 岁时
沦为孤儿,12 岁由教会送入地方军校读书,1795 年到巴
黎,成为高等师范学校的首批学员,崭露出数学才华,次
年到巴黎综合工科大学任助教,协助拉格朗日等人从事
数学教学.1798 年,他随拿破仑军队远征埃及,受到拿破仑器重,回国后被任命为格
伦诺布尔省省长.1815 年,傅里叶辞去爵位和官职,毅然回到巴黎投入军校研究,
1817 年就职于科学院,1822 年任该院秘书,并被英国皇家学会选为外国会员.

傅里叶早在 1807 年就写成关于热传导的基本论文《热的传播》,推导出了三
维热传导方程

$$\frac{\partial^2 v}{\partial x^2}+\frac{\partial^2 v}{\partial y^2}+\frac{\partial^2 v}{\partial z^2}=R\,\frac{\partial v}{\partial t},$$

并在求解该方程时发现解函数可以由三角函数构成的级数形式表示,从而作出
了惊人的数学推断:任一函数都可以展成三角函数的无穷级数.由于缺乏理论证
明,审查委员会鼓励他将结论严密化.1811 年,他又提交了经修改的论文《热在固
体中的运动理论》,该文中增加了对无界区域热传导的分析,引出了现在所称的
"傅里叶积分".但论文仍受到缺乏严密性的批评而未能在科学院的《报告》中发
表.1822 年,傅里叶终于出版了专著《热的分析理论》.他在该书中解决了热在非
均匀加热的固体中的分布传导问题,成为分析学在物理中应用的最早例证之一,
对 19 世纪数学和理论物理学的发展产生了深远的影响.

在《热的分析理论》这部经典著作里,傅里叶开创性地提出了应用三角函数
求解热传导方程,以及处理无穷区域的热传导问题,又推导出了现在所称的"傅
里叶积分".这不仅推动了偏微分理论的发展,而且改变了数学家们对函数概念
的一种传统有限的认识,特别是引起了对不连续函数的探讨,三角级数收敛性问
题更刺激了集合论的诞生.因此,《热的解析理论》影响了整个 19 世纪分析严格化
的进程.傅里叶还是最早使用定积分符号的人.

习　题　四

A　题

1. 设 $\mathscr{F}[f(t)]=F(\omega)$，则 $\mathscr{F}[f(t)\cos t]=$ _____．

2. $\mathscr{F}[e^{-2t}u(t)]=$ _____．

3. 设 $\mathscr{F}^{-1}[F(\omega)]=f(t)$，则 $\mathscr{F}^{-1}[e^{j\omega t_0}F(\omega)]=$ _____．

4. 设 $\mathscr{F}[f(t)]=F(\omega)$，则 $\mathscr{F}[\delta(t-a)*f(t)]=$ _____．

5. 设 $\mathscr{F}[f(t)]=F(\omega)$，则 $\mathscr{F}[f(2t-5)]=$ _____．

6. 设 $f(t)=\cos at$，则其傅里叶变换 $\mathscr{F}[f(t)]=F(\omega)$ 为（　　）．

(A) $\delta(\omega-a)-\delta(\omega+a)$

(B) $\pi j[\delta(\omega+a)-\delta(\omega-a)]$

(C) $\pi[\delta(\omega+a)+\delta(\omega-a)]$

(D) $\pi[\delta(\omega+a)-\delta(\omega-a)]$

7. 若 $\mathscr{F}[f_1(t)]=F_1(\omega)$，$\mathscr{F}[f_2(t)]=F_2(\omega)$，则下列变换正确的是（　　）．

(A) $\mathscr{F}[f_1(t)\cdot f_2(t)]=F_1(\omega)*F_2(\omega)$

(B) $\mathscr{F}[f_1(t)*f_2(t)]=F_1(\omega)\cdot F_2(\omega)$

(C) $\mathscr{F}[f_1(t)\cdot f_2(t)]=\dfrac{1}{2\pi}F_1(\omega)\cdot F_2(\omega)$

(D) $\mathscr{F}[f_1(t)*f_2(t)]=\dfrac{1}{2\pi}F_1(\omega)\cdot F_2(\omega)$

8. 若 $f(t)=\sin t\cos t$，则 $\mathscr{F}[f(t)]=F(\omega)$ 为（　　）．

(A) $\dfrac{\pi}{4}j[\delta(\omega+2)-\delta(\omega-2)]$

(B) $\dfrac{\pi}{2}j[\delta(\omega+2)-\delta(\omega-2)]$

(C) $\pi j[\delta(\omega+2)-\delta(\omega-2)]$

(D) $2\pi j[\delta(\omega+2)-\delta(\omega-2)]$

9. 下列变换中不正确的是（　　）．

(A) $\mathscr{F}[\mu(t)]=\dfrac{1}{\omega j}+\pi\delta(\omega)$

(B) $\mathscr{F}[\delta(t)]=1$

(C) $\mathscr{F}^{-1}[2\pi\delta(\omega)]=1$

(D) $\mathscr{F}^{-1}[\cos\omega_0 t]=\delta(\omega_0-\omega)+\delta(\omega_0+\omega)$

10. 若 $F_1(j\omega) = \mathscr{F}[f_1(t)]$，则 $F_2(j\omega) = \mathscr{F}[f_1(4-2t)] = ($ $)$.

(A) $\dfrac{1}{2}F_1(j\omega)e^{-j4\omega}$

(B) $\dfrac{1}{2}F_1\left(-j\dfrac{\omega}{2}\right)e^{-j4\omega}$

(C) $F_1(-j\omega)e^{-j\omega}$

(D) $\dfrac{1}{2}F_1\left(-j\dfrac{\omega}{2}\right)e^{-j2\omega}$

B 题

1. 设 $f(t) = e^{-\beta t}(\beta>0, t>0)$，求它的傅里叶积分，并指出能得到的积分式.

2. 求下列函数的傅里叶变换：

(1) $f(t) = \begin{cases} 1+t, & -1<t<0, \\ 1-t, & 0<t<1, \\ 0, & |t|>1; \end{cases}$

(2) $f(t) = \begin{cases} e^{j\omega_0 t}, & a<t<b, \\ 0, & t<a \ 或 \ t>b; \end{cases}$

(3) $f(t) = \dfrac{1}{2}\left[\delta(t+a)+\delta(t-a)+\delta\left(t+\dfrac{a}{2}\right)+\delta\left(t-\dfrac{a}{2}\right)\right]$.

3. 求函数 $f(t) = \begin{cases} 1, & |t| \leqslant 1 \\ 0, & |t|>1 \end{cases}$ 的傅里叶变换，并证明积分等式：

$$\int_0^{+\infty} \frac{\sin\omega}{\omega}\cos\omega t\,\mathrm{d}\omega = \begin{cases} \dfrac{\pi}{2}, & |t|<1, \\[2mm] \dfrac{\pi}{4}, & |t|=1, \\[2mm] 0, & |t|>1. \end{cases}$$

4. 求下列函数的傅里叶变换：

(1) $f(t) = \mathrm{sgn}\,t = \begin{cases} -1, & t<0, \\ 1, & t>0; \end{cases}$

(2) $f(t) = \dfrac{1}{\sqrt{2\pi}\sigma}e^{-\frac{t^2}{2\sigma^2}}$（提示：利用钟形脉冲函数的傅里叶变换）;

(3) $f(t) = \sin\left(5t+\dfrac{\pi}{3}\right)$.

5. 若 $F(\omega) = \mathscr{F}[f(t)]$，证明 $F(-\omega) = \mathscr{F}[f(-t)]$（翻转性质）.

6. 证明下列各式：

(1) $e^{at}[f_1(t)*f_2(t)]=[e^{at}f_1(t)]*[e^{at}f_2(t)]$（$a$ 为常数）；

(2) $\dfrac{\mathrm{d}}{\mathrm{d}t}[f_1(t)*f_2(t)]=\dfrac{\mathrm{d}}{\mathrm{d}t}f_1(t)*f_2(t)=f_1(t)*\dfrac{\mathrm{d}}{\mathrm{d}t}f_2(t).$

7. 设函数

$$f_1(t)=\begin{cases}1,&0\leqslant t\leqslant 1,\\0,&\text{其他},\end{cases}\qquad f_2(t)=\begin{cases}\dfrac{1}{2},&0\leqslant t\leqslant 1,\\0,&\text{其他},\end{cases}$$

求 $f_1(t)$ 和 $f_2(t)$ 的卷积.

8. 已知 $F(\omega)=\mathscr{F}[f(t)]$，求下列函数的傅里叶变换：

(1) $g(t)=tf(2t)$；

(2) $g(t)=(t-2)f(t)$；

(3) $g(t)=t^3f(2t)$；

(4) $g(t)=tf'(t).$

9. 求序列 $\{1,1\}$ 的离散傅里叶变换.

10. 求有限长序列 $x(n)=0.8^n$ 的离散傅里叶变换，其中 $n=0,1,\cdots,8$.

11. 求微积分方程 $x'(t)-\int_{-\infty}^{t}4x(t)\mathrm{d}t=e^{-|t|}$（$-\infty<t<+\infty$）的解.

12. 求微分方程 $x'(t)+x(t)=\delta(t)$（$-\infty<x<+\infty$）的解.

在数学中,我们发现真理的主要工具是归纳和模拟.

——拉普拉斯

第 5 章 拉普拉斯变换与 z 变换

傅里叶变换在工程等领域中发挥了重要的作用,特别是在信号处理领域,至今仍然是最基本的分析和处理工具.然而,傅里叶变换一方面要求函数在$(-\infty,+\infty)$内绝对可积,否则,就没有古典意义下的傅里叶变换,而绝对可积是一个很强的条件,即使是一些很简单的函数(如线性函数、正弦函数、余弦函数等)都不满足此条件.另一方面,傅里叶变换必须在整个实轴上有定义,但在工程实际问题中,时间 $t<0$ 通常是不需考虑的.因此,傅里叶变换的应用有一定的局限性.

能否找到一种变换,既有类似于傅里叶变换的性质,又能克服以上两个不足?在工程要求和科学发展的背景下,前人做了大量的工作,得到了解决方案,这就是拉普拉斯(Laplace)变换,它是从 19 世纪末英国工程师赫维塞德(Heaviside)发明的算子法发展而来的,但其数学根源则来自拉普拉斯.

拉普拉斯变换在连续时间信号中的作用非常重要,可将系统建模所表示的微分方程、积分方程和微积分方程转换为代数方程,简化求解过程. z 变换则是离散时间信号处理中的一种重要的数学工具,可将系统建模所表示的差分方程转换为代数方程,简化求解过程.

小波变换是从傅里叶变换发展过来的,也是一种积分变换,与傅里叶变换相比,小波变换的特点在于通过伸缩平移对信号进行多尺度变换,对信号进行时间或频率的局域分析,可以聚焦到信号的任意细节.小波变换具有很多的优越性能,是信号分析和处理较为理想的工具,在很多领域也都得到了广泛的应用.

5.1　拉普拉斯变换的概念

5.1.1　问题的提出

对任意函数 $f(t)$，结合单位阶跃函数 $u(t)$ 和单边指数衰减函数 $\mathrm{e}^{-\beta t}$（$\beta > 0$）的特点，观察发现：若用 $u(t)$ 乘以 $f(t)$，则可以使积分区间由 $(-\infty, +\infty)$ 变为 $[0, +\infty)$；若用 $\mathrm{e}^{-\beta t}$ 乘以 $f(t)$，由于 $\mathrm{e}^{-\beta t}$ 的衰减性，则可以使 $f(t)\mathrm{e}^{-\beta t}$ 有可能在正半实轴变得绝对可积. 如此一来，若把这两个函数同时乘以 $f(t)$，则应该可以克服上述的傅里叶变换的两个局限.

事实上，对 $f(t)u(t)\mathrm{e}^{-\beta t}$（$\beta > 0$）作傅里叶变换，可得

$$\int_{-\infty}^{+\infty} f(t)u(t)\mathrm{e}^{-\beta t}\mathrm{e}^{-\mathrm{j}\omega t}\,\mathrm{d}t = \int_{0}^{+\infty} f(t)\mathrm{e}^{-(\beta+\mathrm{j}\omega)t}\,\mathrm{d}t$$
$$= \int_{0}^{+\infty} f(t)\mathrm{e}^{-st}\,\mathrm{d}t,$$

其中 $s = \beta + \mathrm{j}\omega$. 只要 β 选择适当，该积分可绝对收敛. 设

$$F(s) = \int_{0}^{+\infty} f(t)\mathrm{e}^{-st}\,\mathrm{d}t, \tag{5-1}$$

由此式所确定的函数 $F(s)$，实际上是由 $f(t)$ 通过一种新的变换得到的，这种变换被称为拉普拉斯变换.

5.1.2　拉普拉斯变换的定义

定义 5.1　设函数 $f(t)$ 是定义在 $[0, +\infty)$ 上的实值函数，若积分式(5-1)绝对收敛，则称 $F(s)$ 为函数 $f(t)$ 的**拉普拉斯变换**，简称**拉氏变换**，记为

$$F(s) = \mathscr{L}[f(t)].$$

相应地，称 $f(t)$ 为 $F(s)$ 的**拉普拉斯逆变换**，记为

$$f(t) = \mathscr{L}^{-1}[F(s)].$$

有时也称 $f(t)$ 和 $F(s)$ 分别为**像原函数**和**像函数**.

类似于傅里叶积分公式的引入方法，也可通过对幂级数 $\sum\limits_{n=0}^{+\infty} C_n z^n$ 作推广导出拉普拉斯变换. 将指数 n 变换为在 0 到 $+\infty$ 上的连续变量 t，记 $z = \mathrm{e}^{-s}$，$C_n = f(t)$，由定积分定义，便可得到含复参变量 s 的拉普拉斯广义积分

$$\sum_{n=0}^{+\infty} C_n z^n = \int_{0}^{+\infty} f(t)\mathrm{e}^{-st}\,\mathrm{d}t. \tag{5-2}$$

因幂级数的收敛域是一个圆域,经过映射 $z=e^{-s}$ 使得该圆域变为复平面上的右半平面,故在右半平面上的拉普拉斯广义积分是收敛的,同时定义了一个关于变量 s 为复频率的复频函数 $F(s)$. 显然,$F(s)$ 是函数 $f(t)e^{-t\text{Re}(s)}$ 的频谱函数,由此可见拉普拉斯广义积分的物理意义.

例 5.1 分别求单位阶跃函数 $u(t)$、符号函数 $\text{sgn}t$ 和 $f(t)=1$ 的拉普拉斯变换.

解 由式(5-1)知,当 $\text{Re}(s)>0$ 时(若 $\text{Re}(s)\leqslant0$,积分不收敛),有

$$\mathscr{L}[u(t)]=\int_0^{+\infty}u(t)e^{-st}\,dt=\int_0^{+\infty}e^{-st}\,dt=\frac{1}{s},$$

$$\mathscr{L}[\text{sgn}t]=\int_0^{+\infty}\text{sgn}te^{-st}\,dt=\int_0^{+\infty}e^{-st}\,dt=\frac{1}{s},$$

$$\mathscr{L}[1]=\int_0^{+\infty}1\cdot e^{-st}\,dt=\int_0^{+\infty}e^{-st}\,dt=\frac{1}{s}.$$

可以看出,三个函数经过拉普拉斯变换后,所得的像函数是一样的. 现在的问题是,对像函数 $F(s)=\dfrac{1}{s}$($\text{Re}(s)>0$)而言,哪一个应该是其像原函数呢? 根据公式知,所有在 $t>0$ 时取值为 1 的函数 $f(t)$ 均可作为像原函数,这是因为在应用拉普拉斯变换的场合,不需要关心函数 $f(t)$ 在 $t<0$ 时的取值情况. 但为了讨论和描述方便,一般约定,在拉普拉斯变换中所提到的函数 $f(t)$ 均理解为 $t<0$ 时取零值. 例如,函数 $f(t)=\sin t$,应理解为 $f(t)=u(t)\sin t$.

还需要特别说明的是,定义 5.1 中只给出了拉普拉斯逆变换的概念而没有给出具体计算公式,例 5.1 的说明中提到的反推法可以作为一种方法,然而应用有限,具体的求取公式还需要专门的计算方法,留待后面阐述.

例 5.2 分别求函数 e^{at},e^{-at},$e^{j\omega t}$($\alpha>0$,$\omega\in\mathbf{R}$)的拉普拉斯变换.

解 $\mathscr{L}[e^{at}]=\int_0^{+\infty}e^{at}e^{-st}\,dt=\int_0^{+\infty}e^{-(s-a)t}\,dt$

$$=-\frac{1}{s-\alpha}e^{-(s-a)t}\Big|_0^{+\infty}=\frac{1}{s-\alpha}\quad(\text{Re}(s)>\alpha),$$

$$\mathscr{L}[e^{-at}]=\int_0^{+\infty}e^{-at}e^{-st}\,dt=\int_0^{+\infty}e^{-(s+a)t}\,dt$$

$$=-\frac{1}{s+\alpha}e^{-(s+a)t}\Big|_0^{+\infty}=\frac{1}{s+\alpha}\quad(\text{Re}(s)>-\alpha),$$

$$\mathscr{L}[e^{j\omega t}]=\int_0^{+\infty}e^{j\omega t}e^{-st}\,dt=\int_0^{+\infty}e^{(s-j\omega)t}\,dt$$

$$=-\frac{1}{s-j\omega}e^{-(s-j\omega)t}\Big|_0^{+\infty}=\frac{1}{s-j\omega}\quad(\text{Re}(s)>0).$$

5.1.3　拉普拉斯变换的存在定理

从上面的例子可以看出,拉普拉斯变换的确扩大了傅里叶变换的使用范围,而且变换存在的条件也比傅里叶变换弱得多.但是对一个函数而言,进行拉普拉斯变换也还是要具备一些条件的.那么一个函数究竟满足什么条件时,它的拉普拉斯变换一定存在呢? 若存在,其收敛域又是怎样的? 下面的定理将回答上述问题.

定理 5.1　设函数 $f(t)$ 满足如下条件:

(1) 在 $t>0$ 的任一有限区间上分段连续;

(2) 当 $t \to +\infty$ 时,$f(t)$ 的增长速度不超过某一指数函数,即存在常数 $M>0$ 及 $c \geqslant 0$,使得不等式

$$|f(t)| \leqslant M\mathrm{e}^{ct} \qquad (0 \leqslant t < +\infty) \tag{5-3}$$

成立,则像函数 $F(s)$ 在半平面 $\mathrm{Re}(s)>c$ 内一定存在,且是解析的(c 称为函数 $f(t)$ 的增长指数上限).

证明　令 $s=\beta+\mathrm{j}\omega$,由于 $\mathrm{e}^{\mathrm{j}\omega}$ 始终在单位圆周上,因此 $|\mathrm{e}^{-st}|=\mathrm{e}^{-\beta t}$. 由不等式 (5-3) 可得

$$|F(s)| = \left| \int_0^{+\infty} f(t)\mathrm{e}^{-st}\,\mathrm{d}t \right| \leqslant M \int_0^{+\infty} \mathrm{e}^{-(\beta-c)t}\,\mathrm{d}t.$$

因 $\mathrm{Re}(s)=\beta>c$,即 $\beta-c>0$,由含参变量的广义积分性质可知,上式右端积分(一致)收敛,因此 $F(s)$ 在半平面 $\mathrm{Re}(s)>c$ 上存在.不仅如此,在此积分号内对 s 求导数后所得的积分在半平面 $\mathrm{Re}(s)>c$ 内也是一致收敛,根据复变函数的解析理论,可知 $F(s)$ 在半平面 $\mathrm{Re}(s)>c$ 内是解析的.

对于定理 5.1 可简单地理解为:对于一个函数,即使其模随着 t 的增大而增大,但只要不比某个指数函数增长得快,则其拉普拉斯变换就存在.这可以从拉普拉斯变换与傅里叶变换的关系中得到直观的解释.常见的大多数函数如幂函数、三角函数和指数函数等,都是满足该条件的.但函数 e^{t^2} 则不满足,因为上述条件中的 M,c 不存在.需要注意的是,定理 5.1 中的条件只是充分条件,而不是必要条件.

另外,关于存在域,定理 5.1 中所给的也是一个充分性的结论,一般还会"大"一些.但从形式上看,它常常是一个半平面.具体来说,对任何一个函数 $f(t)$,其拉普拉斯变换 $F(s)$ 一般为下列三种情况之一:

(1) $F(s)$ 不存在;

(2) $F(s)$ 处处存在,即存在域是全平面;

(3) 存在实数 s_0，当 $\text{Re}(s) > s_0$ 时，$F(s)$ 存在；当 $\text{Re}(s) < s_0$ 时，$F(s)$ 不存在，即存在域为 $\text{Re}(s) > s_0$.

例 5.3 求下列函数的拉普拉斯变换：

(1) $\sin at$；　　(2) $\cos at$；　　(3) $\sin at \sin bt$.

解 (1) 根据式(5-1)，可知

$$\mathscr{L}[\sin at] = \int_0^{+\infty} \sin at \, e^{-st} \, dt = \frac{1}{2j} \int_0^{+\infty} (e^{jat} - e^{-jat}) e^{-st} \, dt$$

$$= \frac{-j}{2} \left(\int_0^{+\infty} e^{-(s-ja)t} \, dt - \int_0^{+\infty} e^{-(s+ja)t} \, dt \right)$$

$$= \frac{-j}{2} \left(\frac{-1}{s-ja} e^{-(s-ja)t} \Big|_0^{+\infty} - \frac{-1}{s+ja} e^{-(s+ja)t} \Big|_0^{+\infty} \right)$$

$$= \frac{-j}{2} \left(\frac{1}{s-ja} - \frac{1}{s+ja} \right) = \frac{a}{s^2 + a^2} \quad (\text{Re}(s) > 0).$$

(2) 类似于(1)，有

$$\mathscr{L}[\cos at] = \frac{s}{s^2 + a^2} \quad (\text{Re}(s) > 0).$$

(3) 类似于(1)，若 $\text{Re}(s) > 0$，有

$$\mathscr{L}[\sin at \sin bt] = \int_0^{+\infty} \sin at \sin bt \, e^{-st} \, dt$$

$$= -\frac{1}{4} \int_0^{+\infty} (e^{jat} - e^{-jat})(e^{jbt} - e^{-jbt}) e^{-st} \, dt$$

$$= \frac{2abs}{[s^2 + (a+b)^2][s^2 + (a-b)^2]}.$$

例 5.4 求函数 $f(t) = \begin{cases} 3, & 0 \leqslant t < \dfrac{\pi}{2} \\ \cos t, & t \geqslant \dfrac{\pi}{2} \end{cases}$ 的拉普拉斯变换.

解 由式(5-1)知，若 $\text{Re}(s) > 0$，有

$$\mathscr{L}[f(t)] = \int_0^{\pi/2} 3e^{-st} \, dt + \int_{\pi/2}^{+\infty} \cos t \, e^{-st} \, dt$$

$$= \frac{3}{s}(1 - e^{-\frac{1}{2}\pi s}) - \frac{1}{s^2 + 1} e^{-\frac{1}{2}\pi s}.$$

由于 δ 函数在零点具有特殊性质，所以必须首先考虑"右积分"和"左积分"。事实上，根据 δ 函数的筛选性质，可知

$$\mathscr{L}_+[\delta(t)] = \int_{0^+}^{+\infty} \delta(t) e^{-st} \, dt = 0,$$

$$\mathscr{L}\left[\delta(t)\right]=\int_{0^-}^{0^+}\delta(t)\mathrm{e}^{-st}\,\mathrm{d}t+\int_{0^+}^{+\infty}\delta(t)\mathrm{e}^{-st}\,\mathrm{d}t=\int_{0^-}^{0^+}\delta(t)\mathrm{e}^{-st}\,\mathrm{d}t=1. \quad (5\text{-}4)$$

可见,若 $f(t)$ 包含了 δ 函数,就必须事先说明积分下限. 为计算方便,规定所有的拉普拉斯变换都是左积分.

例 5.5　求下列函数的拉普拉斯变换:

(1) $\delta(t)$; 　　(2) $f(t)=\delta(t)\cos t-u(t)\sin t$.

解　(1) 根据上述性质,再结合 δ 函数的筛选性质,有

$$\mathscr{L}\left[\delta(t)\right]=\int_{0^-}^{+\infty}\delta(t)\mathrm{e}^{-st}\,\mathrm{d}t=\mathrm{e}^{-st}\mid_{t=0}=1.$$

(2) 根据 δ 函数和单位阶跃函数的性质,有

$$\mathscr{L}\left[f(t)\right]=\int_0^{+\infty}\delta(t)\cos t\,\mathrm{e}^{-st}\,\mathrm{d}t-\int_0^{+\infty}u(t)\sin t\,\mathrm{e}^{-st}\,\mathrm{d}t$$

$$=\cos t\,\mathrm{e}^{-st}\mid_{t=0}+\frac{\mathrm{j}}{2}\int_0^{+\infty}(\mathrm{e}^{\mathrm{j}t}-\mathrm{e}^{-\mathrm{j}t})\mathrm{e}^{-st}\,\mathrm{d}t$$

$$=1-\frac{1}{s^2+1}=\frac{s^2}{s^2+1}(\mathrm{Re}(s)>0).$$

5.2　拉普拉斯变换的性质

5.2.1　基本性质

假设要求进行变换的函数的拉普拉斯变换均存在.

1. 线性性质

若 α,β 是常数,且

$$\mathscr{L}\left[f_1(t)\right]=F_1(s),\quad \mathscr{L}\left[f_2(t)\right]=F_2(s),$$

则有
$$\mathscr{L}\left[\alpha f_1(t)+\beta f_2(t)\right]=\alpha F_1(s)+\beta F_2(s),$$

$$\mathscr{L}^{-1}\left[\alpha F_1(s)+\beta F_2(s)\right]=\alpha\mathscr{L}^{-1}\left[F_1(s)\right]+\beta\mathscr{L}^{-1}\left[F_2(s)\right]. \quad (5\text{-}5)$$

该定理的证明可由拉普拉斯变换和逆变换的公式直接推出,此处略去证明.

例 5.6　求函数 $F(s)=\dfrac{s}{(s^2+a^2)(s^2+b^2)}$ 的拉普拉斯逆变换.

解　因为

$$F(s)=\frac{1}{b^2-a^2}\left(\frac{s}{s^2+a^2}-\frac{s}{s^2+b^2}\right),$$

根据例 5.3(2) 及线性性质,可得

$$\mathscr{L}^{-1}[F(s)] = \frac{1}{b^2 - a^2}\left(\mathscr{L}^{-1}\left[\frac{s}{s^2 + a^2}\right] - \mathscr{L}^{-1}\left[\frac{s}{s^2 + b^2}\right]\right)$$

$$= \frac{1}{b^2 - a^2}(\cos at - \cos bt),$$

其中,$\mathrm{Re}(s) > \max\{|\mathrm{Re}(ja)|, |\mathrm{Re}(jb)|\}$.

2. 微分性质

(1) 导数的像函数.

设函数 $f(t)$ 的 n 阶导数存在,则

$$\mathscr{L}[f^{(n)}(t)] = s^n F(s) - s^{n-1} f(0) - s^{n-2} f'(0) - \cdots - f^{(n-1)}(0) \quad (\mathrm{Re}(s) > c),$$

$$(5\text{-}6)$$

特别地,当初值 $f(0) = f'(0) = \cdots = f^{(n-1)}(0) = 0$ 时,有

$$\mathscr{L}[f^{(n)}(t)] = s^n F(s). \tag{5-7}$$

(2) 像函数的导数.

设像函数 $F(s)$ 的 n 阶导数存在,则

$$\mathscr{L}^{-1}[F^{(n)}(s)] = (-t)^n f(t) \quad (\mathrm{Re}(s) > c), \tag{5-8}$$

或写成

$$F^{(n)}(s) = \mathscr{L}[(-t)^n f(t)] \quad (\mathrm{Re}(s) > c). \tag{5-9}$$

此性质的证明只需反复利用分部积分法即可.

例 5.7 利用微分性质求函数 $f(t) = \cos kt$ 的拉普拉斯变换.

解 由于

$$f(0) = 1, \quad f'(0) = 0, \quad f''(t) = -k^2 \cos kt,$$

则根据式(5-6),可得

$$\mathscr{L}[-k^2 \cos kt] = \mathscr{L}[f''(t)] = s^2 F(s) - s f(0) - f'(0),$$

即

$$-k^2 \mathscr{L}[\cos kt] = s^2 \mathscr{L}[\cos kt] - s,$$

移项化简,得

$$\mathscr{L}[\cos kt] = \frac{s}{s^2 + k^2} (\mathrm{Re}(s) > 0).$$

此方法与例 5.5(2)的结果一致.

例 5.8 利用微分性质,求函数 $f(t) = t^m$ 的拉普拉斯变换,其中 m 是正整数.

解 由于

$$f(0) = f'(0) = \cdots = f^{(m-1)}(0) = 0,$$

而 $f^{(m)}(t)=m!$，则根据式(5-6)，可得

$$\mathscr{L}[f^{(m)}(t)]=\mathscr{L}[m!]=s^m F(s)-s^{m-1}f(0)-s^{m-2}f'(0)-\cdots-f^{(m-1)}(0),$$

即

$$\mathscr{L}[m!]=s^m\mathscr{L}[t^m],$$

而

$$\mathscr{L}[m!]=m!\cdot\mathscr{L}[1]=\frac{m!}{s},$$

所以

$$\mathscr{L}[t^m]=\frac{m!}{s^{m+1}}(\mathrm{Re}(s)>0).$$

例 5.9 求函数 $f(t)=t\sin kt$ 的拉普拉斯变换.

解 因为 $\mathscr{L}[\sin kt]=\dfrac{k}{s^2+k^2}$，根据上述微分性质，得

$$\mathscr{L}[t\sin kt]=-\frac{\mathrm{d}}{\mathrm{d}s}\left[\frac{k}{s^2+k^2}\right]=\frac{2ks}{(s^2+k^2)^2}\quad(\mathrm{Re}(s)>0).$$

同理，可得

$$\mathscr{L}[t\cos kt]=-\frac{\mathrm{d}}{\mathrm{d}s}\left[\frac{s}{s^2+k^2}\right]=\frac{2s^2-s^2-k^2}{(s^2+k^2)^2}=\frac{s^2-k^2}{(s^2+k^2)^2}\quad(\mathrm{Re}(s)>0).$$

3. 积分性质

（1）积分的像函数.

若 $\mathscr{L}[f(t)]=F(s)$，则

$$\mathscr{L}\left\{\underbrace{\int_0^t\mathrm{d}t\int_0^t\mathrm{d}t\cdots\int_0^t}_{n次}f(t)\mathrm{d}t\right\}=\frac{1}{s^n}\mathscr{L}[f(t)]=\frac{1}{s^n}F(s).\tag{5-10}$$

特别地，当 $n=1$ 时，有

$$\mathscr{L}\left[\int_0^t f(t)\mathrm{d}t\right]=\frac{1}{s}\mathscr{L}[f(t)]=\frac{1}{s}F(s).$$

（2）像函数的积分.

若 $\mathscr{L}[f(t)]=F(s)$，则

$$\mathscr{L}\left[\frac{f(t)}{t^n}\right]=\underbrace{\int_s^{+\infty}\mathrm{d}s\int_s^{+\infty}\mathrm{d}s\cdots\int_s^{+\infty}}_{n次}F(s)\mathrm{d}s,\tag{5-11}$$

或

$$\mathscr{L}^{-1}\left[\underbrace{\int_s^{+\infty}\mathrm{d}s\int_s^{+\infty}\mathrm{d}s\cdots\int_s^{+\infty}}_{n次}F(s)\mathrm{d}s\right]=\frac{f(t)}{t^n}.$$

如果积分 $\int_0^{+\infty}\dfrac{f(t)}{t}\mathrm{d}t$ 存在，在式(5-11)中，取积分下限 $s=0$，$n=1$，则有

$$\int_0^{+\infty} F(s)\mathrm{d}s = \int_0^{+\infty}\left[\int_0^{+\infty} f(t)\mathrm{e}^{-st}\mathrm{d}t\right]\mathrm{d}s = \int_0^{+\infty}\left[\int_0^{+\infty} f(t)\mathrm{e}^{-st}\mathrm{d}s\right]\mathrm{d}t$$

$$= \int_0^{+\infty} f(t)\left(-\frac{\mathrm{e}^{-st}}{t}\right)_0^{+\infty}\mathrm{d}t = \int_0^{+\infty} \frac{f(t)}{t}\mathrm{d}t.$$

即

$$\int_0^{+\infty} \frac{f(t)}{t}\mathrm{d}t = \int_0^{+\infty} F(s)\mathrm{d}s.$$

此公式常用来计算某些积分.

例 5.10　求函数 $f(t)=\dfrac{\sin t}{t}$ 的拉普拉斯变换.

解　因为 $\mathscr{L}[\sin t]=\dfrac{1}{s^2+1}$,根据像函数的积分性质,得

$$\mathscr{L}[f(t)] = \mathscr{L}\left[\frac{\sin t}{t}\right] = \int_s^{+\infty} \frac{1}{s^2+1}\mathrm{d}s = \frac{\pi}{2} - \arctan s.$$

例如,在例 5.10 中,取 $s=0$,则有

$$\int_0^{+\infty} \frac{\sin t}{t}\mathrm{d}t = \frac{\pi}{2} - \arctan 0 = \frac{\pi}{2}.$$

4. 位移性质

若 $\mathscr{L}[f(t)]=F(s)$,a 是复常数,则有

$$\mathscr{L}[\mathrm{e}^{at}f(t)]=F(s-a) \quad (\mathrm{Re}(s-a)>c). \tag{5-12}$$

证明　根据拉普拉斯变换的定义,有

$$\mathscr{L}[\mathrm{e}^{at}f(t)] = \int_0^{+\infty} \mathrm{e}^{at}f(t)\mathrm{e}^{-st}\mathrm{d}t = \int_0^{+\infty} f(t)\mathrm{e}^{-(s-a)t}\mathrm{d}t.$$

上式右端只是在 $F(s)$ 中将 s 换为 $s-a$,因此

$$\mathscr{L}[\mathrm{e}^{at}f(t)]=F(s-a) \quad (\mathrm{Re}(s-a)>c).$$

例 5.11　求拉普拉斯变换 $\mathscr{L}[\mathrm{e}^{at}t^m]$,其中 m 为正整数.

解　已知 $\mathscr{L}[t^m]=\dfrac{m!}{s^{m+1}}$,

根据位移性质,可得

$$\mathscr{L}[\mathrm{e}^{at}t^m] = \frac{m!}{(s-a)^{m+1}}.$$

例 5.12　求拉普拉斯变换 $\mathscr{L}[\mathrm{e}^{-at}\sin kt]$.

解　已知

$$\mathscr{L}[\sin kt]=\frac{k}{s^2+k^2},$$

根据位移性质,可得

$$\mathscr{L}[\mathrm{e}^{-at}\sin kt]=\frac{k}{(s+a)^2+k^2}.$$

5. 延迟性质

若 $\mathscr{L}[f(t)]=F(s)$，又 $t<0$ 时 $f(t)=0$，则对于任一实数 $\tau\geqslant0$，有

$$\mathscr{L}[f(t-\tau)]=\mathrm{e}^{-s\tau}F(s). \tag{5-13}$$

证明　根据式(5-1)，有

$$\mathscr{L}[f(t-\tau)]=\int_0^{+\infty}f(t-\tau)\mathrm{e}^{-st}\mathrm{d}t$$

$$=\int_0^{\tau}f(t-\tau)\mathrm{e}^{-st}\mathrm{d}t+\int_{\tau}^{+\infty}f(t-\tau)\mathrm{e}^{-st}\mathrm{d}t$$

$$=\int_{\tau}^{+\infty}f(t-\tau)\mathrm{e}^{-st}\mathrm{d}t,$$

令 $t-\tau=u$，则 $t=u+\tau,\mathrm{d}t=\mathrm{d}u$，所以

$$\mathscr{L}[f(t-\tau)]=\int_0^{+\infty}f(u)\mathrm{e}^{-s(u+\tau)}\mathrm{d}u=\mathrm{e}^{-s\tau}\int_0^{+\infty}f(u)\mathrm{e}^{-su}\mathrm{d}u$$

$$=\mathrm{e}^{-s\tau}F(s)\qquad(\mathrm{Re}(s)>c).$$

函数 $f(t-\tau)$ 与 $f(t)$ 相比，$f(t)$ 从 $t=0$ 开始有非零数值，而 $f(t-\tau)$ 是从 $t=\tau$ 开始才有非零数值，即延迟了一个时间 τ，$f(t-\tau)$ 是由 $f(t)$ 沿 t 轴向右平移 τ 而得到. 此性质表明：时间函数延迟 τ 的拉普拉斯变换等于它的像函数乘以指数因子 $\mathrm{e}^{-s\tau}$.

例 5.13　求函数

$$u(t-\tau)=\begin{cases}1, & t<\tau \\ 0, & t>\tau\end{cases}$$

的拉普拉斯变换，其中 $\tau\geqslant0$.

解　已知
$$\mathscr{L}[u(t)]=\frac{1}{s},$$

根据延迟性质，可得

$$\mathscr{L}[u(t-\tau)]=\frac{1}{s}\mathrm{e}^{-s\tau}.$$

5.2.2　卷积

1. 卷积的概念

在傅里叶变换中，两个函数的卷积是指

$$f_1(t)*f_2(t)=\int_{-\infty}^{+\infty}f_1(\tau)f_2(t-\tau)\mathrm{d}\tau.$$

如果当 $t<0$ 时, $f_1(t)=f_2(t)=0$, 则上式可以写成

$$f_1(t) * f_2(t) = \int_{-\infty}^{0} f_1(\tau)f_2(t-\tau)\mathrm{d}\tau + \int_{0}^{t} f_1(\tau)f_2(t-\tau)\mathrm{d}\tau + \int_{t}^{+\infty} f_1(\tau)f_2(t-\tau)\mathrm{d}\tau$$

$$= \int_{0}^{t} f_1(\tau)f_2(t-\tau)\mathrm{d}\tau,$$

即

$$f_1(t) * f_2(t) = \int_{0}^{t} f_1(\tau)f_2(t-\tau)\mathrm{d}\tau. \tag{5-14}$$

称式(5-14)为 $f_1(t)$ 与 $f_2(t)$ 在拉普拉斯变换中的**卷积**.

拉普拉斯变换的卷积也满足交换律、结合律以及对加法的分配律.

例 5.14 已知 $f_1(t)=t(t>0)$ 与 $f_2(t)=\sin t(t>0)$, 求 $f_1(t) * f_2(t)$.

解 按照卷积定义, 有

$$f_1(t) * f_2(t) = t * \sin t = \int_{0}^{t} \tau\sin(t-\tau)\mathrm{d}\tau = \int_{0}^{t} \tau\mathrm{d}\cos(t-\tau)$$

$$= \tau\cos(t-\tau) \Big|_{0}^{t} - \int_{0}^{t} \cos(t-\tau)\mathrm{d}\tau$$

$$= t - \sin t.$$

卷积公式
及其应用

2. 卷积定理

定理 5.2 假定 $f_1(t)$ 与 $f_2(t)$ 都满足拉普拉斯变换存在定理中的条件, 且

$$\mathscr{L}[f_1(t)]=F_1(s), \quad \mathscr{L}[f_2(t)]=F_2(s),$$

则 $f_1(t) * f_2(t)$ 的拉普拉斯变换一定存在, 且

$$\mathscr{L}[f_1(t) * f_2(t)]=F_1(s) \cdot F_2(s), \tag{5-15}$$

或

$$\mathscr{L}^{-1}[F_1(s) \cdot F_2(s)]=f_1(t) * f_2(t). \tag{5-16}$$

对于多个函数的卷积, 也有类似的结论, 即

$$\mathscr{L}[f_k(t)]=F_k(s)(k=1,2,\cdots,n),$$

则

$$\mathscr{L}[f_1(t) * f_2(t) * \cdots * f_n(t)]=F_1(s)F_2(s)\cdots F_n(s)$$

$$=\mathscr{L}[f_1(t)]\mathscr{L}[f_2(t)]\cdots\mathscr{L}[f_n(t)].$$

利用定理 5.2 可将复杂的卷积运算变成简单的乘积运算, 同时也可以利用卷积和卷积定理求拉普拉斯逆变换.

例 5.15 若 $F(s)=\dfrac{1}{s^2(1+s^2)}$, 求 $f(t)$.

解 因为

$$F(s)=\frac{1}{s^2(1+s^2)}=\frac{1}{s^2} \cdot \frac{1}{s^2+1},$$

令

$$F_1(s)=\frac{1}{s^2}, F_2(s)=\frac{1}{s^2+1},$$

于是

$$f_1(t) = \mathscr{L}^{-1}[F_1(s)] = t, \quad f_2(t) = \mathscr{L}^{-1}[F_2(s)] = \sin t.$$

根据卷积定理和例 5.14 的结论,可得

$$f(t) = f_1(t) * f_2(t) = t * \sin t = t - \sin t.$$

例 5.16 若 $F(s) = \dfrac{s^2}{(s^2+1)^2}$,求 $f(t)$.

解 因为

$$F(s) = \frac{s^2}{(s^2+1)^2} = \frac{s}{s^2+1} \cdot \frac{s}{s^2+1},$$

所以

$$f(t) = \mathscr{L}^{-1}\left[\frac{s}{s^2+1} \cdot \frac{s}{s^2+1}\right] = \cos t * \cos t$$

$$= \int_0^t \cos\tau \cos(t-\tau)\,\mathrm{d}\tau$$

$$= \frac{1}{2}\int_0^t \left[\cos t + \cos(2\tau - t)\right]\mathrm{d}\tau$$

$$= \frac{1}{2}(t\cos t + \sin t).$$

*5.2.3 极限性质

1. 初值关系

若 $\mathscr{L}[f(t)] = F(s)$,且 $\lim\limits_{s\to\infty} sF(s)$ 存在,则

$$f(0) = \lim_{s\to\infty} sF(s). \tag{5-17}$$

这个性质表明 $f(t)$ 在 $t=0$ 时的数值,可以通过 $f(t)$ 的拉普拉斯变换乘以 s 取 $s \to \infty$ 时的极限值而得到,它建立了函数 $f(t)$ 在原点处的值与函数 $sF(s)$ 在无限远处的值之间的关系.

2. 终值关系

若 $\mathscr{L}[f(t)] = F(s)$,$sF(s)$ 的所有奇点全在 s 平面的左半部,且 $f(+\infty)$ 存在,则

$$f(+\infty) = \lim_{s\to 0} sF(s). \tag{5-18}$$

这个性质表明 $f(t)$ 在 $t \to +\infty$ 时的数值(稳定值),可以通过 $f(t)$ 的拉普拉斯变换乘以 s 取 $s \to 0$ 时的极限值而得到,它建立了函数 $f(t)$ 在无限远处的值与函数 $sF(s)$ 在原点处的值之间的关系.

证明 根据微分性质,可知

$$sF(s) = \int_0^{+\infty} f'(t)\mathrm{e}^{-st}\,\mathrm{d}t + f(0),$$

两边关于 $s \to +\infty$ 取极限,可得

$$\lim_{s \to +\infty} sF(s) = \lim_{s \to +\infty} \left[\int_0^{+\infty} f'(t) e^{-st} \, dt + f(0) \right]$$

$$= \int_0^{+\infty} \lim_{s \to +\infty} f'(t) e^{-st} \, dt + f(0)$$

$$= f(0),$$

两边关于 $s \to 0$ 取极限,可得

$$\lim_{s \to 0} sF(s) = \int_0^{+\infty} \lim_{s \to 0} f'(t) e^{-st} \, dt + f(0)$$

$$= \int_0^{+\infty} f'(t) \, dt + f(0)$$

$$= \lim_{t \to +\infty} f(t).$$

需要提醒注意的是,该证明中直接允许求极限和求积分可交换运算顺序,这是不严谨的,但对于工科学生,严格的证明不作要求,这是因为在实际问题中,关心的只是函数 $f(t)$ 在 $t = 0$ 附近或 t 比较大时的情况.对于零点和无穷远点,即便想关心,也无能为力.

终值定理在自动控制系统中被广泛应用,它要求某指定变量的终值为 0.如飞机的自动着陆系统,当飞行时间 t 变大时,飞机接近着陆,因此在控制飞机的理想着陆路径时,系统更关心的是飞机距离地面的最终高度为 0 时的状态.

在拉普拉斯变换的应用中,这两个性质给我们提供了方便,能使我们直接由 $F(s)$ 来求出 $f(t)$ 的两个特殊值 $f(0), f(+\infty)$.

例 5.17 若 $\mathscr{L}[f(t)] = \dfrac{1}{s+a}$,求 $f(0), f(+\infty)$.

解 根据初值关系和终值关系,可得

$$f(0) = \lim_{s \to +\infty} sF(s) = \lim_{s \to \infty} \frac{s}{s+a} = 1,$$

$$f(+\infty) = \lim_{s \to 0} sF(s) = \lim_{s \to 0} \frac{s}{s+a} = 0.$$

另外,我们由 $\mathscr{L}[e^{-at}] = \dfrac{1}{s+a}$,可得 $f(t) = e^{-at}$.所以 $f(0) = 1, f(+\infty) = 0$.

由此可见,利用极限性质与用函数表达式所求结果一致.但在应用终值关系时需要注意是否满足条件.例如,若函数 $f(t)$ 的拉普拉斯变换为 $F(s) = \dfrac{1}{s^2+1}$,则易知 $sF(s) = \dfrac{s}{s^2+1}$ 的两个奇点 $s = \pm j$ 位于虚轴上,此时不满足终值关系的条件.

虽然有

$$\lim_{s\to 0} sF(s) = \lim_{s\to 0} \frac{s}{s^2+1} = 0,$$

而

$$f(t) = \mathscr{L}^{-1}\left[\frac{1}{s^2+1}\right] = \sin t,$$

事实上 $\lim\limits_{t\to\infty} f(t) = \lim\limits_{t\to\infty} \sin t$，极限是不存在的.

5.3　拉普拉斯逆变换

　　运用拉普拉斯变换求解具体问题时，经常需要由像函数 $F(s)$ 求像原函数 $f(t)$. 由前面的讨论可知，利用拉普拉斯变换的性质并根据一些已知的变换来求像原函数，这种方法在许多情况下不失为一种简单且有效的方法，但还不能满足实际应用的需要. 本节将介绍一种更一般性的方法，它可以直接由像函数 $F(s)$ 的积分来表示像原函数 $f(t)$.

　　按傅里叶积分公式，在 $f(t)$ 的连续点就有

$$
\begin{aligned}
f(t)u(t)\mathrm{e}^{-\beta t} &= \frac{1}{2\pi}\int_{-\infty}^{+\infty}\left[\int_{-\infty}^{+\infty} f(\tau)u(\tau)\mathrm{e}^{-\beta\tau}\,\mathrm{e}^{-\mathrm{j}\omega\tau}\,\mathrm{d}\tau\right]\mathrm{e}^{\mathrm{j}\omega t}\,\mathrm{d}\omega \\
&= \frac{1}{2\pi}\int_{-\infty}^{+\infty}\mathrm{e}^{\mathrm{j}\omega t}\left[\int_{0}^{+\infty} f(\tau)\mathrm{e}^{-(\beta+\mathrm{j}\omega)\tau}\,\mathrm{d}\tau\right]\mathrm{d}\omega \\
&= \frac{1}{2\pi}\int_{-\infty}^{+\infty} F(\beta+\mathrm{j}\omega)\mathrm{e}^{\mathrm{j}\omega t}\,\mathrm{d}\omega \quad (t>0),
\end{aligned}
$$

等式两边同乘以 $\mathrm{e}^{\beta t}$，则

$$f(t) = \frac{1}{2\pi}\int_{-\infty}^{+\infty} F(\beta+\mathrm{j}\omega)\mathrm{e}^{(\beta+\mathrm{j}\omega)t}\,\mathrm{d}\omega \quad (t>0).$$

　　令 $s=\beta+\mathrm{j}\omega$，有

$$f(t) = \frac{1}{2\pi\mathrm{j}}\int_{\beta-\mathrm{j}\infty}^{\beta+\mathrm{j}\infty} F(s)\mathrm{e}^{st}\,\mathrm{d}s \quad (t>0), \tag{5-19}$$

可记为

$$\mathscr{L}^{-1}[F(s)] = f(t).$$

　　式(5-19)称为**拉普拉斯逆变换式**，右端的积分称为**拉普拉斯反演积分**. 它的积分路线是沿着虚轴的方向从虚部的负无穷到虚部的正无穷.

　　式(5-19)是一个复变函数积分，其计算通常比较困难. 只有当 $F(s)$ 满足一定的条件时，才可以借用留数来求解. 下面定理提供了计算这种反演积分的一种方法.

定理 5.3　若 $s_1, s_2, \cdots, s_n$ 是函数 $F(s)$ 的所有奇点(适当选取 β 使这些奇点全在 $\mathrm{Re}(s) < \beta$ 的范围内),且当 $s \to \infty$ 时,$F(s) \to 0$,则有

$$f(t) = \frac{1}{2\pi \mathrm{j}} \int_{\beta - \mathrm{j}\infty}^{\beta + \mathrm{j}\infty} F(s)\mathrm{e}^{st}\,\mathrm{d}s = \sum_{k=1}^{n} \mathrm{Res}[F(s)\mathrm{e}^{st}, s_k],$$

即

$$f(t) = \sum_{k=1}^{n} \mathrm{Res}[F(s)\mathrm{e}^{st}, s_k]\,(t > 0). \tag{5-20}$$

证明　如图 5-1 所示,只要 β 适当大、半圆周 C_r 的半径 r 足够大,则封闭曲线 $C = L + C_r$ 足以将 $F(s)$ 的所有孤立奇点都包含在内.

根据复变函数的留数定理,可知

$$\oint_C F(s)\mathrm{e}^{st}\,\mathrm{d}s = 2\pi \mathrm{j} \sum_{k=1}^{n} \mathrm{Res}[F(s)\mathrm{e}^{st}, s_k],$$

即

$$\frac{1}{2\pi \mathrm{j}}\left[\int_{\beta - \mathrm{j}r}^{\beta + \mathrm{j}r} F(s)\mathrm{e}^{st}\,\mathrm{d}s + \int_{C_r} F(s)\mathrm{e}^{st}\,\mathrm{d}s\right] = \sum_{k=1}^{n} \mathrm{Res}[F(s)\mathrm{e}^{st}, s_k].$$

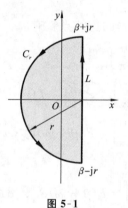

图 5-1

当 $r \to +\infty$ 时,根据留数理论,可知

$$\lim_{r \to +\infty} \int_{C_r} F(s)\mathrm{e}^{st}\,\mathrm{d}s = 0.$$

所以

$$f(t) = \frac{1}{2\pi \mathrm{j}} \int_{\beta - \mathrm{j}\infty}^{\beta + \mathrm{j}\infty} F(s)\mathrm{e}^{st}\,\mathrm{d}s = \sum_{k=1}^{n} \mathrm{Res}[F(s)\mathrm{e}^{st}, s_k].$$

定理得证.

例 5.18　求 $F(s) = \dfrac{1}{s\,(s-1)^2}$ 的拉普拉斯逆变换.

解　因为 $s = 0$ 为 $F(s)$ 的一级极点,$s = 1$ 为 $F(s)$ 的二级极点,所以

$$f(t) = \text{Res}\left[F(s)\mathrm{e}^{st}, 0\right] + \text{Res}\left[F(s)\mathrm{e}^{st}, 1\right]$$

$$= \lim_{s \to 0}\frac{1}{(s-1)^2}\mathrm{e}^{st} + \lim_{s \to 1}\frac{\mathrm{d}}{\mathrm{d}s}\left[\frac{1}{s}\mathrm{e}^{st}\right]$$

$$= 1 + \lim_{s \to 1}\left(\frac{t}{s}\mathrm{e}^{st} - \frac{1}{s^2}\mathrm{e}^{st}\right)$$

$$= 1 + (t\mathrm{e}^t - \mathrm{e}^t)$$

$$= 1 + \mathrm{e}^t(t-1) \quad (t > 0).$$

例 5.19　求 $F(s) = \dfrac{1}{s(s+1)}$ 的拉普拉斯逆变换.

解　因为

$$F(s) = \frac{1}{s(s+1)} = \frac{1}{s} - \frac{1}{s+1},$$

根据

$$\mathscr{L}^{-1}\left[\frac{1}{s^{m+1}}\right] = \frac{t^m}{m!}, \quad \mathscr{L}^{-1}\left[\frac{1}{(s-a)^{m+1}}\right] = \frac{t^m}{m!}\mathrm{e}^{at},$$

则

$$\mathscr{L}^{-1}\left[\frac{1}{s}\right] = 1, \quad \mathscr{L}^{-1}\left[\frac{1}{s+1}\right] = \mathrm{e}^{-t},$$

所以

$$f(t) = \mathscr{L}^{-1}\left[\frac{1}{s(s+1)}\right] = 1 - \mathrm{e}^{-t} \quad (t > 0).$$

5.4　拉普拉斯变换的应用

在力学系统、电学系统、自动控制系统、可靠性系统、数字信号系统以及随机服务系统等相关学科中,拉普拉斯变换起着重要的作用.在其他工程技术和科学研究领域中,拉普拉斯变换也有着广泛的应用.这些系统对应的数学模型大多数是常微分方程、偏微分方程、积分方程或微分积分方程.这些方程可以看成是在各种物理系统中对其过程数学建模后所得.以下各例抛开其物理背景,只看成是纯粹的数学问题.本节将应用拉普拉斯变换来解线性微分方程.

常用方法是:首先取拉普拉斯变换,将方程化为像函数的代数方程,通过解代数方程求出像函数,再取逆变换得最后的解,如图 5-2 所示.

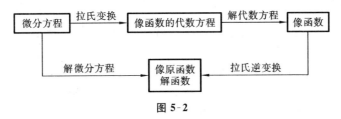

图 5-2

例 5.20 求方程
$$y'' + 2y' - 3y = e^{-t}$$
满足初始条件 $y|_{t=0} = 0$，$y'|_{t=0} = 1$ 的解.

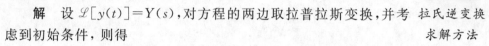

拉氏逆变换
求解方法

解 设 $\mathcal{L}[y(t)] = Y(s)$，对方程的两边取拉普拉斯变换，并考虑到初始条件，则得

$$[s^2 Y(s) - s y(0) - y'(0)] + 2[s Y(s) - y(0)] - 3Y(s) = \frac{1}{s+1},$$

即

$$s^2 Y(s) - 1 + 2s Y(s) - 3Y(s) = \frac{1}{s+1}.$$

解上述代数方程，得

$$Y(s) = \frac{s+2}{(s+1)(s^2+2s-3)} = \frac{s+2}{(s+1)(s-1)(s+3)},$$

对 $Y(s)$ 右端进行因式分解，即得

$$Y(s) = -\frac{1}{4} \cdot \frac{1}{s+1} + \frac{3}{8} \cdot \frac{1}{s-1} - \frac{1}{8} \cdot \frac{1}{s+3},$$

上式两端取拉普拉斯逆变换，得

$$y(t) = -\frac{1}{4} e^{-t} + \frac{3}{8} e^{t} - \frac{1}{8} e^{-3t}.$$

这就是所求微分方程的解.

例 5.21 求方程组
$$\begin{cases} y'' - x'' + x' - y = e^t - 2 \\ 2y'' - x'' - 2y' + x = -t \end{cases}$$

满足初始条件 $\begin{cases} y(0) = y'(0) = 0 \\ x(0) = x'(0) = 0 \end{cases}$ 的解.

解 对两个方程取拉普拉斯变换，设
$$\mathcal{L}[y(t)] = Y(s), \quad \mathcal{L}[x(t)] = X(s),$$
并考虑到初始条件，得

$$\begin{cases} s^2 Y(s) - s^2 X(s) + s X(s) - Y(s) = \dfrac{1}{s-1} - \dfrac{2}{s}, \\ 2s^2 Y(s) - s^2 X(s) - 2s Y(s) + X(s) = -\dfrac{1}{s^2}, \end{cases}$$

整理，得

$$\begin{cases} (s+1)Y(s) - sX(s) = \dfrac{-s+2}{s\,(s-1)^2}, \\[3mm] 2sY(s) - (s+1)X(s) = -\dfrac{1}{s^2\,(s-1)}. \end{cases}$$

解此线性方程组，可得

$$\begin{aligned} D &= \begin{vmatrix} s+1 & -s \\ 2s & -(s+1) \end{vmatrix} \\ &= -(s+1)^2 + 2s^2 = -s^2 - 2s - 1 + 2s^2 \\ &= s^2 - 2s - 1, \end{aligned}$$

$$\begin{aligned} D_Y &= \begin{vmatrix} \dfrac{-s+2}{s\,(s-1)^2} & -s \\[4mm] -\dfrac{1}{s^2\,(s-1)} & -(s+1) \end{vmatrix} \\[3mm] &= \frac{(s-2)(s+1) - s + 1}{s(s-1)^2} = \frac{s^2 - 2s - 1}{s\,(s-1)^2}, \end{aligned}$$

$$\begin{aligned} D_X &= \begin{vmatrix} s+1 & \dfrac{-s+2}{s\,(s-1)^2} \\[4mm] 2s & -\dfrac{1}{s^2\,(s-1)} \end{vmatrix} \\[3mm] &= \frac{2s^3 - 4s^2 - 2s - s^2 + 2s + 1}{s^2\,(s-1)^2} \\[3mm] &= \frac{(2s-1)(s^2 - 2s - 1)}{s^2\,(s-1)^2}, \end{aligned}$$

故

$$Y(s) = \frac{D_Y}{D} = \frac{1}{s\,(s-1)^2},$$

$$X(s) = \frac{D_X}{D} = \frac{2s-1}{s^2\,(s-1)^2} = -\frac{1}{s^2} + \frac{1}{(s-1)^2}.$$

所以

$$\begin{cases} y(t) = 1 - e^t + te^t, \\ x(t) = -t + te^t. \end{cases}$$

拉普拉斯变换还可以用于求解积分方程.

例 5.22　求解积分方程

$$y(t) = g(t) + \int_0^t y(\tau) r(t - \tau) \mathrm{d}\tau,$$

其中 $g(t), r(t)$ 是已知函数.

解　注意方程右端的积分就是卷积 $y(t) * r(t)$，对方程两端取拉普拉斯变

换,记

$$\mathscr{L}[y(t)]=Y(s), \quad \mathscr{L}[g(t)]=G(s), \quad \mathscr{L}[r(t)]=R(s),$$

由卷积定理可得

$$Y(s)=G(s)+Y(s)R(s),$$

解得

$$Y(s)=\frac{G(s)}{1-R(s)}.$$

所以

$$y(t)=\mathscr{L}^{-1}[Y(s)]=\mathscr{L}^{-1}\left[\frac{G(s)}{1-R(s)}\right].$$

对 $y(t)=at+\int_0^t y(\tau)\sin(t-\tau)\mathrm{d}\tau$ 两边取拉普拉斯变换,已知 $g(t)=at$,$r(t)$ $=\sin t$,且 $G(s)=\dfrac{a}{s^2}$,$R(s)=\dfrac{1}{s^2+1}$,则有

$$Y(s)=\frac{G(s)}{1-R(s)}=a\left(\frac{1}{s^2}+\frac{1}{s^4}\right),$$

所以

$$y(t)=\mathscr{L}^{-1}[Y(s)]=a\left(t+\frac{t^3}{3!}\right).$$

例 5.23 在 RL 电路中当 $t=0$ 时,开关 K 闭合,输入电压

$$e(t)=E_0\sin\omega t,$$

其电路示意图如图 5-3 所示.若初始电感为零,求开关闭合后的电流函数 $i(t)$.

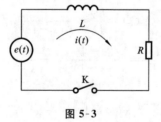

图 5-3

解 根据基尔霍夫定律,电路中的电流满足

$$\begin{cases} L\dfrac{\mathrm{d}i(t)}{\mathrm{d}t}+Ri(t)=E_0\sin\omega t, \\ i(0)=0. \end{cases}$$

设 $\mathscr{L}[i(t)]=I(s)$,两边同取拉普拉斯逆变换,则得

$$LsI(s)+RI(s)=E_0\frac{\omega}{s^2+\omega^2},$$

因此

$$I(s) = \frac{\omega E_0}{(Ls+R)(s^2+\omega^2)} = \frac{E_0}{L} \frac{1}{s+\frac{R}{L}} \frac{\omega}{s^2+\omega^2},$$

两边同取拉普拉斯逆变换，可得

$$i(t) = \frac{E_0}{L}(\mathrm{e}^{-\frac{R}{L}t} * \sin\omega t) = \frac{E_0}{L} \int_0^t \sin\omega\tau \cdot \mathrm{e}^{-\frac{R}{L}(t-\tau)} \mathrm{d}\tau$$

$$= \frac{E_0}{R^2+L^2\omega^2}(R\sin\omega t - \omega L\cos\omega t) + \frac{E_0\omega L}{R^2+L^2\omega^2}\mathrm{e}^{-\frac{R}{L}t}.$$

该结果第一项表示一个幅度不变的稳定振荡，第二项表示振幅随时间衰减.

*5.5　z 变 换

本节简单介绍 z 变换的定义、性质及它与拉普拉斯变换的联系，为后续课程的学习提供必要的参考.

5.5.1　z 变换的定义

将拉普拉斯变换扩展到整个实数区间，即

$$\int_{-\infty}^{+\infty} f(t)\mathrm{e}^{-st} \mathrm{d}t.$$

如果 $f(t)$ 只在离散点取值，令 $z = \mathrm{e}^s$，则上述积分可以转化为无穷级数，就得到了 z 变换.

定义 5.2　给定离散函数序列 $f(n)$，n 为整数，定义 $f(n)$ 的 z 变换为

$$F(z) = \mathscr{Z}[f(n)] = \sum_{n=-\infty}^{+\infty} f(n)z^{-n}, \tag{5-21}$$

其中 z 是一个复变量. 由式(5-21)定义的 z 变换称为**双边 z 变换**. 另有单边 z 变换和有限长 z 变换，本节主要介绍双边 z 变换.

形如式(5-21)的幂级数是洛朗级数. 洛朗级数在收敛域内的每一点上都是解析函数，因此，在收敛域内的 z 变换也是解析函数，z 变换及其所有导数必为 z 的连续函数.

把 z 写成极坐标形式 $z = r\mathrm{e}^{\mathrm{j}\omega}$，代入式(5-21)得

$$F(r\mathrm{e}^{\mathrm{j}\omega}) = \sum_{n=-\infty}^{+\infty} f(n)r^{-n}\mathrm{e}^{-\mathrm{j}\omega n}. \tag{5-22}$$

当 $r = |z| = 1$ 时，有

$$F(\mathrm{e}^{\mathrm{j}\omega}) = \sum_{n=-\infty}^{+\infty} f(n)\mathrm{e}^{-\mathrm{j}\omega n}. \tag{5-23}$$

$r=|z|=1$ 表示一个单位圆,因此,序列在单位圆上的 z 变换等于序列的傅里叶变换.并不是所有序列的 z 变换对所有 z 值都是收敛的,如果满足

$$\sum_{n=-\infty}^{+\infty} |f(n)r^{-n}| < \infty, \tag{5-24}$$

则 z 变换对所有 z 值都收敛.

例如,序列 $u(n)$ 不满足绝对可和的条件,它的傅里叶变换不收敛,但只要 $1<r<+\infty$,则 $u(n)r^{-n}$ 满足式(5-23),因而它的 z 变换是收敛的.这说明 z 变换的收敛条件弱于傅里叶变换的条件,应用更广泛.

对于给定的 $f(n)$,使它的 z 变换收敛的 z 值的集合,称为 **z 变换的收敛域**,简称为 **ROC**(region of convergence). ROC 是 z 变换中一个重要概念.

根据洛朗级数的性质,z 变换的收敛域一般是某个环域,即

$$R_1 < |z| < R_2, \tag{5-25}$$

式中,R_1 可小到 0,R_2 可大到 ∞.

例 5.24 求序列 $f(n)=a^{-n}u(-n-1)$ 的 z 变换.

解 $F(z) = \mathscr{Z}[f(n)] = \displaystyle\sum_{n=-\infty}^{+\infty} f(n)z^{-n} = \sum_{n=-\infty}^{-1} a^{-n}z^{-n} = \sum_{n=1}^{+\infty} (az)^n$

$\qquad\qquad = az(1 + az + a^2z^2 + \cdots).$

当 $|az|<1$,即 $|z|<\dfrac{1}{|a|}$ 时,上述级数收敛,且有

$$F(z) = \frac{az}{1-az}.$$

可以看出,$F(z)$ 在 $z=0$ 处有一个零点,在 $z=\dfrac{1}{a}$ 处有一个极点,如图 5-4 所示.

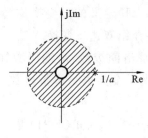

图 5-4

5.5.2 z 变换的逆变换

z 变换的逆变换就是由 $F(z)$ 求序列 $f(n)$ 的变换. 定义为

$$f(n) = \mathscr{Z}^{-1}[F(z)] = \frac{1}{2\pi\mathrm{j}} \oint_C F(z) z^{n-1} \mathrm{d}z, \qquad (5\text{-}26)$$

其中 C 为任一环绕原点并完全位于 $F(z)$ 收敛域内的正方向闭曲线.

计算 z 的逆变换的方法较多,下面介绍几种常用的方法.

1. 幂级数法

如果一个 z 变换 $F(z)$ 能表示成幂级数的形式,那么,可直接看出序列 $f(n)$ 是幂级数

$$F(z) = \sum_{n=-\infty}^{\infty} f(n) z^{-n}$$

中的 z^{-n} 的系数. 因此,若能用现有的幂级数公式将 $F(z)$ 展开,则可很容易地求得 $f(n)$.

2. 部分分式展开法

对有理 z 变换求逆变换常用的另一种方法是将其展成部分分式求和,然后求各简单分式的逆变换. 设

$$F(z) = \frac{b_0 + b_1 z^{-1} + b_2 z^{-2} + \cdots + b_M z^{-M}}{a_0 + a_1 z^{-1} + a_2 z^{-2} + \cdots + a_N z^{-N}},$$

如果 $F(z)$ 只有一级极点且 $M < N$,则 $F(z)$ 可以表示为

$$
\begin{aligned}
F(z) &= \frac{b_0 + b_1 z^{-1} + b_2 z^{-2} + \cdots + b_M z^{-M}}{a_0 + a_1 z^{-1} + a_2 z^{-2} + \cdots + a_N z^{-N}} \\
&= \frac{c(b_0 + b_1 z^{-1} + b_2 z^{-2} + \cdots + b_M z^{-M})}{\prod\limits_{k=1}^{N}(1 - d_k z^{-1})} \\
&= \sum_{k=1}^{N} \frac{A_k}{1 - d_k z^{-1}},
\end{aligned}
$$

式中,$d_k(k=1,2,\cdots,N)$ 是 $F(z)$ 的极点. $F(z)$ 的收敛域是以最大极点的模为半径的圆的外部区域,即

$$|z| > \max\{|d_k|\}.$$

A_k 可由极点处的留数求得,即

$$A_k = (1 - d_k z^{-1}) F(z) \big|_{z=d_k}.$$

如果 $M \geqslant N$,则 $F(z)$ 可展开成如下形式:

$$F(z) = B_{M-N} z^{M-N} + B_{M-N-1} z^{M-N-1} + \cdots + B_1 z^{-1} + B_0 + \sum_{k=1}^{N} \frac{A_k}{1 - d_k z^{-1}}$$

$$= \sum_{n=0}^{M-N} B_n z^{-n} + \sum_{k=1}^{N} \frac{A_k}{1 - d_k z^{-1}}. \tag{5-27}$$

式中,B_n 可直接用长除法得到,A_k 仍由上式求得. 如果 $F(z)$ 具有多级极点,则应对式(5-27)进行修正.

3. 留数定理法

使用柯西积分公式可以方便地导出求逆 z 变换的公式,柯西积分公式为

$$\frac{1}{2\pi j} \oint_C z^{k-1} dz = \begin{cases} 1, & k = 0, \\ 0, & k \neq 0, \end{cases}$$

式中,C 是逆时针方向环绕原点的围线.

在 z 变换的定义式两边同乘以 z^{k-1},并计算围线积分,得

$$\frac{1}{2\pi j} \oint_C F(z) z^{k-1} dz = \frac{1}{2\pi j} \oint_C \sum_{n=-\infty}^{\infty} f(n) z^{-n+k-1} dz,$$

式中,C 是 $F(z)$ 的收敛域内的一条环绕原点的积分围线.

当 $n=k$ 时,利用柯西积分公式,由上式可得到

$$\frac{1}{2\pi j} \oint_C F(z) z^{k-1} dz = f(k),$$

或
$$f(n) = \frac{1}{2\pi j} \oint_C F(z) z^{n-1} dz, \tag{5-28}$$

该式对正的 n 和负的 n 均成立. 该式便是 z 逆变换计算公式.

对于有理 z 变换,式(5-28)的围线积分可用留数定理来计算. 设在有限的 z 平面上,$\{a_k\}(k=1,2,\cdots,N)$ 是 $F(z)z^{n-1}$ 在围线 C 内部的极点集,$\{b_k\}(k=1,2,\cdots,M)$ 是 $F(z)z^{n-1}$ 在围线 C 外部的极点集. 根据柯西留数定理,有

$$f(n) = \sum_{k=1}^{N} \text{Res}[F(z)z^{n-1}, a_k], \tag{5-29}$$

$$f(n) = -\sum_{k=1}^{N} \text{Res}[F(z)z^{n-1}, b_k]. \tag{5-30}$$

围线 C 内的极点一般对应于一个因果序列,而 C 外的极点对应于一个逆果序列,因此,当 $n \geq 0$ 时,使用式(5-29);当 $n < 0$ 时,使用式(5-30).

如果 $F(z)z^{n-1}$ 是 z 的有理函数,且在 $z=z_0$ 处有 s 阶极点,即

$$F(z)z^{n-1} = \frac{\Psi(z)}{(z-z_0)^s},$$

式中,$\Psi(z)$ 在 $z=z_0$ 处无极点. 那么,$F(z)z^{n-1}$ 在 $z=z_0$ 处的留数可用下式计算:

$$\text{Res}[F(z)z^{n-1}, z_0] = \frac{1}{(s-1)!} \left[\frac{d\Psi^{s-1}(z)}{dz^{s-1}} \right] \bigg|_{z=z_0}.$$

5.5.3　z 变换的性质和应用

设
$$\mathscr{L}[f(n)]=F(z), \quad R_1^F<|z|<R_2^F;$$
$$\mathscr{L}[g(n)]=G(z), \quad R_1^G<|z|<R_2^G.$$

1. 线性性质
$$\mathscr{L}[af(n)+bg(n)]=aF(z)+bG(z), \quad R_1<|z|<R_2,$$
其中
$$R_1=\max[R_1^F,R_1^G], \quad R_2=\min[R_2^F,R_2^G].$$

2. 延迟(移位)性质
$$\mathscr{L}[f(n-m)]=z^{-m}F(z), \quad R_1^F<|z|<R_2^F.$$

3. 尺度变换性质
$$\mathscr{L}[a^nf(n)]=F(a^{-1}z), \quad |a|R_1^F<|z|<|a|R_2^F.$$

4. 折叠性质
$$\mathscr{L}[f(-n)]=F\left(\frac{1}{z}\right), \quad \frac{1}{R_2^F}<|z|<\frac{1}{R_1^F}.$$

5. 共轭性质
$$\mathscr{L}[\overline{f(n)}]=\overline{F(\overline{z})}, \quad R_1^F<|z|<R_2^F.$$

6. 微分性质
$$\mathscr{L}[nf(n)]=-z\frac{\mathrm{d}F(z)}{\mathrm{d}z}, \quad R_1^F<|z|<R_2^F.$$

5.5.4　z 变换与拉普拉斯变换的关系

定义连续时间函数为 $f(t)$, 当在 $t=0,T,2T,\cdots$ 等时间点采样时就得到一个新的时间函数 $f_T(t)$, 它在采样点 $nT(n=0,1,2,\cdots)$ 的值为 $f(nT)$, 其余均为零, $f_T(t)$ 可以看成是由一些脉冲串组成的, 因此可以写成

$$f_T(t)=\sum_{n=0}^{+\infty}f(nT)\delta(t-nT), \tag{5-31}$$

也可以看成是由等间距的单位脉冲序列

$$S_T(t)=\sum_{n=0}^{+\infty}\delta(t-nT)$$

被函数 $f(t)$ 调制而成, 即

$$f_T(t)=f(t)S_T(t).$$

脉冲函数存在拉普拉斯变换, 现对式(5-31)作拉普拉斯变换, 因为

$$\mathscr{L}[\delta(t-nT)]=\mathrm{e}^{-snT},$$

故
$$\mathscr{L}\left[f_T(t)\right]=\sum_{n=0}^{+\infty}f(nT)\mathrm{e}^{-snT}.$$

注意到 $f_T(t)$ 就是离散序列 f_n,令 $z=\mathrm{e}^{sT}$,则上述式子就可以写成

$$\mathscr{L}\left[f_T(t)\right]=\sum_{n=0}^{+\infty}f(n)z^{-n}.$$

上式的右边正是 z 变换的定义式. 也就是说,对连续函数的采样序列取拉普拉斯变换,并令 $z=\mathrm{e}^{sT}$,就得到该序列的 z 变换.

在 s 域内,e^{-sT} 的作用相当于使原函数延迟时间 T,因此 z^{-1} 的作用也是使原函数延迟一个采样周期 T.

值得注意的是,从 $z=\mathrm{e}^{sT}$ 可以看出由 s 平面到 z 平面的这种映射不是简单的代数映射,如图 5-5 所示. 这种非直接关系将给信号处理中数字滤波器的设计带来一定的不利影响.

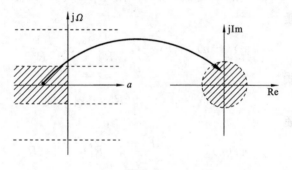

图 5-5

*5.6 小波变换简介

傅里叶变换是信息时代处理各种信号的重要工具,并且已经发展了一套内容十分丰富并在许多实际问题中行之有效的处理方法. 但是,用傅里叶变换进行信号分析和处理,其方法也存在着一定的局限性. 傅里叶变换虽然可以详细地研究信号在频域上的特征,然而却把时域上的特征完全丢失. 为了克服傅里叶变换的弱点与不足,小波变换应运而生. 小波变换是 20 世纪 80 年代后期发展起来的一门新兴学科,它是傅里叶变换的发展与补充,被认为是非线性科学领域和应用领域在工具及方法上的重大突破.

5.6.1 傅里叶变换的局限

设信号 $f(t)$ 的傅里叶变换为 $F(\omega)$,傅里叶变换对为

$$F(\omega) = \int_{-\infty}^{+\infty} f(t) e^{-j\omega t} dt,$$

$$f(t) = \frac{1}{2\pi} \int_{-\infty}^{+\infty} F(\omega) e^{j\omega t} d\omega.$$

注意傅里叶变换适用于确定性平稳信号问题,对非平稳信号和奇异信号几乎无法处理.如果利用傅里叶变换来研究频谱特性,由于每个频谱值都由整个时域信号值决定,因此必须获得信号在整个时域的全部信息;反之,每个时域值也由整个频域值决定.傅里叶变换在时域上没有分辨能力,即通过有限频段上的频谱函数不能获得有限时域上的信号值,也就是它不能确定一个局部信号发生的时间.

5.6.2　窗口傅里叶变换

为了研究在有限时间范围内信号的频域特性,盖博(Gabor)在 1946 年提出了 Gabor 变换,后来进一步发展成了窗口傅里叶变换,也称短时傅里叶变换(Short-Time Fourier Transform,简称 STFT),它将非平稳过程看作是由一系列短时平稳信号的叠加而成,可以通过在时域上加窗口来实现短时性.STFT 变换是一种时-频局部化的方法,把信号分成许多小的时间间隔,然后用傅里叶变换分析每一个时间间隔,以确定该时间间隔内存在的频率,这种方法在一定程度上弥补了傅里叶变换的不足.

信号 $f(t)$ 的 STFT 变换定义为

$$G(\omega,t) = \int_{-\infty}^{+\infty} f(u) \overline{g(u-t)} e^{-j\omega u} du, \tag{5-32}$$

其中,$g(t)$ 为时窗函数,$\overline{g(t)}$ 表示 $g(t)$ 的复共轭,其存在使 STFT 变换具有局部特性,它既是时间函数,又是频率函数.对于给定时间 t,$G(\omega,t)$ 可以看作是该时刻的频谱,即"局部频谱".

STFT 具有以下性质:

1. 时移性

如果 $\widetilde{f}(t) = f(t-t_0)$,则

$$G_{\widetilde{f}}(\omega,t) = G_f(\omega, t-t_0) e^{-j\omega t_0}.$$

2. 频移性

如果 $\widetilde{f}(t) = f(t) e^{j\omega_0 t}$,则

$$G_{\widetilde{f}}(\omega,t) = G_f(\omega - \omega_0, t).$$

上式表明,STFT 具有频移不变性,但不具有时移不变性.

如果时窗函数 $g(t)$ 平方绝对可积,且满足下式:

$$\int_{-\infty}^{+\infty} |g(t)|^2 dt = 1,$$

则信号 $f(t)$ 可以由其 STFT 变换完全重构出来,如下式:

$$f(t) = \frac{1}{2\pi} \int_{-\infty}^{+\infty} d\tau \int_{-\infty}^{+\infty} G(\omega,\tau)g(t-\tau)e^{j\omega t} d\omega. \tag{5-33}$$

分别定义 $g(t)$ 的时窗中心和时窗半径为

$$t^* = \int_{-\infty}^{+\infty} t\,|g(t)|^2 dt,$$

$$\Delta t = \sqrt{\int_{-\infty}^{+\infty} (t-t^*)^2\,|g(t)|^2 dt},$$

则 $g(t)$ 的窗口为 $[t^* - \Delta t, t^* + \Delta t]$,窗口宽度为 $2\Delta t$. 进一步研究可以知道,时窗中心虽会平移,但时窗半径不变.

相应地,设 $g(t)$ 的傅里叶变换为 $G(\omega)$,称之为频窗函数. 定义频窗中心和频窗半径为

$$\omega^* = \frac{\int_{-\infty}^{+\infty} \omega\,|G(\omega)|^2 d\omega}{\int_{-\infty}^{+\infty} |G(\omega)|^2 d\omega},$$

$$\Delta\omega = \frac{\sqrt{\int_{-\infty}^{+\infty} (\omega-\omega^*)^2\,|G(\omega)|^2 d\omega}}{\sqrt{\int_{-\infty}^{+\infty} |G(\omega)|^2 d\omega}}.$$

同样可以知道,频窗中心虽会平移但频窗半径不变.

高频信号波长较短,即时域较窄,因此若要提取高频分量,时窗应调窄一些,而低频信号波长较长,此时频窗应该尽量窄一些,但注意时-频窗面积是一个定值,即时窗函数选定后,时-频窗大小和形状就固定不变了,这样就限制了窗口傅里叶变换的应用.

5.6.3　小波变换

1974 年,法国物理学家 J. Morlet 在分析地震波时首次提出了小波变换概念. 后来经过各学科领域内专家的深入研究,小波分析才开始蓬勃发展,并且取得了理论上的突破和应用上的实现. 小波变换优于窗口傅里叶变换之处在于:如果想提取更多的低频信息,可以将时窗加长,如果想提取更多的高频信息,可以将时窗变窄,使得窗口缩放更加灵活,同时小波变换并不直接研究时-频窗,而是将函数在小波基下展开,把一个时间函数投影到二维的时间-尺度相平面上. 从

频率域的角度来看,小波变换已经没有像傅里叶变换那样的频率点的概念,取而代之的是本质意义上的频带概念;从时间域来看,小波变换所反映的也不再是某个准确的时间点处的变化,而是体现了原信号在某个时间段内的变化情况.窗口傅里叶变换如图 5-6 所示,小波变换如图 5-7 所示.

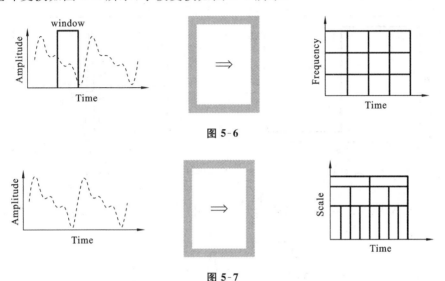

图 5-6

图 5-7

设 $\psi(t)$ 及其傅里叶变换 $\hat{\psi}(\omega)$ 均平方可积,且宽度有限,并满足相容性条件:

$$C_\psi = \int_{-\infty}^{+\infty} \frac{|\hat{\psi}(\omega)|^2}{\omega} \mathrm{d}\omega < +\infty,\tag{5-34}$$

则称 $\psi(t)$ 为**基本小波**或**小波母函数**.

将小波母函数 $\psi(t)$ 进行伸缩和平移得**小波基函数**:

$$\psi_{a,b}(t) = \frac{1}{\sqrt{|a|}}\psi\left(\frac{t-b}{a}\right)\quad(a,b\in\mathbf{R};a\neq0),\tag{5-35}$$

其中 a 为**伸缩因子**(又称尺度因子),b 为**平移因子**.

连续小波变换定义为:设函数 $f(t)$ 平方可积,$\overline{\psi(t)}$ 表示 $\psi(t)$ 的复共轭,则 $f(t)$ 的连续小波变换为

$$WT_f(a,b) = \int_{-\infty}^{+\infty} f(t)\overline{\psi_{a,b}(t)}\mathrm{d}t,\tag{5-36}$$

小波的作用相当于窗口傅里叶变换中的窗函数,其中 b 起到平移作用,a 是尺度参数,可以改变窗口的大小和形状,同时也能改变小波频谱结构.

常用的小波有以下几种.

187

Haar 小波: $\psi(t)=\begin{cases} 1, & 0\leqslant t<1/2, \\ -1, & 1/2\leqslant t<1, \\ 0, & \text{其他}, \end{cases}$ 如图 5-8 所示.

Morlet 小波: $\psi(t)=e^{\frac{t}{2}}e^{j\omega_0 t}$, 其中 $-\infty<t<+\infty$, $\omega_0\leqslant 5$, 如图 5-9 所示.

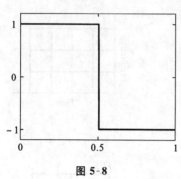

图 5-8

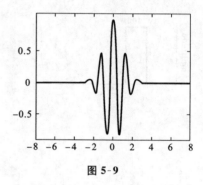

图 5-9

Marr 小波: $\psi(t)=(1-t^2)\left(\dfrac{1}{\sqrt{2\pi}}\right)e^{\frac{t}{2}}$, 其中 $-\infty<t<+\infty$, 如图 5-10 所示.

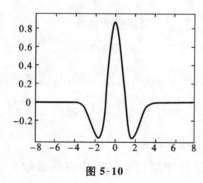

图 5-10

5.6.4 小波变换的性质

1. 线性性质

$$\int_{-\infty}^{+\infty}(k_1 f+k_2 g)\,\overline{\psi_{a,b}(t)}\mathrm{d}t=k_1\int_{-\infty}^{+\infty}f\,\overline{\psi_{a,b}(t)}\mathrm{d}t+k_2\int_{-\infty}^{+\infty}g\,\overline{\psi_{a,b}(t)}\mathrm{d}t.$$

2. 平移性质

$$\int_{-\infty}^{+\infty}f(t-t_0)\,\overline{\psi_{a,b}(t)}\mathrm{d}t=\int_{-\infty}^{+\infty}f(t)\,\overline{\psi_{a,b-t_0}(t)}\mathrm{d}t.$$

3. 尺度法则

$$\int_{-\infty}^{+\infty}f(\lambda t)\,\overline{\psi_{a,b}(t)}\mathrm{d}t=\frac{1}{\sqrt{\lambda}}\int_{-\infty}^{+\infty}f(t)\,\overline{\psi_{\lambda a,\lambda b}(t)}\mathrm{d}t.$$

小波变换中,把 $\psi_{a,b}(t)$ 称为时窗函数,把 $\hat{\psi}_{a,b}(\omega)$ 称为频窗函数,其中 $\hat{\psi}_{a,b}(\omega)$ 为 $\psi_{a,b}(t)$ 的傅里叶变换,四个参数分别为

$$t^* = \frac{\int_{-\infty}^{+\infty} t \, |\psi_{a,b}(t)|^2 \, \mathrm{d}t}{\int_{-\infty}^{+\infty} |\psi_{a,b}(t)|^2 \, \mathrm{d}t},$$

$$\Delta t = \sqrt{\frac{\int_{-\infty}^{+\infty} (t-t^*)^2 \, |\psi_{a,b}(t)|^2 \, \mathrm{d}t}{\int_{-\infty}^{+\infty} |\psi_{a,b}(t)|^2 \, \mathrm{d}t}},$$

$$\omega^* = \frac{\int_{-\infty}^{+\infty} \omega \, |\hat{\psi}_{a,b}(\omega)|^2 \, \mathrm{d}\omega}{\int_{-\infty}^{+\infty} |\hat{\psi}_{a,b}(\omega)|^2 \, \mathrm{d}\omega},$$

$$\Delta \omega = \frac{\sqrt{\int_{-\infty}^{+\infty} (\omega-\omega^*)^2 \, |\hat{\psi}_{a,b}(\omega)|^2 \, \mathrm{d}\omega}}{\sqrt{\int_{-\infty}^{+\infty} |\hat{\psi}_{a,b}(\omega)|^2 \, \mathrm{d}\omega}}.$$

任何变换只有存在逆变换才有意义. 对于连续小波而言,若采用的小波满足相容性条件式(5-34),则其逆变换存在,即根据信号的小波变换系数就可以精确地恢复原信号,并满足连续小波变换的逆变换公式:

$$f(t) = \frac{1}{C_\psi} \int_0^{+\infty} \frac{\mathrm{d}a}{a^2} \int_{-\infty}^{+\infty} WT_f(a,b) \psi_{a,b}(t) \mathrm{d}b. \tag{5-37}$$

在大多数情况下,小波变换不要求使用连续的尺度,为使小波变换能够实现快速数字化,可以取尺度参数为数列 $\{2^k\}_{k \in \mathbf{z}}$,这就形成了二进制小波和二进制小波变换等.

小波变换在时域和频域同时具有良好的局域化性质,克服了窗口傅里叶变换的缺点,在各个领域都得到了广泛的应用,它已成功地应用于数学、物理、信息获取与处理,尤其在信息安全研究中取得重要进展,如数字水印、信息隐藏、信息加密与解密等.

小波变换在数学界的地位是独一无二的,事实上在相当长的时间里,数学家们都在研究不同的小波分解形式. 他们的目的是能对不同的函数空间提供直接的、简便的分析方法,但是在 1909 年到 1980 年这段时间里,从 Haar 到 Stromber 等数学家、物理学家和信号处理专家之间很少进行科学交流,物理学家与信号处理专家并不了解数学的发展,但是由于要面对本学科内特定的压力,导致小波的出现. 今天,数学和信号及图像处理之间的界限已逐渐模糊,其他学科内的专家

对小波的发现给数学的发展注入了新的活力,从信号与图像处理出发的研究为小波变换提供了最直接的方法.

5.7 应用实例:滤波器的设计

5.7.1 极点增强增益

由 3.5 节可知,对于系统函数

$$H(s) = \frac{Y(s)}{X(s)} = \frac{b_m \prod\limits_{k=1}^{m}(s - Z_k)}{a_n \prod\limits_{i=1}^{n}(s - P_i)},$$

若令 $s = j\omega$,则系统函数的频率响应为

$$H(j\omega) = \frac{Y(j\omega)}{X(j\omega)} = \frac{b_m \prod\limits_{k=1}^{m}(j\omega - Z_k)}{a_n \prod\limits_{i=1}^{n}(j\omega - P_i)}.$$

由 $Y(j\omega) = X(j\omega) \cdot H(j\omega)$ 知,$H(j\omega)$ 可控制着对每一频率 ω 输入时的傅里叶变换后复振幅的变化.例如,在频率选择性滤波中,可以要求在某一频率范围内 $H(j\omega) \approx 1$,以便让通带内的各频率分量几乎不受任何由于系统带来的衰减或变化;而在另一个频率范围内,可能要求 $H(j\omega) \approx 0$,以便将该范围内的各频率分量消除或显著衰减掉,达到滤波的目的.因此,一个系统的频率响应基本上就是关于这个系统滤波能力的信息.

为理解极点 P_i 在频率响应上的效果,现考虑一种假想情况,只有一个复数极点 $-\alpha + j\omega$(见图 5-11(a)),为了对某频率值 ω 求幅度响应 $|H(j\omega)|$,将这个极点连到这一点 $j\omega$.若这条线的长度是 d,那么 $|H(j\omega)|$ 正比于 $\frac{1}{d}$,即

$$|H(j\omega)| = \frac{K}{d},$$

其中 K 的真实值在这一点上不是重要的系统函数的幅度响应,如图 5-11(b)所示.

当 ω 从零增加,d 逐渐减小,一直到 ω 达到 ω_0 值时为止.当 ω 增大到超过 ω_0 时,d 渐渐增大.因此,幅度响应 $|H(j\omega)| = \frac{K}{d}$ 从 $\omega = 0$ 到 $\omega = \omega_0$ 逐渐增大,而当 ω 超过 ω_0 再继续增加时则减小.因此,在极点 $-\alpha + j\omega_0$ 处会产生一种频率选择性特

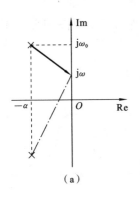

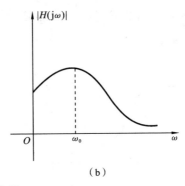

(a)　　　　　　　　　　　　(b)

图 5-11

性,它在 ω_0 处使得增益增强.另外,随着极点愈向虚轴移动(当 α 减小时),增强效果愈益显著.这是由于极点和 $j\omega_0$(对应于 $j\omega_0$ 的 d)之间的距离 α 变得更小,致使增益 $\dfrac{K}{d}$ 增大.在极端情况下 $\alpha=0$(极点就在虚轴上),在 ω_0 处的增益变成无穷大.重复产生的极点进一步增强了频率选择性的效果.

总之,将一个极点放在点 $j\omega_0$ 处的对面就能增强在频率 ω_0 处的增益,极点愈靠近 $j\omega_0$,增益在 ω_0 处就愈高,而增益在 ω_0 附近变化就愈剧烈(频率选择性愈强).

5.7.2　滤波器设计数学原理

1. 低通滤波器

一个典型的低通滤波器在 ω_0 处有最大增益.由于一个极点在它的邻近频率上能使增益增强,所以需要在实轴上对原点 $j\omega=0$ 配置一个极点(或几个极点).这个系统的传递函数是

$$H(s)=\frac{\omega_c}{s+\omega_c}.$$

上式将 $H(s)$ 分子中的 ω 选取为 ω_c,以便将直流增益 $H(0)$ 归一化为 1.若 d 是极点 $-\omega_c$ 到点 $j\omega$ 的距离,那么 $|H(j\omega)|=\dfrac{\omega_c}{d}$,且有 $H(0)=1$.当 ω 增加时,d 也增大,$|H(j\omega)|$ 随 ω 单调减小.

低通滤波系统示意图如图 5-12 所示.

2. 带通滤波器

在带通滤波器中,增益在整个通带内被增强.这个可以这样来实现,理想情况下,在以 ω_0 为中心的通带内,面对虚轴配置无穷多个极点,实际上是用有限个

极点去交换一个可以接受的非理想特性.带通滤波系统示意图如图 5-13 所示.

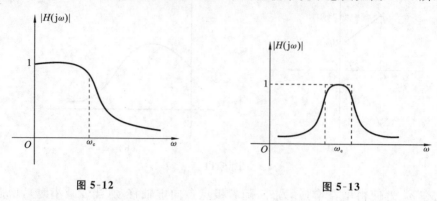

图 5-12   图 5-13

3. 陷波(带阻)滤波器

一个理想陷波滤波器的幅度响应正好与一个理想带通滤波器的幅度响应相反,它的增益在以频率 ω_0 为中心的一个小的频带内是零,而在剩下频率上是 1.这样一个特性的实现需要无穷多的极点和零点.现在考虑一个实际的二阶陷波滤波器,若在 $\omega=\omega_0$ 处得到增益,就必须在 $\pm j\omega_0$ 有零点.要求在 $\omega=\infty$ 处的增益为 1,就需要极点个数等于零点个数.这就保证了对于一个非常大的 ω,极点到 ω 的距离乘积一定等于零点到 ω 的距离乘积.再者,在 $\omega_0=0$ 处的单位增益要求有一个极点和相应的零点与原点是等距离的.

陷波滤波系统示意图如图 5-14 所示.

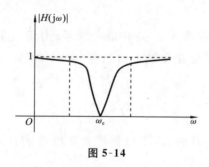

图 5-14

5.7.3   应用举例

例 5.25   汽车减震系统是保证汽车平稳和安全行驶的重要部件之一,通过在汽车底盘上加装弹簧、控制器和减震器构成的系统并进行科学合理控制,可有效缓解甚至消除汽车行驶过程中的震荡.现给出一种简单、简化的汽车悬挂系统,把二维地面简化为一维地面,只考虑一维情况,即只有横向的变化,如图 5-15

所示.设汽车质量为 M,弹簧弹性系数为 k,阻尼器的黏滞系数为 B,路面形状是关于时间 t 的函数 $x(t)$.试解决如下问题:

(1) 求该系统的微分方程;

(2) 求该系统的系统函数;

(3) 求系统的频率响应.

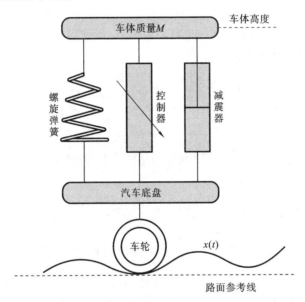

图 5-15

解　设 $y(t)$ 为 t 时刻车身高度,假设车辆行驶中路面高度没有剧烈变化(如明显的台阶或深坑),满足可导性要求,车辆开始状态为平衡状态,即初始条件为零.

(1) 由运动学定律可知,车身所受到的力与弹簧、减震器所施加的力相等,车身受力满足的关系式为

$$F_1 = Ma = M\frac{\mathrm{d}^2 y}{\mathrm{d}t^2},$$

阻尼器受力满足关系式

$$F_2 = -B(v_\mathrm{c} - v_\mathrm{L}) = -B\left(\frac{\mathrm{d}y}{\mathrm{d}t} - \frac{\mathrm{d}x}{\mathrm{d}t}\right),$$

路面变化对弹簧施加的力满足关系式

$$F_3 = -k(y - x).$$

对于整个系统,它的受力满足微分方程

$$M \frac{\mathrm{d}^2 y}{\mathrm{d}t^2} = -B\left(\frac{\mathrm{d}y}{\mathrm{d}t} - \frac{\mathrm{d}x}{\mathrm{d}t}\right) - k(y - x). \tag{①}$$

(2) 设 $\mathscr{L}[x(t)] = X(s)$, $\mathscr{L}[y(t)] = Y(s)$, 对式(1)中系统受力的微分方程两边取拉普拉斯变换, 得

$$Ms^2 Y(s) = -B[sY(s) - sX(s)] - k[Y(s) - X(s)],$$

移项并合并, 得

$$(Ms^2 + Bs + k)Y(s) = (Bs + k)X(s).$$

将上式变形, 即得系统函数为

$$H(s) = \frac{Y(s)}{X(s)} = \frac{Bs + k}{Ms^2 + Bs + k}.$$

(3) 系统的频率响应为

$$H(\mathrm{j}\omega) = \frac{Y(\mathrm{j}\omega)}{X(\mathrm{j}\omega)} = \frac{B\mathrm{j}\omega + k}{M(\mathrm{j}\omega)^2 + B\mathrm{j}\omega + k},$$

或者

$$H(\mathrm{j}\omega) = \frac{Y(\mathrm{j}\omega)}{X(\mathrm{j}\omega)} = \frac{\omega_{\mathrm{n}}^2 + 2\xi\omega_{\mathrm{n}}(\mathrm{j}\omega)}{(\mathrm{j}\omega)^2 + 2\xi\omega_{\mathrm{n}}(\mathrm{j}\omega) + \omega_{\mathrm{n}}^2},$$

其中 $\omega_{\mathrm{n}} = \sqrt{\frac{k}{M}}$, $2\xi\omega_{\mathrm{n}} = \frac{B}{M}$. 参数 $\omega_{\mathrm{n}} = \sqrt{\frac{k}{M}}$ 称为**无阻尼自然频率**, 参数 ξ 称为**阻尼系数**.

可以看出, 该系统的频率基本上是通过 ω_{n} 来控制的, 或者说, 对于某一个质量为 M 的车体, 是通过对弹簧系统 k 的适当选择来控制的. 对某一给定的 ω_{n}, 阻尼系数 ξ 是由与减震器有关的黏滞系数 B 来调整的. 当自然频率 ω_{n} 减小时, 减震系统就趋于滤掉较慢的路面变化, 从而提供平滑的驾驶. 另一方面, 系统的上升时间却增加了, 因此系统反应就更加迟钝一些. 一方面想保持较小的 ω_{n}, 以改善更加平滑的性能; 另一方面又想有较大的 ω_{n}, 以便有更快速的反应时间, 这是互为矛盾的需求. 这就需要在时域和频域特性之间寻求某种折中.

本章例题解析

例 5.26 求函数 $t^2 U(t-2)$ 的拉普拉斯变换.

解 由 $\mathscr{L}[U(t)] = \frac{1}{s}$ 及延迟性质, 可知

$$\mathscr{L}[U(t-2)] = \frac{1}{s}\mathrm{e}^{-2s},$$

再由微分性质得

$$\mathscr{L}[t^2 U(t-2)] = (-1)^2 \frac{\mathrm{d}^2}{\mathrm{d}s^2}\left(\frac{\mathrm{e}^{-2s}}{s}\right) = \frac{4s^2 + 4s + 2}{s^3}\mathrm{e}^{-2s}.$$

例 5.27 设 $f(t)$ 满足拉普拉斯变换存在定理的条件,若 $\mathscr{L}[f(t)]=F(s)$,试证明

$$\mathscr{L}\left[\frac{f(t)}{t}\right] = \int_s^{+\infty} F(s)\mathrm{d}s,$$

其中右边的积分路径在半平面 $\mathrm{Re}(s) > C$ 内,并利用此结论求解 $\mathscr{L}\left[\int_0^t \frac{\mathrm{e}^{-3t}\sin 2t}{t}\mathrm{d}t\right]$.

证明
$$\begin{aligned}
\int_s^{+\infty} F(s)\mathrm{d}s &= \int_s^{+\infty}\left[\int_0^{+\infty} f(t)\mathrm{e}^{-st}\mathrm{d}t\right]\mathrm{d}s \quad （交换积分次序）\\
&= \int_0^{+\infty}\left[\int_s^{+\infty} f(t)\mathrm{e}^{-st}\mathrm{d}s\right]\mathrm{d}t\\
&= \int_0^{+\infty}\left[-\frac{1}{s}\mathrm{e}^{-st}\right]_s^{+\infty} f(t)\mathrm{d}t.
\end{aligned}$$

注意到 $t>0$,$\mathrm{Re}(s)>C$,$\lim\limits_{s\to\infty}\mathrm{e}^{-st}=0$,上式给出

$$\int_s^{+\infty} F(s)\mathrm{d}s = \int_0^{+\infty}\frac{1}{t}\mathrm{e}^{-st}f(t)\mathrm{d}t = \mathscr{L}\left[\frac{f(t)}{t}\right].$$

此即要证明的结论.

由拉普拉斯变换的积分性质及上述结论得

$$\mathscr{L}\left[\int_0^t \frac{\mathrm{e}^{-3t}\sin 2t}{t}\mathrm{d}t\right] = \frac{1}{s}\mathscr{L}\left[\frac{\mathrm{e}^{-3t}\sin 2t}{t}\right] = \frac{1}{s}\int_s^{+\infty}\mathscr{L}[\mathrm{e}^{-3t}\sin 2t]\mathrm{d}s,$$

再由 $\mathscr{L}[\sin bt]=\dfrac{b}{s^2+b^2}$ 及位移性质给出

$$\mathscr{L}[\mathrm{e}^{-at}\sin bt] = \frac{b}{(s+a)^2+b^2},$$

所以

$$\begin{aligned}
\mathscr{L}\left[\int_0^t \frac{\mathrm{e}^{-3t}\sin 2t}{t}\mathrm{d}t\right] &= \frac{1}{s}\int_s^{+\infty}\frac{2}{(s+3)^2+2^2}\mathrm{d}s = \frac{1}{s}\left[\arctan\frac{s+3}{2}\right]_s^{+\infty}\\
&= \frac{1}{s}\left(\frac{\pi}{2} - \arctan\frac{s+3}{2}\right) = \frac{1}{s}\mathrm{arccot}\frac{s+3}{2}.
\end{aligned}$$

例 5.28 求函数 $\dfrac{2s+5}{s^2+4s+13}$ 的拉普拉斯逆变换.

解一 用拉普拉斯变换的性质求解. 由

$$\frac{2s+5}{s^2+4s+13} = 2\frac{s+2}{(s+2)^2+3^2} + \frac{1}{3}\frac{3}{(s+2)^2+3^2},$$

以及 $\mathscr{L}[\sin 3t]=\dfrac{3}{s^2+3^2}$，$\mathscr{L}[\cos 3t]=\dfrac{s}{s^2+3^2}$，结合位移性质可得

$$\mathscr{L}^{-1}\left[\dfrac{2s+5}{s^2+4s+13}\right]=2\mathscr{L}^{-1}\left[\dfrac{s+2}{(s+2)^2+3^2}\right]+\dfrac{1}{3}\mathscr{L}^{-1}\left[\dfrac{3}{(s+2)^2+3^2}\right]$$

$$=2e^{-2t}\cos 3t+\dfrac{1}{3}e^{-2t}\sin 3t.$$

解二 用公式求解. 函数 $F(s)=\dfrac{2s+5}{s^2+4s+13}$ 有两个简单极点：$-2-3i$，$-2+3i$，且 $\lim\limits_{s\to\infty}F(s)=0$. 由公式

$$\mathscr{L}^{-1}[F(s)]=\mathrm{Res}\left[\dfrac{2s+5}{s^2+4s+13}e^{st},-2-3i\right]+\mathrm{Res}\left[\dfrac{2s+5}{s^2+4s+13}e^{st},-2+3i\right]$$

$$=\dfrac{(2s+5)e^{st}}{(s^2+4s+13)'}\bigg|_{s=-2-3i}+\dfrac{(2s+5)e^{st}}{(s^2+4s+13)'}\bigg|_{s=-2+3i}$$

$$=\left(1+\dfrac{1}{6}i\right)e^{-2t-3ti}+\left(1-\dfrac{1}{6}i\right)e^{-2t+3ti}$$

$$=e^{-2t}\left(2\cos 3t+\dfrac{1}{3}\sin 3t\right).$$

例 5.29 求函数 $\dfrac{s}{(s^2+a^2)^2}$ 的拉普拉斯逆变换.

解 用卷积定理求解. 由

$$\dfrac{s}{(s^2+a^2)^2}=\dfrac{s}{s^2+a^2}\cdot\dfrac{1}{s^2+a^2}=F_1(s)\cdot F_2(s),$$

其中

$$F_1(s)=\dfrac{s}{s^2+a^2},\quad F_2(s)=\dfrac{1}{s^2+a^2}.$$

不难看出

$$\mathscr{L}^{-1}[F_1(s)]=f_1(t)=\cos at,$$

$$\mathscr{L}^{-1}[F_2(s)]=f_2(t)=\dfrac{1}{a}\sin at,$$

于是由卷积定理可得

$$\mathscr{L}^{-1}\left[\dfrac{s}{(s^2+a^2)^2}\right]=\mathscr{L}^{-1}[F_1(s)\cdot F_2(s)]=f_1(t)*f_2(t)$$

$$=\dfrac{1}{a}\int_0^t\cos ax\sin a(t-x)\mathrm{d}x$$

$$=\dfrac{t}{2a}\sin at.$$

例 5.30 求方程组

$$\begin{cases} y' + 2y + 6\displaystyle\int_0^t z\mathrm{d}t = -2u(t) \\ y' + z' + z = 0 \end{cases}$$

满足初始条件 $y(0)=-5$ 及 $z(0)=6$ 的解.

解 设

$$\mathscr{L}[y(t)]=Y(s), \quad \mathscr{L}[z(t)]=Z(s),$$

对方程组中的每个方程两边取拉普拉斯变换,并利用初始条件,由微分性质与积分性质,可得像函数满足的方程组为

$$\begin{cases} s\mathscr{L}[y]+5+2\mathscr{L}[y]+\dfrac{6}{s}\mathscr{L}[z]=-\dfrac{2}{s}, \\ s\mathscr{L}[y]+5+s\mathscr{L}[z]-6+\mathscr{L}[z]=0, \end{cases}$$

或

$$\begin{cases} (s^2+2s)Y(s)+6Z(s)=-2-5s, \\ sY(s)+(s+1)Z(s)=1, \end{cases}$$

解此代数方程组可知

$$Y(s)=\frac{-5s^2-7s-8}{s(s^2+3s-4)}, \quad Z(s)=\frac{2(3s+2)}{s^2+3s-4}.$$

对每一像函数取拉普拉斯逆变换,可得所求的解为

$$y(t)=\mathscr{L}^{-1}\left[\frac{-5s^2-7s-8}{s(s^2+3s-4)}\right]=\mathscr{L}^{-1}\left[\frac{2}{s}-\frac{4}{s-1}-\frac{3}{s+4}\right]$$

$$=2u(t)-4\mathrm{e}^t-3\mathrm{e}^{-4t},$$

$$z(t)=\mathscr{L}^{-1}\left[\frac{2(3s+2)}{s^2+3s-4}\right]=\mathscr{L}^{-1}\left[\frac{2}{s-1}+\frac{4}{s+4}\right]=2\mathrm{e}^t+4\mathrm{e}^{-4t}.$$

本 章 小 结

复习提纲

  本章重点介绍了拉普拉斯变换,首先从傅里叶变换的定义出发,导出拉普拉斯变换的概念,给出了它的一些基本性质,讨论了其逆变换的积分表达式——复反演积分公式,提出了拉普拉斯变换的应用;其次介绍了 z 变换相关知识;最后简单介绍了小波变换.

  拉普拉斯变换是在傅里叶变换的基础上,进一步地推广积分变换,使得一些傅里叶积分不存在的函数也可以进行积分变换.拉普拉斯变换是工程技术中常用的一种数学方法,它能把微积分运算转化为代数运算,能把微分方程转化为代数方程,使解题过程大为简化.

z 变换是针对离散序列进行的一种数学变换,常用以求线性时不变差分方程的解.它在离散时间系统中的地位,如同拉普拉斯变换在连续时间系统中的地位.这一方法(即离散时间信号的 z 变换)已成为分析线性时不变离散时间系统问题的重要工具,在数字信号处理、计算机控制系统等领域有广泛的应用.

小波变换,由于其在时频两域都具有表征信号局部特征的能力和多分辨率分析的特点,因此被誉为"数学显微镜".小波变换的基本思想是将原始信号通过伸缩和平移后,分解为一系列具有不同空间分辨率、不同频率特性和方向特性的子带信号,这些子带信号具有良好的时域、频域等局部特征.这些特征可用来表示原始信号的局部特征,进而实现对信号时间、频率的局部化分析,从而克服了傅里叶分析在处理非平稳信号和复杂图像时所存在的局限性.

一、拉普拉斯变换的概念

1. 拉普拉斯变换的定义

$$F(s) = \mathscr{L}[f(t)] = \int_0^{+\infty} f(t) e^{-st} \, dt.$$

2. 拉普拉斯变换的存在定理

(1) 在 $t>0$ 的任一有限区间上分段连续;

(2) 当 $t \to +\infty$ 时,$f(t)$ 的增长速度不超过某一指数函数,即存在常数 $M>0$ 及 $c \geq 0$,使得如下不等式成立:

$$|f(t)| \leq Me^{ct} \quad (0 \leq t < +\infty),$$

则像函数 $F(s)$ 在半平面 $\mathrm{Re}(s)>c$ 内一定存在,且是解析的(c 称为函数 $f(t)$ 的增长指数上限).

(3) 一些常见函数的拉普拉斯变换:

$$\mathscr{L}[\delta(t)]=1; \quad \mathscr{L}[e^{at}]=\frac{1}{s-\alpha} \quad (\mathrm{Re}(s)>\alpha);$$

$$\mathscr{L}[\sin at]=\frac{a}{s^2+a^2} \quad (\mathrm{Re}(s)>0);$$

$$\mathscr{L}[t^m]=\frac{m!}{s^{m+1}} \quad (\mathrm{Re}(s)>0);$$

$$\mathscr{L}[\cos kt]=\frac{s}{s^2+k^2} \quad (\mathrm{Re}(s)>0).$$

二、拉普拉斯变换的性质

1. 线性性质

$$\mathscr{L}[\alpha f_1(t)+\beta f_2(t)]=\alpha F_1(s)+\beta F_2(s).$$

2. 微分性质

$$F^{(n)}(s) = \mathscr{L}\left[(-t)^n f(t)\right],$$

$$\mathscr{L}\left[f^{(n)}(t)\right] = s^n F(s) - s^{n-1} f(0) - s^{n-2} f'(0) - \cdots - f^{(n-1)}(0).$$

3. 积分性质

$$\mathscr{L}\left\{\int_0^t f(t)\,\mathrm{d}t\right\} = \frac{1}{s}\mathscr{L}\left[f(t)\right] = \frac{1}{s}F(s), \quad \mathscr{L}\left[\frac{f(t)}{t}\right] = \int_s^{+\infty} F(s)\,\mathrm{d}s.$$

4. 位移性质

$$\mathscr{L}\left[e^{at}f(t)\right] = F(s-a) \quad \text{或} \quad \mathscr{L}^{-1}\left[F(s-a)\right] = e^{at}f(t).$$

5. 延迟性质

$$\mathscr{L}\left[f(t-\tau)u(t-\tau)\right] = e^{-s\tau}F(s),$$

或

$$\mathscr{L}^{-1}\left[e^{-s\tau}F(s)\right] = f(t-\tau)u(t-\tau) \quad (\tau \geqslant 0).$$

三、拉普拉斯逆变换

1. 复反演积分公式

$$f(t) = \mathscr{L}^{-1}\left[F(s)\right] = \frac{1}{2\pi j}\int_{\beta-j\infty}^{\beta+j\infty} F(s)e^{st}\,\mathrm{d}s \quad (t>0).$$

2. 像原函数的求法

$$f(t) = \mathscr{L}^{-1}\left[F(s)\right] = \sum_{k=1}^{n} \mathrm{Res}\left[F(s)e^{st}, s_k\right] \quad (t>0).$$

当像函数为有理函数时，一般可采用分解为部分分式的方法与赫维赛德 (Heaviside) 展开式的方法求出像原函数.

四、卷积

1. 卷积概念

$$f_1(t) * f_2(t) = \int_0^t f_1(\tau)f_2(t-\tau)\,\mathrm{d}\tau.$$

2. 卷积定理

$$\mathscr{L}\left[f_1(t) * f_2(t)\right] = F_1(s) \cdot F_2(s),$$

$$\mathscr{L}^{-1}\left[F_1(s) \cdot F_2(s)\right] = f_1(t) * f_2(t).$$

五、拉普拉斯变换的应用

用拉普拉斯变换及其逆变换求解一些微分方程、积分方程和微积分方程.

数学家简介——拉普拉斯

拉普拉斯(Laplace),法国数学家、天文学家,法兰西科学院院士,天体力学的主要奠基人、天体演化学的创立者之一,还是分析概率论的创始人,因此可以说他是应用数学的先驱.

拉普拉斯 1749 年 3 月 23 日生于法国西北部卡尔瓦多斯的博蒙昂诺日,曾任巴黎军事学院数学教授. 1795 年,任巴黎综合工科学校教授,后又在高等师范学校任教授. 1799 年,他还担任过法国经度局局长,并在拿破仑政府中任过 6 个星期的内政部长. 1816 年选为法兰西科学院院士,并于 1817 年任该院院长. 1827 年 3 月 5 日卒于巴黎.

拉普拉斯在研究天体问题的过程中,创造和发展了许多数学的方法,以他的名字命名的拉普拉斯变换、拉普拉斯定理和拉普拉斯方程,在科学技术的各个领域有着广泛的应用.

拉普拉斯把注意力主要集中在天体力学的研究上面.他把牛顿的万有引力定律应用到整个太阳系,1773 年解决了一个当时著名的难题:解释木星轨道为什么在不断地收缩,而同时土星的轨道又在不断地膨胀.拉普拉斯用数学方法证明行星平均运动的不变性,即行星的轨道大小只有周期性变化,并证明为偏心率和倾角的 3 次幂.这就是著名的拉普拉斯定理.此后,他开始了太阳系稳定性问题的研究.同年,他成为法国科学院副院士.

1784—1785 年,他求得天体对其外任一质点的引力分量可以用一个势函数来表示,这个势函数满足一个偏微分方程,即著名的拉普拉斯方程. 1785 年他被选为科学院院士.

习 题 五

A 题

1. 设 $f(t)=e^{2t}$,则 $\mathscr{L}[f(t)]=$ _____.

2. 设 $f(t)=u(3t-6)$,则 $\mathscr{L}[f(t)]=$ _____.

3. 设 $f(t)=\cos 3t$,则 $\mathscr{L}[f(t)]=$ _____.

4. 设 $\mathscr{L}[f(t)]=\dfrac{2}{s^2+4}$,则 $\mathscr{L}[e^{-3t}f(t)]=$ _____.

尺度变换

5. $F(s)=\dfrac{s+1}{s^2+1}$,则 $\mathscr{L}^{-1}[F(s)]=$ _____.

6. 设 $f(t)=(t-1)^2e^t$,则 $\mathscr{L}[f(t)]=$ _____.

7. 设 $F(s)=\dfrac{5}{s^2+25}$,则 $f(t)=\mathscr{L}^{-1}[F(s)]$ 为( ).

(A) $\cos 5t$ (B) $\sin 5t$

(C) $\text{ch}5t$ (D) $\text{sh}5t$

8. 设 $\mathscr{L}[f(t)]=F(s)$,则 $\mathscr{L}[e^{at}f(t)]$ 为( ).

(A)$F(s-a)$ (B)$F(s+a)$

(C)$e^{as}F(s)$ (D)$e^{-as}F(s)$

9. 设 $f(t)=e^{-2t}\cos 3t$,则 $\mathscr{L}[f(t)]$ 为( ).

(A) $\dfrac{3}{(s+2)^2+9}$ (B) $\dfrac{s+2}{(s+2)^2+9}$

(C) $\dfrac{3s}{(s+2)^2+9}$ (D) $\dfrac{3(s+2)}{(s+2)^2+9}$

10. 设 $f(0)=f'(0)=\cdots=f^{(9)}(0)=0$,且 $\mathscr{L}[f(t)]=F(s)$,则 $\mathscr{L}[f^{(10)}(t)]$ 为 ( ).

(A) $s^9F(s)$ (B) $\dfrac{1}{s^9}F(s)$

(C) $s^{10}F(s)$ (D) $\dfrac{1}{s^{10}}F(s)$

11. 设 $\mathscr{L}^{-1}[1]=\delta(t)$,则 $\mathscr{L}^{-1}\left[\dfrac{s^2}{s^2+1}\right]$ 为( ).

(A) $\delta(t)\cos t$ (B) $\delta(t)-\cos t$

(C) $\delta(t)(1-\sin t)$ (D) $\delta(t)-\sin t$

12. 设 $f(t)=u(5t-2)$,则 $\mathscr{L}[f(t)]$ 为( ).

(A) $\dfrac{1}{s}e^{-\frac{2}{25}s}$ 　　　　　　　　(B) $\dfrac{1}{s}e^{-\frac{2}{5}s}$

(C) $se^{-\frac{2}{25}s}$ 　　　　　　　　(D) $se^{-\frac{2}{5}s}$

13. 已知 $F(s)=\dfrac{3}{(s+2)^2+9}$，则 $f(t)=\mathscr{L}^{-1}[F(s)]$ 为（　　）.

(A) $e^{-2t}\cos 3t$ 　　　　　　　　(B) $e^{2t}\cos 3t$

(C) $e^{-2t}\sin 3t$ 　　　　　　　　(D) $e^{2t}\sin 3t$

14. 求函数 $f(t)=\begin{cases} t, & 0<t<2 \\ 2, & t>2 \end{cases}$ 的拉普拉斯变换.

15. 求函数 $f(t)=tu(t-a)e^{bt}\,(a>0)$ 的拉普拉斯变换.

16. 由定义直接计算函数

$$f(t)=\begin{cases} \sin t, & 0<t<\pi \\ 0, & t\leqslant 0, t\geqslant \pi \end{cases}$$

的拉普拉斯变换.

17. 求下列函数的拉普拉斯变换：

(1) $f(t)=t^2+3t$；　　　　　　　　(2) $f(t)=1-e^t$；

(3) $f(t)=5\sin(2t)-3\cos(2t)$；　　　　(4) $f(t)=te^{-3t}\sin(2t)$；

(5) $f(t)=t^n e^{at}, n\in \mathbf{N}$；　　　　　　(6) $f(t)=t\cos(at)$.

18. 求下列函数的拉普拉斯逆变换：

(1) $F(s)=\dfrac{1}{s^2+a^2}$；　　　　　　(2) $F(s)=\dfrac{s}{(s-a)(s-b)}$；

(3) $F(s)=\dfrac{1}{s^2-a^2}$；　　　　　　(4) $F(s)=\dfrac{1}{s^2(s^2-1)}$；

(5) $F(s)=\dfrac{s}{s+2}$；　　　　　　　(6) $F(s)=\ln\dfrac{s^2-1}{s^2}$.

19. 求下列卷积：

(1) $1*1$；　　　　　　　　　　(2) $t*t$；

(3) $\sin t*\cos t$；　　　　　　　　(4) $\delta(t-2)*f(t)$.

20. 求下列常系数或变系数微分方程的解：

(1) $y'-y=e^{2t}$，　$y(0)=0$；

(2) $y''+4y=\sin t$，　$y(0)=y'(0)=0$；

(3) $y''-2y'+2y=2e^t\cos t$，　$y(0)=0$，　$y'(0)=1$；

(4) $y''-2y'+y=0$，　$y(0)=0$，　$y(1)=2$；

(5) $ty''+2y'+ty=0$，　$y(0)=1$，　$y'(0)=1$.

21. 求常微分方程组

$$\begin{cases} 2x - y - y' = 4(1 - e^{-t}) \\ 2x' + y = 2(1 + 3e^{-2t}) \end{cases}$$

的解,满足初始条件 $x(0) = y(0) = 0$.

B　题

1. 利用拉普拉斯变换的性质及常用函数的拉普拉斯变换,求函数 $f(t) = \sin^3 t$ 的拉普拉斯变换.

2. 求下列函数的拉普拉斯变换:

(1) $2\sqrt{\dfrac{t}{\pi}} + 4e^{2t}$;　　　　　　　　　(2) $\sin(t-2) \cdot u(t-2)$.

3. 计算下列积分值:

(1) $\displaystyle\int_0^{+\infty} t^n e^{at} dt \, (a \neq 0)$;　　　　　　(2) $\displaystyle\int_0^{+\infty} e^{-3t} \cos 2t \, dt$.

4. 利用拉普拉斯变换的卷积公式计算 $t * e^t$.

5. 利用延迟性,求下列函数的拉普拉斯逆变换:

(1) $F(s) = \dfrac{s e^{-5s+1}}{s^2 + 4}$;　　　　　　　(2) $F(s) = \dfrac{s^2 + s + 2}{s^3} e^{-s}$.

6. 利用拉普拉斯变换的性质,求下列函数的拉普拉斯逆变换:

(1) $\dfrac{2s+3}{s^2+9}$;　　　　　　　　　(2) $\dfrac{4s}{(s^2+4)^2}$.

7. 利用卷积定理,求函数 $\dfrac{1}{s(s-1)(s-2)}$ 的拉普拉斯逆变换.

8. 利用留数,求下列函数的拉普拉斯逆变换:

(1) $\dfrac{1}{s(s-a)}$;　　　　　　　　　(2) $\dfrac{1}{s(s^2+a^2)}$.

9. 解下列积分方程:

(1) $y(t) + \displaystyle\int_0^t y(\tau) d\tau = e^{-t}$;

(2) $y(t) = at - a^2 \displaystyle\int_0^t (t-\tau) y(\tau) d\tau$.

10. 解下列微积分方程:

$$y'(t) - 4y(t) + 4\int_0^t y(\tau) d\tau = \frac{t^3}{3}, \quad y(0) = 0.$$

第6章 复变函数与积分变换的数学实验

Matlab 是集数值计算、图形处理、图像处理、符号计算、文字处理、数学建模、实时控制、动态仿真、信号处理等功能为一体的数学应用软件. 将 Matlab 应用到复变函数与积分变换的学习中,可以为复变函数与积分变换的计算和应用带来极大的方便.

6.1 复数的运算和复变函数的图像

6.1.1 复数的运算

1. 复数和复矩阵的生成

在 Matlab 中,复数单位为 i=j=sqrt(-1),其值都显示为 0.0000+1.0000i. Matlab 生成复数的方法有两种:

(1) 由 z=x+y*1i 产生,可简写成 z=x+yi;

(2) 由 z=r*exp(1i*theta)产生,可简写成 z=r*exp(theta i),其中 r 为复数 z 的模,theta 为复数 z 辐角的弧度值,如 z=2*exp(3i).

Matlab 的矩阵元素允许是复数、复变量以及由它们组成的表达式. 复数矩阵的输入与通常的实数矩阵的输入方法相同,也可以将实部、虚部矩阵分开输入,再写成矩阵之和的形式,例如:

```
>>A=[1,2;-3,4]-[5 6;7 -8]* i
A=
  1.0000-5.0000i  2.0000-6.0000i
 -3.0000-7.0000i  4.0000+8.0000i
```

2. 复数的基本运算

命　　令	功　　能
real (z)	输出复数 z 的实部
imag (z)	输出复数 z 的虚部
conj (z)	输出复数 z 的共轭复数
Z'	输出复向量或复矩阵 Z 的共轭转置
abs (z)	输出复数 z 的模
angle (z)	输出复数 z 的辐角
z1 * z2、z1/z2	两个复数 z1、z2 之间的乘除法
z^n	复数 z 的 n 次幂
exp (z)	复数 z 的以 e 为底的指数函数值
log (z)	复数 z 的以 e 为底的对数函数值
sin (z)、tan (z)、sec (z)、asin (z)、…	复数 z 的三角函数或反三角函数值
solve ('f (x) = 0')	求解方程 f (x) = 0 的根

例 6.1　求下列复数的实部、虚部、共轭复数、模、辐角、转置.

(1) $\dfrac{1}{2+3i}$;　(2) $\dfrac{1}{i}+\dfrac{3i}{1+i}$;　(3) $\dfrac{(2+3i)(3-4i)}{2i}$;　(4) $i^7-4i^{17}+i$.

解　在 Matlab 中建立 M 文件,将上述 4 个复数组成复矩阵一并处理:

```
format rat                                        % 有理数表示
Z=[1/(2+3i),1/i+3i/(1+i),(2+3i)* (3- 4i)/2i,i^7-4* i^17+i]
re=real(Z)                                        % 求实部
im=imag(Z)                                        % 求虚部
Z1=conj(Z)                                        % 求共轭复数
r=abs(Z)                                          % 求模
theta=angle(Z)                                    % 求辐角
Z2=Z'                                             % 求转置
```

运行结果为:

```
Z=
```

```
    2/13- 3/13i        3/2+1/2i          1/2- 9i           0- 4i
re=
    2/13        3/2          1/2          0
im=
    - 3/13        1/2          - 9          - 4
Z1=
    2/13+3/13i          3/2-1/2i          1/2+9i          0+4i
r=
    1369/4936    721/456     11691/1297        4
theta=
  - 971/988      250/777      - 941/621      - 355/226
Z2=
    2/13+3/13i
    3/2-1/2i
    1/2+9i
    0+4i
```

例 6.2 计算:

(1) $z_1 = e^{1-i\frac{\pi}{2}}$; (2) $z_2 = 3^i$; (3) $z_3 = (1+i)^i$; (4) $z_4 = \log(-3+4i)$.

解 在 Matlab 窗口分别键入:

```
>>z1=exp(1-i*pi/2)
z1=
    0.0000-2.7183i
>>z2=3^i
z2=
    0.4548+0.8906i
>>z3=(1+i)^i
z3=
    0.4288+0.1549i
>>z4= log(-3+4i)
z4=
    1.6094+2.2143i
```

例 6.3 求方程 $x^3 + 8 = 0$ 所有的根.

解 在 Matlab 窗口键入:

```
>>syms x
>>solve(x^3+8==0,x)
```

运行结果为:

```
ans=
                -2
    1-3^(1/2)*1i
    1+3^(1/2)*1i
```

6.1.2　复变函数的图像

复变函数 $f: z \to \omega$ 是一种复平面到复平面的映射,即自变量 z 和因变量 ω 均是复数. 这种二维空间到二维空间的映射,总维数是 4,所以复变函数的图像并不能直观地画出. Matlab 表现 4 维数据的办法是利用 3 维空间坐标再加上颜色. 例如,可以将 z 看成复平面上的一个有序实数对,函数值只取模 $|\omega|$,而辐角用颜色来表示. 但若在问题中更关心辐角,则可以令函数值取辐角,模的值用颜色表示.

命　　令	功　　能
plot(X)	绘制数据 X 的连线图
surf(X,Y,Z,V)	生成由(X,Y,Z)确定的曲面,V 确定相应点的颜色
cplxgrid(m)	创建一个(m+1)×(2m+1)的复数极坐标网格,但该网格所示区域的半径仅为 1
cplxmap(z,f(z))	绘制复变函数 f(z)的图形,即 surf(real(z),imag(z),real(f(z)),imag(f(z)))
cplxroot(n,m)	绘制根式复变函数的图形,其中 n 为根次数,m 为矩阵大小
colorbar	设置颜色棒
linspace(a,b,n)	产生一个 n 维向量,其分量是从 a 到 b 的等间隔数
title('str')	以字符串 str 作为图形的名称

例 6.4　绘制函数 $f(z) = z^3$ 的图像.

解　在 Matlab 中建立 M 文件,输入并运行以下代码:

```
z=cplxgrid(20);
cplxmap(z,z.^3);
colorbar('vert');
title('z^3')
shading interp
```

输出的函数图像如图 6-1 所示. 或者利用下面的代码:

```
z=cplxgrid(20);
w=z.^3;
surf(real(z),imag(z),real(w),imag(w));
```

```
colorbar('vert');
title('z^3')
shading interp
```

可以看到两者得到的函数图像是相同的.

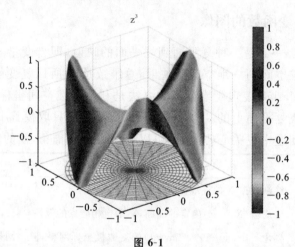

图 6-1

由于复变函数的特殊性质,某些函数具有多值性,Matlab 提供了画一种常见多值函数——根式函数的图像的命令,即 cplxroot.

例 6.5 绘制函数 $f(z)=\sqrt[3]{z}$ 的图像.

解 在 Matlab 中建立 M 文件,输入并运行以下代码:

```
cplxroot(3,30);
title('z^(1/3)')
shading interp
```

绘制出的图像如图 6-2 所示.

例 6.6 绘制圆周 $|z|=2$ 在映射 $\omega=z+\dfrac{1}{z}$ 下的像曲线.

解 在 Matlab 中建立 M 文件,输入并运行如下代码:

```
clear
syms x y z t
t=linspace(-pi,pi,100);
x=2*cos(t);y=2*sin(t);
z=x+y*1i;
w=z+1./z;
subplot(2,1,1);
```

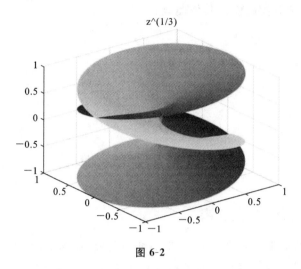

图 6-2

```
plot(z);
title('|z|=2')
axis equal
subplot(2,1,2);
plot(w);
title('w=z+1/z')
axis equal
```

运行结果如图 6-3 所示,可见曲线 $|z|=2$ 在映射 $\omega=z+\dfrac{1}{z}$ 下的像曲线为椭

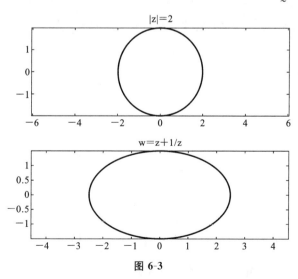

图 6-3

圆,也可以利用如下代码作出其像曲线:

```
t=0:0.01*pi:2*pi;
z=2*exp(t*1i);
w=z+1./z;
plot(w);
axis equal
```

6.2   复变函数的微积分

6.2.1   复变函数的极限

复变函数的极限存在条件比实变函数更加苛刻,要求复变函数的实部和虚部同时存在极限.因此,复变函数的极限更类似于二元函数的极限.

命　　令	功　　能
limit(f,x,a)或 limit(f,a)	计算当 x→a 时函数 f 的极限
limit(f,x,a,'left')	计算当 x→a 时函数 f 的左极限
limit(f,x,a,'right')	计算当 x→a 时函数 f 的右极限

例 6.7   计算 $\lim\limits_{z\to 1+i}\dfrac{z}{2+z}$.

解   在 Matlab 中建立 M 文件,输入并运行如下代码:

```
clear
syms x y
z=x+y*1i;
f=z/(2+z);
limit(limit(f,x,1),y,1)
```

运行结果为:

```
ans=
2/5+1i/5
```

例 6.8   试计算函数 $f(z)=\dfrac{z}{1+z^2}$ 当 $z\to i$ 时的极限.

解   在 Matlab 中建立 M 文件,输入并运行如下代码:

```
clear
syms x y
z=x+y*1i;
f=z/(1+z^2);
limit(limit(f,x,0),y,1)
```

运行结果为：

```
ans=
NaN
```

这表示函数 $f(z)$ 在 $z=\mathrm{i}$ 处的极限不存在.

6.2.2　复变函数的导数

复变函数的导数定义和实变函数的导数定义在形式上是相同的,因而复变函数求导函数的方法与实数域一元函数求导的方法相同.

命　　令	功　　能
diff(f,x)	计算函数 f 关于变量 x 的导数
diff(f,x,n)	计算函数 f 关于变量 x 的 n 阶导数
subs(S,old,new)	将表达式 S 中的符号变量 old 用 new 代替

例 6.9　求 $(2z^2+\mathrm{i})^5$ 在 $z=\dfrac{\mathrm{i}}{2}$ 处的一阶导数和二阶导数.

解　在 Matlab 中建立 M 文件,输入并运行如下代码：

```
clear
syms z
f=(2*z^2+1i)^5;
d1=diff(f,z);          % 求一阶导函数
d2=diff(f,z,2);        % 求二阶导函数
d1_v=subs(d1,z,1i/2)   % 求 v 点处的一阶导数
d2_v=subs(d2,z,1i/2)   % 求 v 点处的二阶导数
```

运行结果如下：

```
d1_v=
 -15-35i/8
```

```
d2_v=
   -475/4+50i
```

例 6.10 讨论 $f(z)=2x(1-y)+\mathrm{i}(x^2-y^2+2y)$ 的解析性.

解 在 Matlab 中建立 M 文件,输入并运行如下代码:

```
syms x y
u=2*x*(1-y);v=x^2-y^2+2*y;
du_x=diff(u,x)
du_y=diff(u,y)
dv_x=diff(v,x)
dv_y=diff(v,y)
```

运行结果为:

```
du_x =
   2-2*y
du_y =
   -2*x
dv_x=
   2*x
dv_y=
2-2*y
```

由上可见,$\dfrac{\partial u}{\partial x}=\dfrac{\partial v}{\partial y}=2-2y,\dfrac{\partial u}{\partial y}=-\dfrac{\partial v}{\partial x}=-2x$,且 4 个一阶偏导数在整个复平面内都是连续的,故 $f(z)=2x(1-y)+\mathrm{i}(x^2-y^2+2y)$ 在复平面内处处解析.

6.2.3 复变函数的积分

复积分的计算可以转化为两个二元实函数的曲线积分来计算,即
$$\int_C f(z)\mathrm{d}z = \int_C u(x,y)\mathrm{d}x - v(x,y)\mathrm{d}y + \mathrm{i}\int_C v(x,y)\mathrm{d}x + u(x,y)\mathrm{d}y,$$
其中,$f(z)=u(x,y)+\mathrm{i}v(x,y)$.

特别地,当曲线积分路径 C 可以用参数方程
$$z(t)=x(t)+\mathrm{i}y(t), \quad \alpha\leqslant t\leqslant \beta$$
表示时,复积分还可以用定积分来计算,即
$$\int_C f(z)\mathrm{d}z = \int_\alpha^\beta f[z(t)]z'(t)\mathrm{d}t.$$

命　　令	功　　能
int(f)	求解函数 f 的不定积分
int(f,x)	求解函数 f 关于自变量 x 的不定积分
int(f,a,b)	计算函数 f 在区间[a,b]上的定积分
inf(f,x,a,b)	计算函数 f 关于自变量 x 在区间[a,b]上的定积分

例 6.11　计算积分 $\int_C z^2 \mathrm{d}z$,其中 C 为从原点 $z=0$ 到点 $z=2+\mathrm{i}$ 的直线段.

分析　直线段 C 的参数方程为 $x=2t,y=t,0\leqslant t\leqslant 1$,于是有
$$z=(2+\mathrm{i})t, \quad \mathrm{d}z=(2+\mathrm{i})\mathrm{d}t.$$

解　在 Matlab 中建立 M 文件,输入并运行如下代码:

```
clear
syms t
z=(2+1i)*t;
int(z^2*diff(z),t,0,1)
```

运行结果为:

```
ans =
2/3+11i/3
```

根据柯西积分定理可知,当 $f(z)$ 在 D 内解析时,积分 $\int_C f(z)\mathrm{d}z$ 与路径无关,仅由积分路径的起点和终点决定,此时,积分 $\int_C f(z)\mathrm{d}z$ 可记作 $\int_{z_1}^{z_2} f(z)\mathrm{d}z$,该积分的计算可使用复积分的牛顿-莱布尼茨公式.

例 6.12　计算积分 $\int_0^{3+4\mathrm{i}} z\mathrm{d}z$.

解　复积分与路径无关时,可用牛顿-莱布尼茨公式计算,在 Matlab 中建立 M 文件,输入并运行以下代码:

```
clear
syms z
f=z;
int(f,z,0,3+4*i)
```

运行结果如下:

```
ans=
  -7/2+12i
```

6.3 函数的幂级数展开与留数的应用

6.3.1 泰勒级数

命　令	功　能
symsum(s,v,a,b)	求符号表达式 s 中变量 v 从 a 到 b 的有限和
symsum(s,a,b)	求符号表达式 s 中默认变量从 a 到 b 的有限和
taylor(f,v,a)	返回表达式 f 在 v＝a 处的泰勒展开式
taylor(f,v,a,′order′,n)	返回表达式 f 在 v＝a 处的 n−1 阶泰勒展开式

例 6.13　求级数 $\sum\limits_{n=0}^{+\infty} z^n = 1 + z + z^2 + \cdots + z^n + \cdots$ 的收敛域与和函数.

解　该级数是幂级数,其收敛域关于原点对称. 在 Matlab 中建立 M 文件,输入并运行如下代码:

```
syms n z
f=z^n;
S=symsum(f,n,0,inf)
```

运行结果为:

```
S =
piecewise(1<=z, Inf, abs(z)<1, - 1/(z- 1))
```

该结果虽然显示级数的和函数是分段函数,但当 z 为大于等于 1 的实数时,级数的和函数为无穷大,其实和函数不存在,只有当 z 的模小于 1 时,和函数存在且等于 $-\dfrac{1}{z-1}$.

函数在某一点解析的充要条件是它在该点的邻域内可以展开为幂级数. 解析函数可以通过泰勒级数表示为幂级数,不仅如此,通过间接法使用泰勒级数,还能将函数展开为洛朗级数. 另外,初等函数的泰勒展开式在形式上与实域中的展开式是一样的.

例 6.14　求函数 e^z 在 $z＝0$ 处泰勒级数展开式中 4 次幂多项式和 8 次幂多项式,并进行泰勒级数逼近分析.

解　在 Matlab 中建立 M 文件,输入并运行如下代码:

```
clear
syms z
f=exp(z);
E4=taylor(f,z,0,'order',5)
E8=taylor(f,z,0,'order',9)
taylortool(f)  % 调出泰勒级数逼近工具
```

运行结果为：

```
E4 =
z^4/24+z^3/6+z^2/2+z+1
E8 =
z^8/40320+z^7/5040+z^6/720+z^5/120+z^4/24+z^3/6+z^2/2+z+1
```

同时 Matlab 会调出 Taylortool 工具，调整参数 N 的值，即可观察多项式逼近函数的效果，如图 6-4 所示.

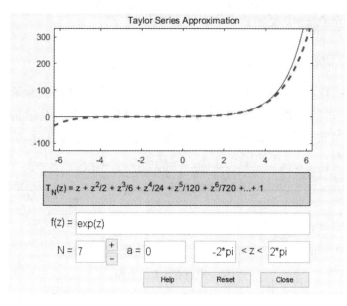

图 6-4

例 6.15　将 $\dfrac{\sin z}{z}$ 在奇点 $z=0$ 的去心邻域内展开为洛朗级数.

分析　函数 $\dfrac{\sin z}{z}$ 在 $z=0$ 处不解析，但在任意半径 R 的圆环域 $0<|z-0|<R$ 内处处解析，故 $\dfrac{\sin z}{z}$ 在 $0<|z-0|<R$ 内可以展开为洛朗级数. 由于初等函数

215

$\sin z$ 为解析函数,因此 $\sin z$ 可以展开为泰勒级数,只需将其泰勒级数乘以 $\dfrac{1}{z}$,便可得到 $\dfrac{\sin z}{z}$ 在 $0<|z-0|<R$ 内的洛朗级数展开式.

解 在 Matlab 中建立 M 文件,输入并运行以下命令:

```
syms z
E=taylor(sin(z),z,0,'order',12)*(1/z);
simplify(E)
```

运行结果为:

```
ans =
-z^10/39916800+z^8/362880-z^6/5040+z^4/120-z^2/6+1
```

可以看到,洛朗级数是一个通常的幂级数,即洛朗级数中不含有 z 的负幂项,所以孤立奇点 $z=0$ 是函数 $\dfrac{\sin z}{z}$ 的可去奇点.

6.3.2 留数及其应用

留数 $\text{Res}[f(z),z_0]$ 是 $f(z)$ 在点 z_0 的去心邻域内的洛朗级数展开式中负幂项 $c_{-1}(z-z_0)^{-1}$ 的系数 c_{-1},因此利用函数的洛朗级数展开式是求留数的一般方法. 当奇点是可去奇点时,留数显然为零;而当奇点是 m 级极点时,留数

$$\text{Res}[f(z),z_0]=\frac{1}{(m-1)!}\lim_{z\to z_0}[(z-z_0)^m f(z)]^{(m-1)}.$$

命　令	功　能
limit(f,x,a)	计算当 x→a 时函数 f 的极限
diff(f,x,n)	计算函数 f 关于变量 x 的 n 阶导数
prod(x)	向量 x 中所有元素的乘积
[R, P, K] = residue (B, A)	B,A 是有理分式函数分子多项式、分母多项式的系数向量,返回的 R、P、K 是留数、极点和部分分式展开的直接项
[B, A] = residue (R, P, K)	R、P、K 含义同上. 当输入 R、P、K 后,可得 f (z)的分子、分母系数向量

注 [R,P,K]=residue (B,A)仅用于处理有理分式函数形式的对象,即分子和分母都是多项式的函数. 留数、极点和直接项都是在有理分式函数展开为部分分式之和中产生的,即

$$f(s) = \frac{B(s)}{A(s)} = \frac{R(1)}{s-P(1)} + \frac{R(2)}{s-P(2)} + \cdots + \frac{R(n)}{s-P(n)} + K(s),$$

其中：

向量 B 为 $f(s)$ 的分子系数(以 s 降幂排列)；

向量 A 为 $f(s)$ 的分母系数(以 s 降幂排列)；

向量 R 为留数；

向量 P 为极点；

极点的数目 n＝length (A)－1＝length (R)＝length (P)．

向量 K 为直接项，如果 length (B)＜length (A)，则 K＝[ ]，即直接项系数为空；否则 length (K)＝length (B)－length (A)＋1. 如果存在 m 级极点，即有 P(j)＝P(j+1)＝⋯＝P(j+m−1)，则展开项包括以下形式：

$$\frac{R(j)}{s-P(j)} + \frac{R(j+1)}{(s-P(j))^2} + \cdots + \frac{R(j+m-1)}{(s-P(j))^m}.$$

例 6.16　求函数 $f(z) = \dfrac{e^{-3z}}{z^3(z-1)}$ 的留数.

解　在 Matlab 中新建 M 文件，输入并运行以下代码：

```
syms z
f=exp(-3*z)/(z^3*(z-1));
R1=limit(diff(z^3*f,z,2)/prod(1:2),z,0)
R2=limit((z-1)*f,z,1)
```

输出结果如下：

```
R1=
  -5/2
R2=
  exp(-3)
```

由输出结果可知

$$\mathrm{Res}\big[f(z),0\big] = -\frac{5}{2}, \quad \mathrm{Res}\big[f(z),1\big] = e^{-3}.$$

例 6.17　求函数 $f(z) = \dfrac{z^3+3z^2+2}{z^2-z-6}$ 的极点、留数，并求其部分分式展开式.

解　建立 M 文件，输入并运行以下代码：

```
A=[1 -1 -6];
B=[1 3 0 2];
format rat
```

217

```
[R,P,K]=residue(B,A)
```

运行结果为：

```
R=
    56/5
    -6/5
P=
    3
    -2
K=
    1        4
```

从结果可知，$z=3$，$z=-2$ 都是一级极点，且有

$$\text{Res}[f(z),3]=\frac{56}{5}, \quad \text{Res}[f(z),-2]=-\frac{6}{5},$$

$f(z)$ 的部分分式展开式为

$$f(z)=\frac{56}{5(z-3)}-\frac{6}{5(z+2)}+z+4.$$

例 6.18 计算积分 $\oint_C f(z)\mathrm{d}z$，其中 C 为正向圆周 $|z|=4$，且

$$f(z)=\frac{z^3+2z^2+3z+4}{z^6+11z^5+48z^4+106z^3+125z^2+75z+18}.$$

解 在 Matlab 中建立 M 文件，输入并运行如下代码：

```
clear
B=[1,2,3,4];
A=[1,11,48,106,125,75,18];
[R,P,K]=residue(B,A);
r=R',p=P',k=K'
```

运行结果为：

```
r=
    -17/8      -7/4        2      1/8      -1/2      1/2
p=
    -3         -3         -2      -1       -1        -1
k=
    []
```

该结果反映：$z=-3$ 是二级极点，$z=-2$ 是一级极点，$z=-1$ 是三级极点，且

$$f(z) = -\frac{17}{8(z+3)} - \frac{7}{4(z+3)^2} + \frac{2}{z+2} + \frac{1}{8(z+1)} - \frac{1}{2(z+1)^2} + \frac{1}{2(z+1)^3}.$$

由极点的留数计算公式还可以得知

$$\text{Res}[f(z), -3] = -\frac{17}{8}, \quad \text{Res}[f(z), -2] = 2, \quad \text{Res}[f(z), -1] = \frac{1}{8}.$$

因为闭曲线 C 包含 $z = -3, z = -2$ 和 $z = -1$，所以

$$\oint_C f(z)\mathrm{d}z = 2\pi\mathrm{i}\left(-\frac{17}{8} + 2 + \frac{1}{8}\right) = 0.$$

6.4　傅里叶变换与卷积定理

6.4.1　傅里叶变换

命　　令	功　　能
fourier(f)	返回默认独立变量 x 的函数 f 的傅里叶变换，默认返回为 ω 的函数
fourier(f,v)	以 v 代替默认变量 ω 的傅里叶变换
fourier(f,u,v)	返回 $F(v) = \text{int}(f(u) * \exp(-i * v * u), u, -\inf, \inf)$
ifourier(F)	返回默认独立变量 ω 的函数 F 的傅里叶逆变换，默认返回 x 的函数
ifourier(F,u)	返回默认变量 u 的函数 F 的傅里叶逆变换
ifourier(F,v,u)	返回 $f(u) = 1/(2 * pi) * \text{int}(F(v) * \exp(i * v * u), v, -\inf, \inf))$

例 6.19　分别求函数 $f_1(t) = \dfrac{1}{t}, f_2(x) = \mathrm{e}^{-x^2}$ 的傅里叶变换.

解　在 Matlab 中新建 M 文件，输入并运行如下代码：

```
>>syms  t  x
>>fourier(1/t)
```

输出结果为：

```
ans=
-pi*sign(w)*1i
```

```
>>fourier(exp(-x^2),t)
```

输出结果为：

```
ans =
pi^(1/2)*exp(-t^2/4)
```

例 6.20 设函数 $f(t)$ 的周期为 T，且

$$f(t)=\begin{cases} E, & 0<t<\dfrac{T}{2}, \\ -E, & -\dfrac{T}{2}<t\leqslant 0, \end{cases}$$

求函数的傅里叶系数并绘制当时的振幅频谱图.

解 求傅里叶系数相应的 Matlab 代码如下：

```
syms T E t n x
pi=sym('pi');
a0=2/T* int(-E,t,-T/2,0)+2/T* int(E,t,0,T/2)
an=2/T* int(-E* cos(2*pi*n* t/T),t,-T/2,0)+2/T* int(E* cos(2*pi*n* t/T),t,
0,T/2)
bn=2/T* int(-E* sin(2*pi*n* t/T),t,-T/2,0)+2/T* int(E* sin(2*pi*n* t/T),t,
0,T/2)
simplify(bn)
```

输出结果为：

```
a0=
   0
an=
   0
bn=
   (2*E* sin((n*pi)/2)^2)/(n*pi)-(E* (cos(n*pi)-1))/(n*pi)
ans=
   (4*E* sin((n*pi)/2)^2)/(n*pi)
```

由输出结果可知

$$a_0=0, \quad a_n=0, \quad b_n=\frac{4E}{n\pi}\sin^2\frac{n\pi}{2},$$

所以，振幅频谱为

$$A_0=0, \quad A_n=\sqrt{a_n^2+b_n^2}=b_n.$$

计算当 $E=1$ 时的振幅并绘制频谱图，其相应 Matlab 代码如下：

```
syms E A n c
pi=3.1415;
E=1;
for n=1:11
    bn=(4*sin((n*pi)/2)^2)/(n*pi);
```

```
    A(n)=bn;
  end
  x=1:11;
  stem(x,A,'r','filled')
```

运行结果如图 6-5 所示.

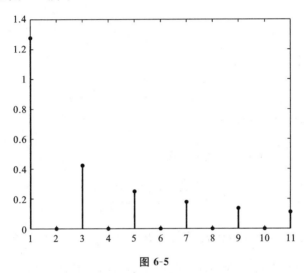

图 6-5

例 6.21　求函数 $f(x)=\dfrac{\sin x}{x}$ 的傅里叶变换和逆变换,并验证 Parseval 公式

成立.

解　在 Matlab 中建立 M 文件,输入并运行以下代码:

```
syms x w
f=sin(x)/x;
F=fourier(f);
F=simplify(F)
```

输出结果为:

```
F=
  -pi*(heaviside(w-1)-heaviside(w+1))
```

可见,$f(x)=\dfrac{\sin x}{x}$ 的傅里叶变换为

$$F(\omega)=\begin{cases}\pi, & |\omega|<1, \\ 0, & \text{其他}.\end{cases}$$

输入并运行以下代码:

```
int1=int(f^2,x,-inf,inf)
int2=int((abs(F))^2,w,-inf,inf)/(2*pi)
```

由结果 int1＝int2 可知,Parseval 公式成立.

下面讨论函数的傅里叶逆变换,运行以下代码:

```
syms x w
F=sin(w)/w;
f=ifourier(F);
f=simple(f)
```

输出结果为:

```
f=1/2* Heaviside(x+1)-1/2* Heaviside(x-1)
```

可见,$f(x)=\dfrac{\sin x}{x}$ 的傅里叶逆变换为

$$F(\omega)=\begin{cases} 1, & 0<x<1, \\ 0, & \text{其他.} \end{cases}$$

例 6.22 已知某信号的相关函数为 $R(\tau)=\dfrac{1}{2}\cos 4\tau$,求它的能量谱密度.

解 在 Matlab 中建立 M 文件,输入并运行以下代码:

```
syms t w tao
R=1/2* cos(4*tao);
S=fourier(R)
```

输出结果为:

```
S=
   (pi* (dirac(w-4)+dirac(w+4)))/2
```

结果显示能量谱密度为

$$S(\omega)=\frac{\pi}{2}\big[\delta(\omega-4)+\delta(\omega+4)\big].$$

6.4.2 卷积定理

由卷积定理可知,

$$\mathscr{F}^{-1}[F_1(\omega)\cdot F_2(\omega)]=f_1(t)*f_2(t),$$

利用 fourier( )和 ifourier( )命令,我们无需通过积分定义式就可以方便地求出卷积.

例 6.23　设函数

$$f_1(t) = \begin{cases} 0, & t<0, \\ 1, & t\geqslant 0, \end{cases} \qquad f_2(t) = \begin{cases} 0, & t<0, \\ \mathrm{e}^{-t}, & t\geqslant 0, \end{cases}$$

利用卷积定理计算卷积 $f_1(t) * f_2(t)$.

　　解　在 Matlab 中建立 M 文件,输入并运行以下代码:

```
syms t w
f1=heaviside(t);          % 单位阶跃函数
f2=exp(-t)*heaviside(t);
juanji=ifourier(fourier(f1)*fourier(f2),w,t)
simplify(juanji)
```

输出结果为:

```
juanji =
    (pi+pi*sign(t)-pi*exp(-t)*(sign(t)+1))/(2*pi)
ans =
    (exp(-t)*(exp(t)-1)*(sign(t)+1))/2
```

化简的式子等价于 $-\exp(-t) *$ heaviside(t) $+$ heaviside(t),即

$$f_1(t) * f_2(t) = (1-\mathrm{e}^{-t})u(t),$$

其中,$u(t)$ 为单位阶跃函数.

6.5　拉普拉斯变换

6.5.1　拉普拉斯变换

命　　令	功　　能
laplace(F)	返回默认变量 t 的函数 F 的拉普拉斯变换,返回 s 的函数,若 F=F(s),则返回 t 的函数
laplace(F,t)	以 t 代替 s 为变量的拉普拉斯变换,即返回 t 的函数
laplace(F,w,z)	以 z 代替 s 的拉普拉斯变换(F 为 ω 的函数)

　　例 6.24　求函数 $f_1(x)=x^5$, $f_2(s)=\mathrm{e}^{as}$, $f_3(\omega)=\sin(x\omega)$ 的拉普拉斯变换.

　　解　在 Matlab 中建立 M 文件,输入并运行如下代码:

```
syms a s t w x
L1=laplace(x^5)
```

```
L2=laplace(exp(a*s))
L3=laplace(sin(x*w),w,t)
```

输出结果为：

```
L1=120/s^6
L2=1/(t-a)
L3=x/(t^2+x^2)
```

例 6.25　求函数 $f(t)=\delta''(t)$ 的拉普拉斯变换.

解　在 Matlab 中建立 M 文件,输入并运行如下代码：

```
syms t s
f=dirac(2,t);
F=laplace(f,t,s)
```

输出结果为：

```
F=s^2
```

例 6.26　求函数 $f_1(t)=t\sin\omega t$, $f_2(t)=t^2\cos^2 t$ 的拉普拉斯变换.

解　在 Matlab 中建立 M 文件,输入并运行如下代码：

```
syms t w
F1=laplace(t*sin(w*t));
F11=simplify(F1);
L1=simplify(F11)
F2=laplace(t^2*cos(t)^2);
L2=simplify(F2)
```

输出结果为：

```
L1=(2*s*w)/(s^2+w^2)^2
L2=(2*(s^6+24*s^2+32))/(s^3*(s^2+4)^3)
```

由输出结果可知

$$\mathscr{L}[t\sin\omega t]=\frac{2\omega s}{(s^2+\omega^2)^2}, \quad \mathscr{L}[t^2\cos^2 t]=\frac{2(s^6+24s^2+32)}{s^3(s^2+4)^3}.$$

6.5.2　拉普拉斯逆变换

命　令	功　　能
ilaplace(L)	返回默认独立变量 s 的函数 L 的拉普拉斯变换,默认返回 t 的函数
ilaplace(L,y)	返回以 y 代替 u 的默认变量 t 的函数
ilaplace(L,y,x)	返回 F(x)=int(L(y)*exp(x*y),y,c−i*inf,c+i*inf)

例 6.27　求函数

$$F_1(s)=\frac{1}{s-1}, \quad F_2(t)=\frac{1}{t^2+1}, \quad F_3(t)=t^{-\frac{5}{2}}, \quad F_4(y)=\frac{y}{y^2+\omega^2}$$

的拉普拉斯逆变换.

解　在 Matlab 中建立 M 文件,输入并运行如下程序:

```
syms s t w x y
f1=ilaplace(1/(s-1))
f2=ilaplace(1/(t^2+1))
f3=ilaplace(t^(sym(-5/2)),x)
f4=ilaplace(y/(y^2+w^2),y,x)
```

输出结果为:

```
f1=exp(t)
f2=sin(x)
f3=4/3*x^(3/2)/pi^(1/2)
f4=cos(w*x)
```

由输出结果可知

$$\mathscr{L}^{-1}\left[\frac{1}{s-1}\right]=\mathrm{e}^x, \quad \mathscr{L}^{-1}\left[\frac{1}{t^2+1}\right]=\sin x,$$

$$\mathscr{L}^{-1}\left[t^{-\frac{5}{2}}\right]=\frac{4}{3\sqrt{\pi}x^{\frac{3}{2}}}, \quad \mathscr{L}^{-1}\left[\frac{y}{y^2+\omega^2}\right]=\cos(\omega x).$$

例 6.28　利用 $f_1(t) * f_2(t)=\mathscr{L}^{-1}[F_1(s) \cdot F_2(s)]$,求拉普拉斯变换意义下的卷积 $t^2 * \sin(t)$.

解　在 Matlab 中建立 M 文件,输入并运行如下程序:

```
syms t s
f1=t^2;
f2=sin(t);
F1=laplace(f1,t,s);
F2=laplace(f2,t,s);
JJ=ilaplace(F1*F2)
```

输出结果为:

```
JJ=2*cos(t)+t^2-2
```

由输出结果可知

$$t^2 * \sin t=t^2-2+2\cos t$$

例 6.29 已知 $F(s) = \dfrac{2s^2 + 3s + 3}{(s+1)(s+3)^3}$，求拉普拉斯逆变换 $f(t) = \mathscr{L}^{-1}[F(s)]$.

解一 利用拉普拉斯反演积分公式求解.

在 Matlab 中建立 M 文件，输入并运行如下程序：

```
syms s t
F=(2*s^2+3*s+3)/((s+1)*(s+3)^3);
f1=limit(F*exp(s*t)*(s+1),s,-1);      % 求 Res[F(s)exp(st),-1]
f2=limit(diff(F*exp(s*t)*(s+3)^3,s,2)/prod(1:2),s,-3);
% 求 Res[F(s)exp(st),-3]
f=simplify(f1+f2)
```

输出结果为：

```
f=exp(-t)/4-(exp(-3*t)*(12*t^2-6*t+1))/4
```

由输出结果可知

$$f(t) = \frac{1}{4}e^{-t} + \left(-3t^2 + \frac{3}{2}t - \frac{1}{4}\right)e^{-3t}.$$

解二 直接利用命令 ilaplace 求解.

在 Matlab 中建立 M 文件，输入并运行如下程序：

```
syms s t
F=(2*s^2+3*s+3)/((s+1)*(s+3)^3);
f1=ilaplace(F);
f=simplify/(f1)
```

输出结果为：

```
f=(exp(-3*t)*(6*t+exp(2*t)-12*t^2-1))/4.
```

由输出结果可知

$$f(t) = \frac{3}{2}te^{-3t} + \frac{1}{4}e^{-t} - 3t^2e^{-3t} - \frac{1}{4}e^{-3t}$$

$$= \frac{1}{4}e^{-t} + \left(-3t^2 + \frac{3}{2}t - \frac{1}{4}\right)e^{-3t}.$$

附录 综合应用实例：
飞机机翼设计中升力问题研究

  在现代科技发展中，一个国家的飞机设计制造水平，既是科研与创造能力的重要体现，也是国防和军队现代化水平的重要指标.所以，大多数国家均对飞机设计进行着深入的研究与改进，不断地推出性能更加全面和先进的飞机.机翼是飞机的关键部件，负责为飞机提供大部分的升力，所以机翼的形状尺寸和结构直接关系到飞机的多种飞行性能指标.

  我国自20世纪80年代以来就一直致力于隐形战机的研发工作，已经在隐形技术、雷达等关键方面取得了突破性进展，令人瞩目的是中国的歼-20. 歼-20机翼设计战略意义深远，标志着我国迈向世界隐形机先进行列.歼-20是由我国自行研发的、在没有任何原型可以参照的情况下研制出的新成果.歼-20之所以具备超好的隐形能力，得益于它与众不同的机翼设计，该设计能更好地增升减阻，提高飞行速度，更重要的是达到了隐身目的.对于其他各类执行飞行任务的飞机，不同的机翼形状和翼型尺寸，产生的升力不同，对飞机飞行性态的影响也不同.因此，飞机机翼设计中升力的研究尤为重要.

  设某型军用飞机机翼的弦长为 $2a$，弯度为 h，厚度为 d.表示机翼宽度的角度参数记为 α，其侧视图如图附-1所示.其中，机翼弦长是指过前后缘圆心连线被截的长度，弯度是指图中中弧线弯度的最大值，厚度是指翼弦垂线被翼型轮廓截得的最大厚度.假设飞机匀速执行某飞行任务，试求飞机机翼所受升力的大小.

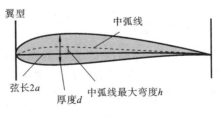

图附-1

一、问题求解

由于翼型曲线相对复杂,一般会借助共形映射来简化问题求解.上述问题求解过程可以大致分为三个步骤.

(一)表示空气流动的复速度

不妨设飞机飞行时空气流动的复势为解析函数

$$f(z)=\varphi(x,y)+\mathrm{i}\psi(x,y),$$

其定义在单连通区域 D 内.

飞机以不变速度在天空飞行,可把坐标系取在飞机上,这样对坐标系而言,飞机是不动的,而空气冲向飞机而流动.离飞机很远处的空气速度(无穷远处的速度)可看作是不变的,记作 V_∞,而 $|V_\infty|$ 就是飞机速度的大小.设想机翼很长 $|V_\infty|$ 不是很大,并使空气处于不可压缩的状态下,则在垂直于机翼且与翼端不是很近的每一个平面上,空气的流动可近似地认为是平面稳定流动,则在流动区域 D 内,空气流动的复速度 $V_x-\mathrm{i}V_y$ 与复势 $f(z)$ 都是解析函数.

由于 $f(z)=\varphi(x,y)+\mathrm{i}\psi(x,y)$ 是解析函数,故在单连通区 D 内可导,可得相应空气的流动复速度

$$V=f'(z)=\frac{\partial\varphi}{\partial x}+\mathrm{i}\frac{\partial\psi}{\partial x}=V_x-\mathrm{i}V_y.$$

(二)画出共形映射区域,写出共形映射函数

将映射 $\zeta_1=\dfrac{z-a}{z+a}$,$w_1=\dfrac{w-a}{w+a}$,$\zeta_1=w_1^2$ 复合可得

$$\left(\frac{w-a}{w+a}\right)^2=\frac{z-a}{z+a},$$

整理得到

$$z=\frac{1}{2}\left(w+\frac{a^2}{w}\right),$$

此即为**茹科夫斯基变换函数**,进而求得其反函数

$$w=z+\sqrt{z^2-a^2},$$

能将圆弧 $\overset{\frown}{AB}$ 外部区域 D' 共形映射到圆周 $|w|=a$ 外部区域 G',由此可得:在以上共形映射下,任何通过点 $w=a$ 与圆周 C' 相切的圆周 C'' 的原像是一条包含圆弧 $\overset{\frown}{AB}$ 在内的、在点 B 处有一个尖点的闭曲线 L,这条曲线就是相应的机翼剖面边界,其外部区域即为 D.机翼剖面外部区域共形映射后,对应的区域如图附-2所示.

由题意可设圆周 $C':w-w_0=R_0$,其中 $w_0=-d\mathrm{e}^{-\frac{\alpha}{2}\mathrm{i}}+\mathrm{i}h$,$R_0=\sqrt{a^2+h^2}+d$

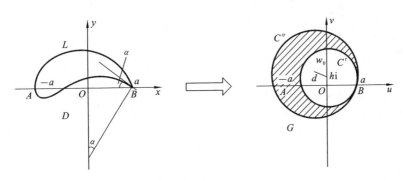

图附-2

(d 为两圆心的距离),又因为映射

$$\zeta=\frac{1}{2}(w-w_0)$$

把圆周 C'' 的外部区域共形映射到圆周 $C:|\zeta|=R=\frac{R_0}{2}$ 的外部区域 G,故所求共形映射

$$g(z)=\frac{1}{2}(z+\sqrt{z^2-a^2}-w_0)$$

把机翼剖面外部区域 D 共形映射到 $|\zeta|\leqslant R$ 的外部区域.

(三)计算机翼承受的升力

当飞机以速度 $-V_\infty$($-V_\infty$ 为复常数)向固定的方向飞行时,可把飞机看成固定不动,而空气绕机翼流动.假定机翼较长,可取垂直于机翼的某一代表平面作为 z 平面,而流体在无穷远处的速度为 V_∞.

设 Γ 是沿机翼剖面边界 L 的环流量,根据前面两步的分析和结论,将 $z=g(z)$ 代入

$$f(z)=\overline{V_\infty}z+\frac{V_\infty R^2}{z}+\frac{\Gamma}{2\pi i}\mathrm{Ln}z(后面补充推导),$$

可得对机翼剖面外边缘气流的复势

$$f(z)=\overline{V_\infty}g(z)+\frac{V_\infty R^2}{g(z)}+\frac{\Gamma}{2\pi i}\mathrm{Ln}g(z),$$

而流体的复速度和速度分别为

$$f'(z)=\left(\overline{V_\infty}g(z)-\frac{V_\infty R^2}{[g(z)]^2}+\frac{\Gamma}{2\pi i}\frac{1}{g(z)}\right)g'(z),\quad V=\overline{f'(z)},$$

其中 $g'(z)=\frac{1}{2}\left(1+\frac{1}{\sqrt{z^2-a^2}}\right)$,代入升力公式

$$P = -\frac{\rho\mathrm{i}}{2} \int_{\gamma} v^2 \, \mathrm{d}\bar{z},$$

可得升力

$$P = \frac{\rho\mathrm{i}}{2} \int_{L_1} [f'(z)]^2 \, \mathrm{d}z = -\mathrm{i}\rho V_{\infty} \Gamma.$$

根据题意,可计算得到环流量

$$\Gamma = -4\pi |V_{\infty}| R \sin\left(\frac{\alpha}{2} + \theta_{\infty}\right).$$

由于 $R = \frac{R_0}{2} = \frac{1}{2}(\sqrt{a^2 + h^2} + d)$,代入整理得升力大小为

$$|P| = 2\pi\rho |V_{\infty}|^2 (\sqrt{a^2 + h^2} + d) \left| \sin\left(\frac{\alpha}{2} + \theta_{\infty}\right) \right|.$$

该结果表明:升力的大小与机翼剖面形状特别是后缘尖点($z = a$)的位置有关. 求解完毕.

二、问题补充

为帮助大家理解上述问题的研究过程,补充探讨下面三个问题.

(一) 圆柱剖面绕流的复势

考虑不可压缩流体绕半径为 R 的圆柱体流动,在圆柱体的一个横断面作为 z 平面,取这断面的中心作为坐标原点. 设流体在无穷远处的流速为

$$V_{\infty} = |V_{\infty}| \mathrm{e}^{\mathrm{i}\theta_{\infty}},$$

这里 $|V_{\infty}|$ 是正常数.

1. 当 $V_{\infty} = |V_{\infty}|$ 时

取 x 轴的正方向与流体在无穷远点的速度方向一致. 这样,流体在 z 平面所占据的区域 D 是一个以原点为中心、以 R 为半径的圆 K 的外部,又沿圆 K 的环量为 Γ,计算此流体流动的复势.

复速度 $f'(z)$ 是区域 D:$|z| > R$ 内的解析函数,因此其洛朗级数展开式为

$$f'(z) = V_{\infty} + \frac{c_{-1}}{z} + \frac{c_{-2}}{z^2} + \cdots + \frac{c_{-n}}{z^n} + \cdots. \tag{附-1}$$

由环流量 $\Gamma + \mathrm{i}Q = \oint_C f'(z) \mathrm{d}z$,因为没有流体从圆 K 内部流出,也没有流体由圆 K 外部流入,故 $Q = 0$,则

$$c_{-1} = \frac{\Gamma}{2\pi\mathrm{i}}.$$

对式(附-1)两边求不定积分,得复势

$$f(z) = c_0 + V_\infty z + \frac{\Gamma}{2\pi i}\mathrm{Ln}z - \frac{c_{-2}}{z} - \frac{c_{-3}}{z^3} + \cdots.$$

不难证明 $c_{-2} = -V_\infty R^2$，$c_{-n} = 0(n > 2)$，略去 c_0 便得复势

$$f(z) = V_\infty z + \frac{V_\infty R^2}{z} + \frac{\Gamma}{2\pi i}\mathrm{Ln}z. \tag{附-2}$$

2. 讨论 z 平面无穷远处的流速为复常数 $V_\infty = |V_\infty|e^{i\theta}_\infty$

作 $z = \zeta e^{i\theta}_\infty$，则对于 ζ 平面来说，流体在无穷远处的速度为 $|V_\infty|$，因而只需将式（附-2）中的 z 代换为 ζ，便得 ζ 平面上环绕 $|\zeta| \leqslant R$ 流动的复势，再将 $\zeta = z e^{-i\theta}_\infty$ 代入，就可得 z 平面上环绕 $|z| \leqslant R$ 流动的复势：

$$f(z) = \overline{V_\infty}z + \frac{V_\infty R^2}{z} + \frac{\Gamma}{2\pi i}\mathrm{Ln}z. \tag{附-3}$$

（二）升力公式

在真实且可产生升力的机翼中，气流总是在后缘处交汇，否则在机翼后缘会产生一个气流速度很大的点。这一条件被称为**库塔条件**，只有满足该条件，机翼才可能产生升力。由于流体黏性，下方气流绕过后缘时会形成一个低压旋涡，导致后缘存在很大的逆压梯度。随后，这个旋涡就会被来流冲跑，这个涡就叫做**起动涡**。对于理想不可压缩流体，在保守力的作用下翼型周围也会存在一个与起动涡强度相等、方向相反的涡，叫做**环流**。环流是从翼型上表面前缘流向下表面前缘的，所以环流加上来流就导致后驻点最终后移到机翼后缘，从而满足库塔条件，进而产生升力。

机翼单位长度上所受到的升力 P 为

$$P = \rho V\Gamma,$$

其中，ρ 表示空气密度，V 表示流体速度，Γ 表示环流量。机翼附近的空气密度 ρ 可以近似看作是处处相等的。由此，飞机产生的升力除了与飞机速度、飞行迎角等因素相关，还有一个重要的原因，即升力来源于绕翼环流量。

环流量是流体的速度沿着一条闭曲线的路径积分，用 V 表示流体速度，$\mathrm{d}s$ 是沿着闭曲线 C（逆时针为正向）的单位向量，那么环流量 Γ 可表示为

$$\Gamma = \oint_C \boldsymbol{V}\mathrm{d}\boldsymbol{s},$$

即为

$$\Gamma = \oint_C V_x\mathrm{d}x + V_y\mathrm{d}y.$$

整个机翼上所受升力通常可以表示为

$$P = \frac{1}{2}\rho KSV^2,$$

式中:K 是升力系数,S 是机翼面积.

借助库塔-茹科夫斯基定理可推导得到升力计算公式

$$P = -\frac{\rho \mathrm{i}}{2}\int_C V^2 \mathrm{d}\bar{z}. \tag{附-4}$$

升力计算公式的推导即为库塔-茹科夫斯基定理的证明的推导,具体证明过程如下.

证明 首先计算任何截面面积、单位长度的长条物体在流体中的受力.令单位长度的受力为 F,则

$$F = -\oint_C p\boldsymbol{n}\mathrm{d}s,$$

式中:C 为物体边缘,p 为流体静态压力,$\boldsymbol{n}$ 为物体表面单位法向量,$\mathrm{d}s$ 为边缘曲线弧微分.φ 为方向角,则

$$F_x = -\oint_C p\sin\varphi \mathrm{d}s, \quad F_y = -\oint_C p\cos\varphi \mathrm{d}s.$$

在复平面内,每个向量都可以用复数表述,第一个分量对应其实部数值,第二个分量对应其虚部数值,则

$$F = F_x + \mathrm{i}F_y = -\oint_C p(\sin\varphi - \mathrm{i}\cos\varphi)\mathrm{d}s.$$

取力 F 的共轭复数,再做一些处理:

$$\bar{F} = F_x - \mathrm{i}F_y = -\oint_C p(\sin\varphi + \mathrm{i}\cos\varphi)\mathrm{d}s$$

$$= -\mathrm{i}\oint_C p(\cos\varphi - \mathrm{i}\sin\varphi)\mathrm{d}s$$

$$= -\mathrm{i}\oint_C p\mathrm{e}^{-\mathrm{i}\varphi}\mathrm{d}s,$$

其中表面元素 $\mathrm{d}s$ 和 $\mathrm{d}z$ 的变化有关,即

$$\mathrm{d}z = \mathrm{d}x + \mathrm{i}\mathrm{d}y = (\cos\varphi + \mathrm{i}\sin\varphi)\mathrm{d}s = \mathrm{e}^{\mathrm{i}\theta}\mathrm{d}s,$$

则

$$\mathrm{d}\bar{z} = \mathrm{e}^{-\mathrm{i}\theta}\mathrm{d}s,$$

将其代入积分中,得

$$\bar{F} = -\mathrm{i}\oint_C p\mathrm{d}\bar{z}.$$

为了将压力移出积分以外,应用伯努利定律.假设没有外在力场,流体的密度为 ρ,压力和速度 v 的关系为

$$p = p_0 - \frac{\rho|v|^2}{2},$$

将其代入力的积分式,得

$$\overline{F}=-\mathrm{i}p_0\oint_c \mathrm{d}\overline{z}+\mathrm{i}\frac{\rho}{2}\oint_c v^2\mathrm{d}\overline{z}=\mathrm{i}\frac{\rho}{2}\oint_c |v|^2\mathrm{d}\overline{z}.$$

即得证.

（三）茹科夫斯基翼型

1. 茹科夫斯基翼型的概念

1904 年,俄罗斯科学家茹科夫斯基创立了现代机翼理论,说明了机翼在飞行中产生升力的道理,并且从数学上给出了严格的证明.从此之后,人们有了科学的机翼概念,茹科夫斯基也被称为"俄罗斯航空之父".

把机翼纵向剖开,会形成一个翼截面或翼剖面,在航空上称翼型.茹科夫斯基研究了函数

$$w=z+\frac{k}{z},$$

并证明了通过点 $z_1=1$ 和点 $z_2=-1$ 的圆被映射到一曲线,此曲线类似于飞机机翼横截面,被称为"茹科夫斯基翼型",即绕圆的流体流线,在映射 w 下的映像是绕茹科夫斯基翼型的流体流线,当 $k=1$ 时其流体映像如图附-3 所示.在复平面内,均匀流体绕圆流动是有解析解的,因此可以通过这种方式获得均匀流体绕茹科夫斯基翼型流动的解析解,实现了复杂问题的简化.

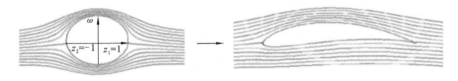

图附-3

2. 机翼产生升力的相关分析

当空气流过机翼时,气流会沿上下表面分开,并在后缘处汇合.上表面弯曲,气流流过时走的路程较长,下表面较平坦,气流的行程较短.上下气流最后要在一处汇合,因而上表面的气流速度必须要快,才能与下表面气流同时到达后缘.根据伯努利原理,上表面高速气流对机翼的压力较小,下表面低速气流对机翼压力较大,这就产生了一个压力差,也就是向上的升力.在实际的飞机机翼上,升力来自两部分,一是机翼下面的气流高压产生的向上的冲顶力,一是机翼上面的高速气流的低压产生的吸力.简单地说,升力是气流对机翼"上吸、下顶"共同作用的结果.机翼升力产生的示意图如图附-4 所示.在全部升力中,机翼上表面的吸力比下表面的冲力更大.

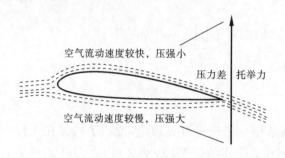
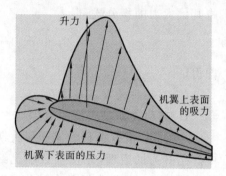

图附-4

翼型会对飞机的气动特性产生重要影响.利用流体力学知识,通过功能关系推出了伯努利原理这一重要公式,并以此为基础加上库塔条件引出了升力公式.整个机翼上所受升力通常可以表示为

$$P = \frac{1}{2}\rho KSV^2,$$

式中:K 是升力系数,S 是机翼面积,V 表示流体速度.借助库塔-茹科夫斯基定理可推导得到升力计算公式:

$$P = -\frac{\rho i}{2}\int_C v^2 \, \mathrm{d}\bar{z}.$$

常见飞机机翼翼型的主要几何参数如图附-5所示.翼型几何参数与气动特性之间关系紧密.比如,相对厚度(厚度与弦长比)在 $12\%\sim18\%$ 时,最大升力系数最大,最大厚度位置后移,阻力降低;前缘半径增大,最大升力系数增加;等等.

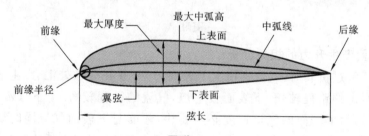

图附-5

翼型特性与飞机性能的关系紧密.比如,最大升力系数有利于飞机的起降和机动性能;最小阻力系数的大小与飞机最大速度有关;零升力时力矩越大,需要的配平力矩越大,引起的配平阻力越大等.翼型几何参数对结构设计影响极大.比如,相对厚度越大,机翼结构的重量越轻,内部容积越大;最大升力时压心的最前位置和最小阻力时压心的最后位置之间的距离愈小,则压心移动愈小,愈有利

于飞机结构设计等.

三、问题点评

　　飞机机翼升力的计算需要学生理解解析函数的概念、会计算解析函数的导数等基本知识,并能理解共形映射的定义、分式线性映射等内容,通过解析函数的相关理论、导数的几何意义,计算解析函数的倒数、共形映射、分式线性映射等基本内容,分析飞机飞行速度、翼型共形映射区域,进而探讨问题.

　　飞机机翼设计中升力问题研究与茹科夫斯基机翼有紧密关联,该问题能让学生感受到复变函数与积分变换课程中共形映射可结合其他专业基础、物理知识来共同解决军事应用问题.由于飞机机翼设计中升力问题涉及的参数、原理很多,涉及数学工具,物理方面的空气动力学、流体力学,专业课中的机翼设计等相关知识,对于大学低年级学生来说,他们学习起来会感觉太复杂.因此,本讲只是聚焦飞机机翼设计中升力问题研究,并假设在飞机匀速飞行的状态下执行飞行任务,这样便于学生初步探讨此类问题.至于实际中的复杂情况,可以逐步增加问题研究中对应条件的复杂程度,让问题的研究逐渐贴近实际.

习题答案

习题一

A 题

1. (1) $1,1,1-\mathrm{i},\sqrt{2},\dfrac{\pi}{4}$;

(2) $-5,-12,-5+12\mathrm{i},13,\arctan\dfrac{12}{5}-\pi$;

(3) $\dfrac{3}{25},-\dfrac{4}{25},\dfrac{3+4\mathrm{i}}{25},\dfrac{1}{5},-\arctan\dfrac{4}{3}$.

2. $x=1,y=11$.

3. (1) $-1=\cos\pi+\mathrm{i}\sin\pi=\mathrm{e}^{\mathrm{i}\pi}$;

(2) $1+\mathrm{i}=\sqrt{2}\left(\cos\dfrac{\pi}{4}+\mathrm{i}\sin\dfrac{\pi}{4}\right)=\sqrt{2}\mathrm{e}^{\mathrm{i}\frac{\pi}{4}}$;

(3) $1-\sqrt{3}\mathrm{i}=2\left(\cos\dfrac{-\pi}{3}+\mathrm{i}\sin\dfrac{-\pi}{3}\right)=2\mathrm{e}^{-\mathrm{i}\frac{\pi}{3}}$.

4. (1) $-1,\pm\mathrm{i}$; (2) $0,\pm\mathrm{i}$.

5. (1) 复平面域,$f'(z)=5(z-1)^4$;

(2) 除 $z=\pm1$ 外的复平面域,$f(z)=-\dfrac{2z}{(z^2-1)^2}$.

6. $m=1,n=l=-3$.

7. (1) 处处解析; (2) 处处不解析.

8. $\left(2k-\dfrac{1}{2}\right)\pi\mathrm{i}$,主值为 $-\dfrac{\pi}{2}\mathrm{i}$;

9. (1) $\cos1+\mathrm{i}\sin1$; (2) $\mathrm{e}^{-2k\pi}(\cos\ln3+\mathrm{i}\sin\ln3)$.

***10.** (1) 伸缩率,$|w'(\mathrm{i})|=2$;

(2) 旋转角,$\mathrm{Arg}w'(\mathrm{i})=\dfrac{\pi}{2}$,$w$ 平面上虚轴的正向.

B 题

1. (1) 垂直于连接点 z_1 与 z_2 的线段,且过此线段中点的直线;

(2) 圆周 $(x+3)^2+y^2=4$.

2. $1+\sqrt{3}\mathrm{i},-2,1-\sqrt{3}\mathrm{i}$.

3. 略.

4. (1) 处处不可导； (2) 处处可导； (3) 只在 $x = y$ 时可导.

5. (1) 处处不解析； (2) 除 $z^4 = -1$ 的点外,处处解析.

6. $f(z) = z^2 - 5z + C, C$ 为任意常数.

7. (1) 以 $w_1 = -1, w_2 = -\mathrm{i}, w_3 = \mathrm{i}$ 为顶点的三角形；

  (2) 圆域: $|w| \leqslant 1$.

*8. $w = \dfrac{z^3 - \mathrm{i}}{z^3 + \mathrm{i}}$ (不唯一).

习题二

A   题

1. $3\mathrm{e}^{\mathrm{i}} - 4.$ **2.** $4\pi\mathrm{i}.$ **3.** A.   **4.** D.

5. 设 $C: \begin{cases} x = t, \\ y = -t, \end{cases} t:0 \to 1, z = x + \mathrm{i}y = (1-\mathrm{i})t, |z| = \sqrt{2}t$, 则

$$I = \int_C (z + |z|)\,\mathrm{d}z$$

$$= \int_0^1 [(1-\mathrm{i})t + \sqrt{2}t](1-\mathrm{i})\,\mathrm{d}t = (1-\mathrm{i})^2 + \sqrt{2}(1-\mathrm{i})\int_0^1 t\,\mathrm{d}t$$

$$= \frac{1}{2}[-2\mathrm{i} + \sqrt{2}(1-\mathrm{i})] = \frac{\sqrt{2}}{2} - \frac{2+\sqrt{2}}{2}\mathrm{i}.$$

6. $\displaystyle\oint_C \frac{\mathrm{e}^z}{z^{100}}\,\mathrm{d}z = \frac{2\pi\mathrm{i}}{99!}(\mathrm{e}^z)^{(99)}\Big|_{z=0} = \frac{2\pi\mathrm{i}}{99!}.$

7. 利用不定积分法,由柯西-黎曼方程可建立相应等式,得到所求解析函数为

$$f(z) = z\mathrm{e}^z + (1+\mathrm{i})z.$$

8. 均为 $\dfrac{1}{3}(3+\mathrm{i})^3.$

9. 略.

10. $-\dfrac{1}{3}\mathrm{i}.$

11. $\dfrac{8}{3}\pi^3 a^3 - \cos(2\pi a) + 1.$

12. $6\pi\mathrm{i}.$

13. $0.$

14. (1) $f(z) = z^3 + \mathrm{i};$ (2) $f(z) = \left(1 - \dfrac{\mathrm{i}}{2}\right)z^2 + \dfrac{\mathrm{i}}{2};$ (3) $f(z) = z\sin z.$

B 题

1. (1) $-\pi i$;　(2) πi.

2. $-\dfrac{14}{3}$.

3. $6\pi i$.

4. $\dfrac{1}{3}\pi\sin 3i$.

5. $\dfrac{4\pi i}{5}$.

6. 0.

7. 0.

8. 当 a 与 $-a$ 都不在 C 的内部时，积分值为 0；当 a 与 $-a$ 中有一个在 C 的内部时，积分值为 πi；当 a 与 $-a$ 都在 C 的内部时，积分值为 $2\pi i$.

习题三

A 题

1. (1) 发散；　(2) 收敛；　(3) 收敛.

2. (1) $R=\dfrac{1}{\sqrt{2}}$;　(2) $R=\dfrac{1}{3}$;　(3) $R=1$.

3. (1) $\dfrac{1}{1+z^3}=1-z^3+z^6-\cdots,\ |z|<1$;

(2) $\dfrac{1}{(1+z^2)^2}=1-2z^2+3z^4+\cdots+(-1)^{n+1}nz^{2n-2}+\cdots,\ |z|<1$;

(3) $\cos z^2=1-\dfrac{z^4}{2!}+\dfrac{z^8}{4!}-\cdots+(-1)^n\dfrac{z^{4n}}{(2n)!}+\cdots,\ |z|<+\infty$.

4. (1) $\dfrac{z}{(z+1)(z+2)}=\sum_{n=0}^{\infty}\left(\dfrac{1}{2^{2n+1}}-\dfrac{1}{3^n}\right)(z-2)^n,\ |z-2|<3$;

(2) $\dfrac{1}{z^2}=1-2(z-1)+\cdots+(-1)^{n-1}n(z-1)^{n-1}+\cdots,\ |z-1|<1$.

5. (1) 在 $1<|z|<2$ 内，

$$\dfrac{1}{(z^2+1)(z-2)}=-\dfrac{1}{5}\left(\sum_{n=0}^{\infty}\dfrac{z^n}{2^{n+1}}+\sum_{n=0}^{\infty}(-1)^n\dfrac{1}{z^{2n+1}}+\sum_{n=0}^{\infty}(-1)^n\dfrac{2}{z^{2n+2}}\right).$$

(2) 在 $0<|z-1|<1$ 内，$\dfrac{1}{(z-1)(z-2)}=-\sum_{n=0}^{\infty}(z-1)^{n-1}$;

在 $1<|z-2|<+\infty$ 内，$\dfrac{1}{(z-1)(z-2)}=\displaystyle\sum_{n=0}^{+\infty}(-1)^n\dfrac{1}{(z-2)^{n+2}}$.

(3) 在 $0<|z|<1$ 内，$f(z)=\displaystyle\sum_{n=-1}^{+\infty}(n+2)z^n$；

在 $0<|z-1|<1$ 内，$f(z)=\displaystyle\sum_{n=-2}^{+\infty}(-1)^n(z-1)^n$.

6. (1) 在 $0<|z|<1$ 内，$f(z)=\displaystyle\sum_{n=0}^{+\infty}\dfrac{z^{n-2}}{\mathrm{i}^{n-1}}$；

(2) 在 $|z|>1$ 内，$f(z)=\displaystyle\sum_{n=0}^{+\infty}\dfrac{\mathrm{i}^n}{z^{n+3}}$；

(3) 在 $0<|z-\mathrm{i}|<1$ 内，$f(z)=\displaystyle\sum_{n=1}^{+\infty}(-1)^n\dfrac{n}{\mathrm{i}^{n-1}}(z-\mathrm{i})^{n-2}$；

(4) 在 $|z-\mathrm{i}|>1$ 内，$f(z)=\displaystyle\sum_{n=0}^{+\infty}(-1)^n\dfrac{(n+1)\mathrm{i}^n}{(z-\mathrm{i})^{n+3}}$.

7. (1) 奇点：0，$\pm\mathrm{i}$. $z=0$ 是一级极点，$z=\pm\mathrm{i}$ 是二级极点；

(2) 奇点：±1. $z=1$ 是二级极点，$z=-1$ 是一级极点；

(3) 奇点：0. $z=0$ 是函数可去奇点；

(4) 奇点：1. $z=1$ 是本性奇点.

8. (1) $\mathrm{Res}[f(z),0]=-\dfrac{1}{2}$，$\mathrm{Res}[f(z),2]=\dfrac{3}{2}$；

(2) $\mathrm{Res}[f(z),0]=-\dfrac{4}{3}$；

(3) $\mathrm{Res}[f(z),1]=0$；

(4) $\mathrm{Res}[f(z),1]=\dfrac{1}{4}$，$\mathrm{Res}[f(z),-1]=-\dfrac{1}{4}$.

9. (1) $\displaystyle\oint_{|z|=2}\dfrac{\mathrm{e}^{2z}}{(z-1)^2}\mathrm{d}z=4\pi\mathrm{e}^2\mathrm{i}$；

(2) $\displaystyle\oint_{|z|=\frac{3}{2}}\dfrac{\mathrm{e}^z}{(z-1)(z+3)^2}\mathrm{d}z=\dfrac{\pi\mathrm{e}\mathrm{i}}{8}$；

(3) $\displaystyle\oint_{|z|=1}\dfrac{z}{\sin z}\mathrm{d}z=0$.

10. $I=\dfrac{\pi}{6}$.

B **题**

1. (1) 收敛；（2）发散.

2. (1) $R = \mathrm{e}$； (2) $R = 1$.

3. $f(z) = \sum\limits_{n=0}^{\infty} \dfrac{3^n}{(1-3\mathrm{i})^{n+1}}(z-1-\mathrm{i})^n$， $|z-1-\mathrm{i}| < \dfrac{\sqrt{10}}{3}$.

4. (1) 在 $0 < |z| < 1$ 内，$\dfrac{z+1}{z^2(z-1)} = \dfrac{1}{z^2} - 2\sum\limits_{n=0}^{+\infty} z^{n-2}$；

  (2) 在 $1 < |z| < +\infty$ 内，$\dfrac{z+1}{z^2(z-1)} = \dfrac{1}{z^2} + \sum\limits_{n=0}^{+\infty} \dfrac{2}{z^{n+3}}$.

5. (1) $\mathrm{Res}[f(z),\mathrm{i}] = -\dfrac{3}{8}\mathrm{i}$， $\mathrm{Res}[f(z),-\mathrm{i}] = \dfrac{3}{8}\mathrm{i}$；

  (2) $\mathrm{Res}[f(z),0] = -\dfrac{1}{6}$.

6. (1) $\oint\limits_{|z|=\frac{1}{2}} \dfrac{\sin z}{z(1-\mathrm{e}^z)}\mathrm{d}z = -2\pi\mathrm{i}$；

  (2) $\oint\limits_{|z|=3} \tan\pi z\,\mathrm{d}z = -12\mathrm{i}$.

7. $I = \dfrac{\sqrt{2}\pi}{4}$.

8. $I = \dfrac{\pi}{2\mathrm{e}^2}$.

习题四

A   题

1. $\dfrac{1}{2}[F(\omega-1) + F(\omega+1)]$.

2. $F(\omega) = \dfrac{1}{2+\mathrm{j}\omega}$.

3. $f(t-t_0)$.

4. $\mathrm{e}^{-\mathrm{j}\omega a}F(\omega)$.

5. $\dfrac{1}{2}\mathrm{e}^{-\frac{5}{2}\mathrm{j}\omega}F\left(\dfrac{\omega}{2}\right)$.

6. C.   **7.** B.   **8.** B.   **9.** D.   **10.** D.

B   题

1. $f(t) = \dfrac{2}{\pi}\displaystyle\int_0^{+\infty} \dfrac{\beta}{\beta^2+\omega^2}\cos\omega t\,\mathrm{d}t$， $\displaystyle\int_0^{+\infty} \dfrac{1}{\beta^2+\omega^2}\cos\omega t\,\mathrm{d}t = \dfrac{\pi}{2\beta}\mathrm{e}^{-|\beta|t}$

2. (1) $F(\omega) = -\dfrac{2}{\omega^2}(\cos\omega - 1)$;

(2) $\dfrac{j}{\omega - \omega_0}\left[e^{-jb(\omega - \omega_0)} - e^{-ja(\omega - \omega_0)}\right]$;

(3) $\dfrac{1}{2}(e^{j\omega a} + e^{-j\omega a} + e^{j\omega \frac{a}{2}} + e^{j\omega(-\frac{a}{2})})$ 或者 $\cos(\omega a) + \cos\left(\omega\dfrac{a}{2}\right)$.

3. $F(\omega) = \dfrac{2\sin\omega}{\omega}$.

4. (1) $F(\omega) = \dfrac{2}{j\omega}$;

(2) $F(\omega) = e^{-\frac{\sigma^2\omega^2}{2}}$;

(3) $F(\omega) = \dfrac{\pi}{2}\left[(\sqrt{3} + j)\delta(\omega + 5) + (\sqrt{3} - j)\delta(\omega - 5)\right]$.

5. 略.

6. 略.

7. $f_1(t) * f_2(t) = \begin{cases} \dfrac{t}{2}, & 0 < t < 1, \\ \dfrac{1}{2}(2 - t), & 1 \leqslant t \leqslant 2, \\ 0, & \text{其他}. \end{cases}$

8. (1) $\dfrac{j}{4}\dfrac{d}{d\omega}F\left(\dfrac{\omega}{2}\right)$;   (2) $j\dfrac{d}{d\omega}F(\omega) - 2F(\omega)$;   (3) $\dfrac{1}{4j}\dfrac{d^3}{d\omega^3}F\left(\dfrac{\omega}{2}\right)$;

(4) $-F(\omega) - \omega\dfrac{d}{d\omega}F(\omega)$.

9. $\mathrm{DFT}[\{1,1\}] = \{2, 0\}$.

10. $F(0) = 4.3289$; $F(1) = 0.8090 - 1.0745j$;

$F(2) = 0.5473 - 0.5008j$; $F(3) = 0.4968 - 0.2458j$;

$F(4) = 0.4825 - 0.0754j$; $F(5) = 0.4825 + 0.0754j$;

$F(6) = 0.4968 + 0.2458j$; $F(7) = 0.5473 + 0.5008j$;

$F(8) = 0.8090 + 1.0745j$.

11. $x(t) = \begin{cases} \dfrac{1}{3}e^{-t} - \dfrac{1}{3}e^{-2t}, & t > 0, \\ 0, & t = 0, \\ \dfrac{1}{3}e^{2t} - \dfrac{1}{3}e^{t}, & t < 0. \end{cases}$

12. $x(t) = \begin{cases} 0, & t < 0, \\ \mathrm{e}^{-t}, & t \geqslant 0. \end{cases}$

习题五

A 题

1. $\mathscr{L}[f(t)] = \dfrac{1}{s-2}.$

2. $\mathscr{L}[f(t)] = \dfrac{1}{s}\mathrm{e}^{-2s}.$

3. $\mathscr{L}[f(t)] = \dfrac{s}{s^2+9}.$

4. $\mathscr{L}[\mathrm{e}^{-3t}f(t)] = \dfrac{2}{(s+3)^2+4}.$

5. $\mathscr{L}^{-1}[F(s)] = \cos 3t + \dfrac{1}{3}\sin 3t.$

6. $\mathscr{L}[f(t)] = \dfrac{s^2-4s+5}{(s-1)^3}.$

7. B.　**8.** A.　**9.** B.　**10.** C.　**11.** D.　**12.** B.　**13.** C.

14. $\dfrac{1-\mathrm{e}^{-2s}}{s^2}.$

15. $\mathrm{e}^{a(b-s)}\left[\dfrac{a}{s-b} + \dfrac{1}{(s-b)^2}\right].$

16. $\dfrac{1}{s^2+1}(1+\mathrm{e}^{-\pi s}).$

17. (1) $F(s) = \dfrac{2}{s^3} + \dfrac{3}{s^2}$;　(2) $F(s) = \dfrac{1}{s} - \dfrac{1}{s-1}$;

(3) $F(s) = \dfrac{10-3s}{s^2+4}$;　(4) $F(s) = \dfrac{4(s+3)}{[(s+3)^2+4]^2}$;

(5) $F(s) = \dfrac{n!}{(s-a)^{n+1}}$;　(6) $F(s) = \dfrac{s^2-a^2}{(s^2+a^2)^2}.$

18. (1) $\dfrac{\sin(at)}{a}$;　(2) $\dfrac{a\mathrm{e}^{at} - b\mathrm{e}^{bt}}{a-b}$;

(3) $\dfrac{\mathrm{e}^{at}-\mathrm{e}^{-at}}{2a}$;　(4) $\dfrac{\mathrm{e}^t-\mathrm{e}^{-t}-2t}{2}$;

(5) $\delta(t) - 2\mathrm{e}^{-2t}$;　(6) $-\dfrac{\mathrm{e}^t+\mathrm{e}^{-t}-2}{t}.$

19. (1) t; (2) $\dfrac{t^3}{6}$; (3) $\dfrac{t}{2}\sin t$; (4) $\begin{cases} 0, & t < 2, \\ f(t-2), & t \geqslant 2. \end{cases}$

20. (1) $y(t) = \mathrm{e}^{2t} - \mathrm{e}^t$; (2) $y(t) = \dfrac{1}{3}\sin t - \dfrac{1}{6}\sin 2t$;

(3) $y(t) = t\mathrm{e}^t \sin t$; (4) $y(t) = 2t\mathrm{e}^{t-1}$; (5) $y(t) = \dfrac{\sin t}{t}$.

21. $x(t) = 4\mathrm{e}^{-t} - \mathrm{e}^{-2t} + 2t - 3$.

B 题

1. $\dfrac{3}{4}\left(\dfrac{1}{s^2+1} - \dfrac{1}{s^2+9} \right)$.

2. (1) $\dfrac{1}{s\sqrt{p}} + \dfrac{4}{s-2}$; (2) $\dfrac{\mathrm{e}^{-2s}}{1+s^2}$.

3. (1) $\dfrac{(-1)^{n+1} n!}{a^{n+1}}$; (2) $\dfrac{3}{13}$.

4. $t * \mathrm{e}^t = \mathrm{e}^t - t - 1$.

5. (1) $\mathrm{e}\cos 2(t-5) u(t-5)$; (2) $(1 - t + t^2) u(t-1)$.

6. (1) $2\cos 3t + \sin 3t$; (2) $t\sin 2t$.

7. $\dfrac{1}{2}\mathrm{e}^{2t} - \mathrm{e}^t + \dfrac{1}{2}$.

8. (1) $\dfrac{1}{a}(\mathrm{e}^{at} - 1)$; (2) $\dfrac{1}{a^2}(1 - \cos at)$.

9. (1) $y(t) = (1-t)\mathrm{e}^{-t}$; (2) $y(t) = \sin at$.

10. $y(t) = \dfrac{3}{8} + \dfrac{1}{2}t + \dfrac{1}{4}t^2 - \dfrac{3}{8}\mathrm{e}^{2t} + \dfrac{1}{4}t\mathrm{e}^{2t}$.